BestMasters

Mit „BestMasters“ zeichnet Springer die besten Masterarbeiten aus, die an renommierten Hochschulen in Deutschland, Österreich und der Schweiz entstanden sind. Die mit Höchstnote ausgezeichneten Arbeiten wurden durch Gutachter zur Veröffentlichung empfohlen und behandeln aktuelle Themen aus unterschiedlichen Fachgebieten der Naturwissenschaften, Psychologie, Technik und Wirtschaftswissenschaften. Die Reihe wendet sich an Praktiker und Wissenschaftler gleichermaßen und soll insbesondere auch Nachwuchswissenschaftlern Orientierung geben.

Springer awards **"BestMasters"** to the best master's theses which have been completed at renowned Universities in Germany, Austria, and Switzerland. The studies received highest marks and were recommended for publication by supervisors. They address current issues from various fields of research in natural sciences, psychology, technology, and economics. The series addresses practitioners as well as scientists and, in particular, offers guidance for early stage researchers.

Weitere Bände in der Reihe http://www.springer.com/series/13198

An Rettig

Heisenbergs und Paulis Quantenfeldtheorie von 1958

Ein Einblick in Entstehung, Inhalt und Reaktion

Mit einem Geleitwort von Prof. Dr. Ernst Peter Fischer

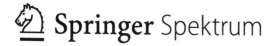

An Rettig
Hamburg, Deutschland

ISSN 2625-3577   ISSN 2625-3615   (electronic)
BestMasters
ISBN 978-3-658-30146-0   ISBN 978-3-658-30147-7   (eBook)
https://doi.org/10.1007/978-3-658-30147-7

Die Deutsche Nationalbibliothek verzeichnet diese Publikation in der Deutschen National-bibliografie; detaillierte bibliografische Daten sind im Internet über http://dnb.d-nb.de abrufbar.

Springer Spektrum ist ein Imprint der eingetragenen Gesellschaft Springer Fachmedien Wiesbaden GmbH und ist ein Teil von Springer Nature.
Die Anschrift der Gesellschaft ist: Abraham-Lincoln-Str. 46, 65189 Wiesbaden, Germany

Für Ingeborg und Wolfgang und Wilken

Danksagung

Viele haben dieser Studie mit Fragen, Hinweisen, Interesse und Ideen geholfen.

Ich danke Luise Lamby, Ed Lamby, Lis Brack-Bernsen, Angelika Sonntag, Christoph Meinel, Christoph Dittscheid, Hans Schüller, Birgit Stadler, Blaga Tsvetkova, Marianne Stutzki und Paul Frank.

Ich danke Roland Wittje auch für die Betreuung und Julia Böttcher auch für ihre Hilfe während der Korrekturphase. Und ich danke Matthias Brack und Ernst Peter Fischer auch für ihre Unterstützung für die Publikation.

Geleitwort

von Ernst Peter Fischer

Zu den wichtigsten philosophischen Ereignissen des 20. Jahrhunderts gehört die Formulierung einer Theorie der Atome, die als Quantenmechanik bekannt ist. Sie hat den Menschen nicht nur ein völlig neues Weltbild, sondern daneben auch enorme technische Möglichkeiten bereitet. Ohne Quantenmechanik gäbe es keine Transistoren und erst recht keine iPhones oder andere Produkte des digitalen Zeitalters, so dass sich sagen lässt, dass ein beträchtlicher Prozentsatz der globalen Wirtschaft und die dazugehörigen Produkte erst dank der Quantenmechanik hergestellt werden konnten. Trotz dieser nicht zu überschätzenden alltäglichen Bedeutung der modernen Physik, der der philosophischen in nichts nachsteht, kennt man die handelnden Personen in der Öffentlichkeit kaum. Dies hat auch damit zu tun, dass Wissenschaftshistoriker in Deutschland Scheu vor biographischen Arbeiten zeigen und die Darstellung des Lebens bedeutender Forscher unter anderem gerne der angelsächsischen Literatur überlassen.

Zu den Großen der frühen Quantenmechanik – ihre entscheidenden Fortschritte gelangen in der Mitte der 1920er Jahre im deutschen Sprachraum – gehören Werner Heisenberg (1901-1976) und Wolfgang Pauli (1900-1958), die sich früh kennengelernt und bereits als Jugendliche gegenseitig zu Höchstleistungen inspiriert haben, obwohl beide völlig verschieden lebten. Während Heisenberg die Berge liebte und möglichst viel Zeit in der freien Natur zubrachte, konnte man Pauli oft in Bars und morgens länger im Bett finden. Historiker sprechen bei den Leistungen der beiden jungen Männer in den Zwanzigern gerne von der Kinderphysik, zu der Heisenberg und Pauli vornehmlich in den Jahren 1924 und 1925 beitrugen und die um 1928 einen ersten Abschluss fand, als die damals gefundenen Gleichungen für die Atome und ihre Elektronen zum Beispiel die Existenz von Antimaterie vorherzusagen erlaubten, die dann auch bald nachgewiesen werden konnte. Trotz aller Erfolge der neuen Physik – es bereitete große Probleme, das neue Weltbild, das dabei gemalt werden konnte, zu deuten, weil sich Objekte wie Elektronen nicht eindeutig als Teilchen ausmachen ließen und man ihnen einen Wellencharakter zubilligen musste, obwohl sie nachweisbar über Masse verfügten.

Nach den frühen Triumphen der Physik kamen neben kniffligen Fragen der Philosophie noch die schwierigen Jahre des Nationalsozialismus und der Atombombe, und Heisenberg und Pauli konnten sich erst im gehörigen Abstand vom Zweiten Weltkrieg wieder von politischen Einflüssen ungestört ihren geliebten physikalischen Themen zuwenden, bei denen es bis heute eine Fülle von ungelösten Aufgaben gibt. In den 1950er Jahren versuchten die beiden gemeinsam, einen weiteren großen Schritt in ihrer Wissenschaft zu unternehmen und aus der Quantenmechanik eine Quantenfeldtheorie zu machen. Die knüpft in der historischen Perspektive an die legendäre Entwicklung der Physik an, in der die Mechanik des Briten Newton durch eine Theorie des elektromagnetischen Feldes des Schotten Maxwell ergänzt wurde, die zum Gesamtbild der klassischen Physik gehörte.

Das eben genannte Vorhaben der Schaffung einer Quanten-feldtheorie durch Heisenberg und Pauli, auf das die beiden große Hoffnungen setzten, ist nicht nur missglückt, sondern merkwürdigerweise von Anfang an unter Physikern mit Skepsis betrachtet worden. In ihrer – von der Universität Regensburg mit höchstem Lob versehenen – Arbeit schildert An Rettig nicht nur, wie unter diesen Vorgaben ein persönlicher Konflikt zwischen den beiden höchst unterschiedlichen Genies entbrannte, der bis zu Paulis Tod 1958 nicht zur Ruhe kam und Heisenberg selbst am Ende der 1960er Jahre noch beschäftigte, als er sich in seiner Autobiographie „Der Teil und das Ganze" fragte, welche Rolle Paulis Krankheit bei dem Scheitern auf dem Weg zu einer neuen Theorie der atomaren Wirklichkeit gespielt haben könnte. An Rettig erzählt auch, warum Physiker aus so unterschiedlichen Kulturkreisen wie dem alten Europa und der neuen Weltmacht Amerika so unterschiedlich sowohl auf die beiden Protagonisten – einem Deutschen, der in Deutschland geblieben und an einem Uranprojekt beteiligt war, und einem Österreicher, der in der Schweiz lebte und die Kriegsjahre in den USA fern von jeder Atomforschung verbracht hatte – als auch auf deren physikalischen Ansatz reagierten, bei dem es ja nicht allein um Physik, sondern tiefergehend um die Frage der Erklärbarkeit – die Bedingungen ihrer Möglichkeit – dessen ging, was die Welt im Innersten zusammenhält, um eine berühmte und bekannte Formulierung zu gebrauchen.

Die Arbeit von An Rettig stellt ein spannendes Stück Wissenschaftsgeschichte dar, indem sie nicht nur sehr einfühlsam auf die Psyche der agierenden Persönlichkeiten – ihren Ehrgeiz, ihre Ängste, ihre Begierden – eingeht, was in der bislang vorliegenden Literatur auf diesem Feld nahezu völlig unterblieben ist. Der Autorin gelingt es auch, den politischen, philosophischen und kulturellen Kontext herauszuarbeiten und dem Leser dabei sogar die großen

Schwierigkeiten der angestrebten Quantenfeldtheorie nahe zu bringen. Die ganze Geschichte ist dabei in einem hervorragenden Stil
geschrieben, der die Handschrift der Journalistin erkennen lässt,
die Frau Rettig war, als sie sich ihrer Magisterarbeit zuwandte.

Der ursprüngliche Titel der Arbeit „Halbgenie und Viertelfaust?"
geht auf die Bemerkung eines Mannes namens Friedrich Wieck zurück, der sich fragte, welche der beiden Möglichkeiten seinen berühmten Schwiegersohn Robert Schumann wohl charakterisieren
könne. Frau Rettig stellt sich die Frage, ob Historiker das Scheitern
des Versuchs von Heisenberg und Pauli, die Natur einheitlich durch
eine Quantenfeldtheorie zu erfassen, besser in den historischen
Blick bekommen können, wenn sie das Bemühen der beiden höchst
genialen, mit Nobelpreisen geehrten und von faustischem Verlan-
gen getriebenen Physiker, aus den schwindelerregenden Höhen ihrer Argumente auf die Ebene holen, die man einem Halbgenie und
einem Viertelfaust zutrauen würde und auf der sich für gewöhnliche
Leser etwas verstehen lässt. Die Antwort lautet „Ja" und sie steht in
diesem Buch.

In den Gutachten der Universität Regensburg zu der hier publizierten Arbeit von An Rettig heißt es ausdrücklich, dass ihr lebendi-
ger Stil die Lektüre auch für Außenseiter spannend und unterhalt-
sam macht und ein Leser bei seiner vergnüglichen Lektüre sehr viel
lernen kann – über Personen der Wissenschaftsgeschichte und ihre
inneren und äußeren Konflikte, über Akzeptanz neuer Ideen in einem verunsicherten Umfeld, über die Möglichkeit des Scheiterns
selbst in großen Dingen, über die Besessenheit und die Faszination
von Forschern, über die Unmöglichkeit, von einer bestimmten Tiefe
oder Höhe einer Theorie an zwischen falsch und richtig zu entscheiden, über den Wandel nicht nur der Wissenschaft, sondern auch der
Art ihrer Kommunikation, und so könnte man weiter fortfahren, die

Vorzüge des Manuskriptes herauszustellen, das ein breites Publikum verdient hat, alle Leser der FAZ und der SZ zum Beispiel. Wenn hinter diesen Blättern – hinter einem wenigstens – ein kluger Kopf stecken soll, dann wird er wissen wollen, wie es in der Wissenschaft zugeht, wenn sich ein Viertelfaust mit der Frage des ganzen Faust beschäftigt, wie die Welt in ihrem Innersten aussieht. Heisenberg und Pauli hatten zuvor verstanden, dass Atome nur zu fassen sind, wenn man annimmt, dass sie überhaupt kein Aussehen haben. Aber wie erklärt man dann, was man gefunden hat und in der Hand hält, wenn man zu ihnen vorgedrungen ist? Auch darum ging es zwischen Heisenberg und Pauli in den 1950er Jahren, und An Rettig lässt die Leser teilhaben, wenn der Viertelfaust ohne die Magie seines Vorbildes auskommen und sich auf den Zauber eines Halbgenies einlassen will. Man lese und staune.

Statt eines Vorwortes:
Ein Leitfaden für geneigte Leser ohne Physik-Kenntnisse

Die vorliegende Studie hat den Anspruch, auch für Leser und Fachbereiche jenseits der Physik interessant und auch ohne Physik-Kenntnisse verständlich zu sein.

Andererseits tauchen vor allem im Teil III (in dem es um Entstehung und Inhalt von Heisenbergs und Paulis Ansatz geht) viele spezielle physikalische Inhalte auf, die auch mancher Physiker nicht einfach und direkt nachvollziehen kann.

Der eine Leser wird die Lektüre trotzdem spannend finden – ein anderer womöglich zäh, schwer genießbar.

Nun ist die dezidierte Kenntnis der physikalischen Hintergründe in Teil III aber keinesfalls Voraussetzung, um die hier dargelegten historischen Ereignisse und ihre Hintergründe (diese ab Teil IV) zu verstehen. Ein grober Überblick reicht da völlig aus.

Hier ein Leitfaden, sich diesen groben Überblick zu verschaffen:
Man lese in Kapitel 1 nur die Kapitel „1.1. Prolog – oder: Etwas ist merkwürdig" sowie „1.6. Einteilung der Kommunikationsebenen der Physiker",
danach das komplette Kapitel 2 „Heisenberg und Pauli und die Physik ihrer Generation",

darauffolgend den Anfang von Kapitel „3. Anfänge – Über die Zusammenarbeit von Heisenberg und Pauli in den 1920ern" und dort das Kapitel „3.1. Zum Begriff Quantenfeldtheorie".

An diesem Punkt kann man die ganz kurze Variante wählen und nur noch das Kapitel „6.9. Zusammenfassung von Genese und Inhalt des Ansatzes" lesen,
oder aber man liest diese Kapitel:
„3.6. Zusammenfassung der 1920er Jahre"
„4.1. Zum neuen Weltbild"
„4.4. Zusammenfassung der 1930er Jahre
Das Intro von Kapitel „5. Weitere Versuche – Heisenberg und Pauli in den 1940er Jahren"
„5.5. Zusammenfassung der 1940er Jahre"
Und dann das Kapitel „6.9. Zusammenfassung von Genese und Inhalt des Ansatzes".

Mit dem so gewonnenen Überblick lässt es sich dann auch – wenn von Interesse – gut in die physik-lastigen Teile hinein schmöckern.

Quod bonum felix faustumque sit

Inhaltsverzeichnis

Abbildungsverzeichnis

Teil I
Einführung

1. Zur Übersicht

1.1. Prolog – Oder: Etwas ist merkwürdig

Unweit des Zürichsees, dem Fraumünster und der geschäftigen Bahnhofstraße, zwischen Einsteins alter Wirkungsstätte, der ETH, auf der einen und dem Uetliberg, Ort des Uetlischwurs,[1] auf der anderen Seite, trafen sich nach Anbruch der Dunkelheit am 15. November 1957 zwei Jugendfreunde zu einem kurzen, aber intensiven Stelldichein. Werner Heisenberg und Wolfgang Pauli hatten seit einigen Jahren über einen physiktheoretischen Ansatz diskutiert, gerungen und auch viel gestritten. Nun trafen sie sich persönlich und besprachen das Thema Auge in Auge. Sehr bald beschlossen sie, den Ansatz gemeinsam weiter auszuarbeiten. Zu einer einheitlichen Quantenfeldtheorie der Elementarteilchen.[2]

Wenige Wochen später, Anfang 1958, wurde dieser physiktheoretische Ansatz plötzlich rund um den Globus diskutiert: In den Zeitungen von Hamburg, New York, Paris, London, und selbst in Mos-

---

[1] 1913, bei einem Zusammentreffen in der Schweiz, dem Land des Rütli-Schwurs, gingen der da 25-jährige Otto Stern und der 34-jährige Max von Laue den Uetli-Berg bei Zürich hinauf – und diskutierten Physik. Vor allem das gerade veröffentlichte Bohrsche Atom-Modell. Als von Laue und Stern auf der Spitze des Uetli-Bergs angekommen waren, machten sie einen Schwur: Sollte sich Bohrs Idee als richtig herausstellen, dann würden sie beide die Physik auf Nimmerwiedersehen verlassen! Aber solch' Uetli- ist kein Rütli-Schwur und zwei Deutsche machen noch keinen Schweizer: Bohrs Idee setzte sich als richtig durch und Stern und von Laue blieben der Physik treu. Mit Erfolg: Max von Laue erhielt ein Jahr später (1914) den Physik-Nobelpreis, Otto Stern den von 1943 – für eine Arbeit, die auf Bohrs Atommodell basierte. Vgl. Pais (1986, S. 208).

[2] Siehe Kap. 6.5..

A. Rettig, *Heisenbergs und Paulis Quantenfeldtheorie von 1958*, BestMasters,

kau berichtete man, die zwei Nobelpreisträger Heisenberg und Pauli
hätten die „Weltformel" gefunden. Eine Formel, die – vorausgesetzt,
sie sei richtig – bald zum Abschluss der Physik führen und den weiteren Lauf der Wissenschaft, wenn nicht sogar der Welt, verändern
würde.[3] In Physikerkreisen allerdings herrschte zur selben Zeit ein
breiter Konsens, der Ansatz lohne kaum der Mühe einer Auseinandersetzung, der Ausbau zu einer Theorie sei zum Scheitern verur-
teilt.[4] Und so landete der Ansatz von Heisenberg und Pauli, noch
bevor er eine nennenswerte Rezeption erfuhr, mit Schwung im Pa-
pierkorb der Physikentwicklung – und ward seitdem nicht mehr gesehen.[5] Und wenn doch, dann als Beispiel für hoffnungslos geschei-
terte Versuche, die Natur einheitlich zu erfassen.[6] Grad so, als ob er
nicht von zwei Nobelpreisträgern, sondern einem „Halbgenie" und
einem „Viertelfaust" stammen würde.[7]

Was war passiert? Pauli und Heisenberg waren nicht irgendwer –
sie waren mit Albert Einstein, Ernest Rutherford, Max Planck, Niels
Bohr und Paul Dirac die Gründungsfiguren der modernen Physik.
Wieso also wurde dann ihr Ansatz zu einer einheitlichen

---

[3] Siehe Kap. 10.10. und 10.11...

[4] Siehe Kap. 7.4..

[5] Zum Beispiel findet der Ansatz in Übersichtsbüchern über die Geschichte der Phy-
sik des 20. Jahrhunderts bzw. der Quantentheorie nur manchmal als Nebensatz
Erwähnung, meist gar nicht. So hat z.B. Helge Kragh in anderen Studien über
Heisenbergs Physik vor dem Zweiten Weltkrieg gearbeitet – in seinem Buch über
die Physik des 20. Jahrhunderts, „Quantum Generations", wird der Versuch von
Heisenberg und Pauli gar nicht genannt. Kragh (1999). In seinem Buch über ein-
heitliche Theorien erwähnt Kragh den Versuch nur kurz als Appendix zu seinen
Ausführungen über Heisenbergs Arbeiten zur S-Matrix. Kragh (2011, S. 148).

[6] Vgl. Kragh (2011, S. 148). Mößbauer (1993, S. 7-11. S. 10). Crease und Mann (1986,
S. 411).

[7] Friedrich Wieck über seinen (unfreiwilligen) Schwiegersohn Robert Schumann.
In „Frühlingssinfonie", BRD, DDR 1983.

http://www.schamoni.de/filme/filmliste/fruehlingssinfonie – Zugriff am 27. Januar 2020.

Quantenfeldtheorie der Elementarteilchen so schnell und vehement abgelehnt? Warum fand eine Rezeption quasi nicht statt?

Waren Heisenberg und Pauli 1958 nicht mehr in der Lage, gute Physik zu machen? Standen sie jenseits der aktuellen Forschung? Hatten sie sich von einer neuen Entwicklung abgewandt – wie Einstein in den 1920ern von der Quantentheorie?[8] Hatten sie es wegen zu großer Mathematisierung aufgegeben, an den aktuellen Diskussionen teilzunehmen – wie Bohr seit den 1950ern?[9]

Nein. Pauli und Heisenberg bildeten in den 1950ern zwar nicht mehr ein Zentrum der aktuellen Forschung (die waren nun in den USA), aber sie nahmen aktiv daran teil. Was war dann der Grund?

Der Ansatz sei einfach inhaltlich falsch gewesen, lautet bis heute die recht einhellige Meinung der Physiker. Wenige andere sind der Ansicht, er sei der damaligen Physikentwicklung zu weit voraus gewesen und seine Zeit würde erst noch kommen.[10]

Bei einer genaueren Betrachtung der Quellen aber kommt man zu einer anderen Einschätzung: Demnach hatte die Ablehnung des Heisenberg-Pauli-Ansatzes gewichtige andere Ursachen, die in zeitgeschichtlichen, kulturellen, zwischenmenschlichen und persönlichen Bereichen zu finden sind. Und in einem Wandel der Vorstellung darüber, wie man erfolgreiche Physik macht und was eine erfolgreiche Physik eigentlich ist.

---

[8] Vgl. Einstein an Born am 12. April 1949. Born und Einstein (1969, S. 184f). Pais (2000, S. 361, S. 447-466).

[9] So schrieb Bohr am 31. Dezember 1953 an Pauli zu Heisenbergs Ideen „über eine zusammenfassende Theorie der Elementarteilchen. Ich glaube schon, daß ich die Pointe verstehe, aber ich bin kaum imstande, die verwickelten mathematischen Berechnungen zu durchschauen." WP-BW 1953-54, S. 413f.

[10] Siehe Kap. 7.

1.2. Zum Inhalt

Die vorliegende Studie stellt die Genese von Heisenberg und Paulis
Ansatz für eine einheitliche Quantenfeldtheorie von 1958 dar. Und
sie untersucht die Gründe für deren starke Ablehnung seitens der
Physiker-Gemeinschaft. Dabei hält sie sich eng an die Personen Heisenberg und Pauli, an ihre Erlebnisse, ihre Handlungen, ihre Versuche, ihre Sichtweisen, ihre Reaktionen.

Diese Beschränkung erfolgt aus zweierlei Grund:

Zunächst einmal eignen sich Heisenberg und Pauli genauso
schwerlich wie Einstein, Dirac, Planck oder Bohr zu Verallgemeinerungen oder Fallstudien wie „Physiker in den 1950ern" oder „Naturwissenschaftler aus dem deutschen Sprachraum". Zu sehr gleichen
sie in ihrem Wirken und ihren Persönlichkeiten singulären Ereignissen und lassen sich daher nicht „ent-individualisieren" – was nötig wäre, um sie zu quasi austauschbaren Physikern, Naturwissen-
schaftlern oder Wissenschaftlern machen zu können.

Zweitens braucht es, um den Heisenberg-Pauli-Ansatz von 1958
z.B. mit weiteren Ereignissen der Zeit in Beziehung zu setzen, ihn
mit anderen Ansätzen zu vergleichen oder im Spiegel der Medien zu
betrachten, zunächst eine dezidierte Kenntnis der Entstehung, der
Ereignisse, des Inhaltes. Das aber gibt es bis dato nicht und eben
dieses soll die vorliegende Arbeit leisten.

Desweiteren ist zu bemerken:

a) Die Untersuchung endet mit dem Jahr 1958 (und geht also nicht
   auf die weiteren Arbeiten von Heisenberg an der einheitlichen
   Quantenfeldtheorie und seine Auseinandersetzung mit den
   dann erscheinenden Ansätzen, wie z.B. die Quark-Theorie, in
   den 1960ern und 1970ern ein). Sie beginnt in den 1920er Jahren, weil eben da die gemeinsame Arbeit von Heisenberg und
   Pauli an diesem Ansatz ihren Anfang nahm. Die Darlegung der
   Entstehung von den 1920ern bis Ende der 1950ern erfolgt in

einer Periodisierung in den vier Jahrzehnten – so lässt sich der Stoff gut strukturieren und übersehen.

b) Die Zitate sind absichtlich zahlreich und nicht immer kurz gehalten – um auch den Sprachduktus darzulegen, der das charakteristische Weltbild und Denken der Physiker widerspiegelt und eine Idee von der Atmosphäre vermittelt, in der sie agierten. (Die Hervorhebungen in den Zitaten stammen immer von den Autoren selbst.)

c) Die Entwicklung und Ablehnung des Heisenberg-Pauli-Ansatzes von 1958 lässt sich nur unter Einbeziehung auch der persönlichen und zwischenmenschlichen Aspekte verstehen (wie sich insbesondere im Teil IV zeigt). Daher werden zu Beginn auch die Persönlichkeiten und Biographien von Heisenberg und Pauli umrissen.

d) Dann aber spielt auch die moderne Physik mit ihren Inhalten eine wesentliche Rolle und so wird die Entwicklung von Heisenberg und Paulis Physik von den 1920ern bis 1958 skizziert, sowie die Grundideen des Ansatzes von 1958 erläutert (Kap. 3 bis 6). Dabei wurde aber nicht angestrebt, alle speziellen mathematischen und physik-theoretischen Teilaspekte der Theorien detailliert zu schildern und zu beurteilen, sondern die wesentlichen Merkmale wiederzugeben.

e) Hierbei ergibt sich die Frage, in welcher Form die physikalischen Inhalte beschrieben werden. Die Studie ist so angelegt, dass einerseits Physik-Laien mit unterschiedlichem Kenntnisstand die Inhalte nachvollziehen und andererseits auch interessierte Physiker die Grundkonzeptionen der Heisenberg-Paulischen Versuche für eine einheitliche Quantenfeldtheorie erfahren können sollten. Um dabei die Studie weder auf dem Altar der physikalischen Allgemeinverständlichkeit noch auf dem der Fachspezifika opfern zu müssen, wurden in den Fußnoten Erklärungen, Erläuterungen und Ausführungen gegeben, über die der Leser aber auch hinweg lesen kann, ohne dadurch dem Haupttext nicht mehr folgen zu können.

f) Wie die Leserschaft bzgl. ihrer Physikkenntnis verschieden ist, so finden sich auch bei den Kommunikationsformen der Physiker über Physik heterogene Strukturen. Um diese fassbar zu machen, wurde für diese Studie die Kommunikation über Physik in vier Ebenen unterteilt (die im Kap. 1.6. erläutert werden). Denn in dieser differenzierten Form lässt sich auch zeigen, inwiefern ein Wandel in der Physik nach dem Zweiten Weltkrieg stattfand (Kap. 8), der einen Grund für die Ablehnung des Heisenberg-Pauli-Ansatzes bildete.

g) Für die Vergleiche mit US-amerikanischen Physikern der Zeit nach dem Zweiten Weltkrieg wurden im Wesentlichen die Biographien und Veröffentlichungen von Richard Feynman, Murray Gell-Mann und Steven Weinberg untersucht, weil diese drei Physiker nach dem Zweiten Weltkrieg eine ähnlich zentrale Stellung in der Physik hatten wie zuvor Heisenberg, Pauli und Dirac. Und weil sie insofern „genuin US-amerikanisch" sind, da sie US-Amerikaner sind, ihre Ausbildung in den USA erhielten und nicht, wie z.B. Robert Oppenheimer oder Isaac Rabi, für ihren Werdegang entscheidende Aufenthalte in den europäischen Zentren der modernen Physik erlebten.

1.3. Zum Aufbau

Die Studie besteht aus fünf Teilen: Aus I. einer Einführung, II. der Vorstellung der Personen Heisenberg und Pauli, III. einer Schau auf die Geschehnisse, IV. der Untersuchung und Analyse und V einer Zusammenfassung nebst Fazit und Ausblick. Im Anschluss findet sich das Quellen- und Literaturverzeichnis, das alle für diese Studie genutzten Werke auflistet.

Die Einführung im Teil 1 gibt einen Blick auf die Quellen- und Literaturlage, sowie auf den aktuellen Forschungsstand. Desweiteren wird hier die Darstellung der verschiedenen Kommunikationsebenen der Physiker gegeben, auf die in der vorliegenden Arbeit Bezug genommen wird.

In Teil 2 werden die Viten von Heisenberg und Pauli skizziert, sowie ihre Beziehung zueinander (Unterschiede, Gemeinsamkeiten, die Art der Zusammenarbeit) und ihr physikalischer Erfahrungshintergrund.

Teil 3 (Kap. 3-6) legt die Geschehnisse von 1927 bis 1958 dar. Es wird die Zusammenarbeit von Heisenberg und Pauli in den 1920ern, 1930ern, 1940ern und 1950ern beschrieben. Der Fokus liegt dabei auf ihrem Streben zur Schaffung einer einheitlichen Quantenfeldtheorie (ab den 1930ern auch zunehmend als „Elementarteilchentheorie" bezeichnet) und soll dazu Einblicke in die Art und Weise ihrer Zusammenarbeit geben:

Im Kapitel 3 über die 1920er Jahre wird kurz der Begriff „einheitliche Quantenfeldtheorie" erläutert. Desweiteren geht es vornehmlich um die Genese des ersten Ansatzes für eine einheitliche Quantenfeldtheorie, den Heisenberg und Pauli bereits Ende der 1920er schufen.

Das Kapitel 4 über die Zusammenarbeit in den 1930er Jahren beschreibt zunächst das neue physikalische Weltbild, das sich in den 1930ern etablierte. Danach geht es um die zwei wesentlichen Theorie-Ansätze, mit denen Heisenberg und Pauli in diesem Jahrzehnt versuchten, Fortschritte zu machen (Diracs Löchertheorie und Heisenbergs Explosionstheorie).

Kapitel 5 über die 1940er Jahre beinhaltet die wesentlichen physikalischen Aktivitäten von den im Zweiten Weltkrieg getrennt wirkenden Physiker-Freunden (Diracs indefinite Metrik und Heisenbergs S-Matrix).

Kapitel 6 über die 1950er Jahre umfasst zunächst die physikalischen Diskussionen und Arbeiten von Heisenberg und Pauli ab 1950, die Ende 1957 zu der engen Zusammenarbeit führten. Und schließlich behandelt es ihre Weiterentwicklung bis hin zum Bruch und endet mit Paulis Ableben im Dezember 1958.

Der 4. Teil (Kap. 7-10) ist unterteilt in vier Aspekte, die in summa klären, warum der Ansatz solch starke Ablehnung seitens der Physiker erfuhr:

Der 1. Aspekt (Kapitel 7) legt dar, inwiefern die Begründung der Ablehnung durch allein physik-immanente Gründe nicht ausreichend sein kann. Der 2. Aspekt (Kapitel 8) behandelt den Wandel in der Physik, der 3. Aspekt (Kapitel 9) die Ursachen für die Ablehnung, die mit der Person Heisenberg, der 4. Aspekt (Kapitel 10) die mit der Person Paulis zusammenhängen. Dabei werden auch die Geschehnisse von Herbst 1957 bis Dezember 1958 mit Fokus auf Pauli noch einmal dezidierter in den Blick gerückt.

Der 5. Teil schließlich fasst die Analyseergebnisse zusammen und wirft einen Blick auf mögliche weitere Forschungsbereiche.

1.4. Zu Quellen und Literatur

Die vorliegende Arbeit basiert wesentlich auf dem in acht Bänden publizierten wissenschaftlichen Briefwechsel von Wolfgang Pauli (der den Zeitraum von 1919 bis 1958 und über 3000 Briefe umfasst) und seinen erkenntnistheoretischen Schriften sowie auf den publizierten Arbeiten, Vorträgen, Schriften und Briefen von Heisenberg.

Zu Pauli wurden auch die Biographien von Enz (2002 und 2005) verwandt sowie die verschiedenen Kommentare und Aufsätze von

von Meyenn, die sich auch in dem o.g. Pauli-Briefwechsel finden. Die Ausführungen von Miller (2011) konnten wegen Fehlern nicht berücksichtigt werden.[11]

Zu Heisenberg wurden die Arbeiten seiner Biographen Rechenberg, Carson, Hermann und Cassidy genutzt, sowie verschiedene Festschriften zu Heisenberg: Kleint et al (2005), Geyer et al (1993), Kleint und Wiemers (1993), Papenfuß et al. (2002).

Über Heisenberg und Pauli als Lehrer, Mitarbeiter, Physiker und Persönlichkeiten wurde auch auf die Erinnerungen von Zeitzeugen zurückgegriffen: Bernstein (1993), Bloch (1976), Blum (2005), Frisch (1981), H. Pauli (1981), Peierls (1985), Gell-Mann (1997), E. Heisenberg (1980), Jost (1994), Pais (2000), Rozental (1967 und 1991), Thirring (2008), Weisskopf (1989 und 1991). Desweiteren dazu relevant sind auch Peters (2004), Serwer (1977), Bokulich (2004).

Zur Physik von Heisenberg und Pauli wurden neben den verschiedenen Quellen auch die Kommentare in den Bänden A der

---

[11] Miller (2011). Miller sucht in diesem Buch u.a. Paulis komplexe Persönlichkeit zu beleuchten – was der vorliegenden Studie entgegen kommen würde. Aber leider sind die in Millers Buch auftretenden (womöglich durch nicht genügend Vertrautheit mit der recht komplexen und nuancenreichen deutschen Sprache verursachten) offensichtlichen Fehler so zahlreich, dass man dem Inhalt in Gänze nicht mehr vertrauen mag. So schreibt Miller beispielsweise, Heisenberg sei nicht zu Paulis Trauerfeier nach Zürich gekommen und seine Frau Elisabeth hätte Paulis Witwe Franca geschrieben, sie seien wegen der geschäftigen Weihnachtszeit verhindert gewesen. Als Quelle gibt Miller den Brief [3134] aus dem Pauli-Briefwechsel an (Elisabeth Heisenberg Ende 1958 an Franca Pauli, WP-BW 1958, S. 1361). In diesem Brief aber steht nichts, was Millers Behauptung bestätigen würde. Und auch die Zeitungsberichte zu Paulis Trauerfeier im „Tagesanzeiger" und der „Neuen Züricher Zeitung" widersprechen Millers Ausführungen – berichten sie doch beide von Heisenberg als einen der Trauergäste. „Trauerfeier für Wolfgang Pauli". „Neue Züricher Zeitung", 22. Dezember 1958, Blatt 5. „Trauerfeier für Prof. Wolfgang Pauli". „Tagesanzeiger", 22. Dezember 1958.

Gesammelten Werke von Heisenberg: Pais (1989), Bagge (1989), Oehme (1989), Haag (1989), Rechenberg (1993), Hagedorn (1993), Dürr (1993) genutzt, sowie die Erläuterungen von Dürr (1982) und Cushing (1986).

Zu weiteren Teilfragen und –aspekten war folgende Literatur relevant:

Zu Heisenberg im Zweiten Weltkrieg auch die Arbeiten von Walker (1989-2006), E. Heisenberg (1989), O'Flaherty (1992), Goudsmit (1947), Beyerchen (1980), Frank (1993), Kästner (1961 und 2006).

Zu Bohr wesentlich der Sammelband von Rozental (1967), sowie die Biographien von Dam (1985) und Pais (1991) und die Erinnerungen von Rozental (1991).

Zu Dirac die Biographien von Kragh (1990), sowie die Festschriften Taylor (1987) und Pais et al. (1998), und die Biographical Memoirs von Dalitz und Peierls (1986).

Zur Physik der Nachkriegszeit auch `t Hooft (1980), `t Hooft et al. (2005), die Symposiumsbände Brown et al. (1989) und Hoddeson et al. (1997). Desweiteren Cao und Schweber (1993), Pickering (1984), Glashow (1980), Kaiser (2002) sowie die Aufsätze und Arbeiten von Feynman, Gell-Mann und Weinberg.

Zur Physik-Kultur der USA Kevles (1987), Pickering (1984), Kaiser (2002), die Aufsätze und Arbeiten von Feynman, Gell-Mann und Weinberg, sowie ihre Biographen Gleick (1993) und Johnson (2000).

1.5. Zum Forschungsstand

Zu Leben und Wirken der Physiker Pauli und Heisenberg gibt es viele veröffentlichte Quellen (vgl. Kap. 1.4) und eine umfassende Literatur, über den Ansatz von Heisenberg und Pauli von 1958 nur wenig: In den Bänden der Gesammelten Werke von Heisenberg und dem Briefwechsel von Pauli finden sich nur einige erläuternde Kommentare und Einführungen (von Meyenn 2005a, Rechenberg 1993, Dürr 1993). Außerdem verfasste Dürr über Heisenbergs Arbeit mit Pauli und seine daran anschließenden Forschungen und Versuche eine physik-theoretische Abhandlung (Dürr 1982). Saller verglich den Ansatz physik-theoretisch mit dem „Standardmodell" (Saller 1993). Auch Carson, die in Carson (2010) Heisenbergs Rolle im Deutschland der Nachkriegszeit untersuchte, erwähnt die Zusammenarbeit von Pauli und Heisenberg 1958. Zu dieser überschaubaren Anzahl an Literatur ist im letzten Jahr noch eine Studie von A.Blum (2019) hinzugekommen, die irritierend anmutet[12] und sich

---

[12] Die Studie von A.Blum (2019) nennt die hier vorliegende Studie als Literatur. Sie ist also doch mit Kenntnis dieser Studie entstanden, und könnte auch als Ergänzung, Erweiterung, als weiterführendere Untersuchung des Themas angesehen werden – zumal auch neue Quellen auftauchen und physikalisch-mathematische Spezifika von Heisenbergs und Paulis Ringen in den späten 1950er betrachtet werden. Nur finden sich in der Studie auch zahlreiche Aussagen und Konklusionen, die schwer nachzuvollziehen sind. Einige Beispiele:

a) A.Blum (2019, S. 1) schreibt, die hier vorliegende Studie versuche, Heisenbergs Ansatz zu rehabilitieren. Mit dem Begriff „rehabilitieren" ist wohl gemeint, die hier vorliegende Studie würde Heisenbergs und Paulis Ansatz als richtig darstellen wollen. Nur kann davon nicht die Rede sein, wie es auch explizit im Kap. 7 dargelegt wird. (Außerdem stützt auch A.Blum die These der hier vorliegenden Studie, wonach die Güte des Ansatzes von Heisenberg und Pauli Ende der 1950er Jahre nicht wirklich beurteilt werden konnte, da es damals keinerlei Theorie gab, die als Maßstab für den richtigen oder falschen Weg und Ansatz hätte herangezogen werden können. Vgl. A.Blum 2019, S. 33, 45, 55).

b) Irritierend mutet der Satz an, Heisenberg wäre, als er seinen Forschungen nachging, „fully convinced, that he was doing legitimate physics" (A.Blum 2019, S. 2). Diese Feststellung ist nicht zu bezweifeln, nur die Implikation ihrer Nennung ist unklar. Denn A.Blum erläutert leider gar nicht, wie eine legitime Physik zu definieren sei und womit eine Physik sich als illegitim erweisen würde und inwiefern es sich bei Heisenbergs Forschungen nicht um legitime, sondern illegitime Physik gehandelt hätte.

c) A.Blum schreibt, Heisenberg hätte mit der Suche nach einer einheitlichen Quantenfeldtheorie Anfang der 1950er begonnen und zwar weil er seine

auf Aspekte der physikalisch-mathematischen Ebene konzentriert. Des weiteren taucht das Thema bei allen biographischen Abhandlungen und Skizzen über das Leben von Pauli und Heisenberg auf. Doch wird es da stets nur kurz, beiläufig genannt.

Eine Untersuchung aber, die die Zusammenarbeit von Heisenberg und Pauli von 1958 umfassend genauer beleuchtet, gab es bis dato nicht. Eben dieses soll die vorliegende Studie liefern.

Forschungsarbeiten während des Zweiten Weltkrieges nach Kriegsende nicht fortführen konnte (A.Blum 2019, S. 5 und S. 60).

Dagegen spricht u.a., dass Heisenberg und Pauli bereits seit Ende der 1920er Jahre an der Etablierung einer einheitlichen Quantenfeldtheorie arbeiteten und beide dieses Ziel auch während der 1930er und 1940er Jahre, also auch während des Weltkrieges weiterverfolgten (siehe die Kapitel 3-6 in der hier vorliegenden Studie).

d) Auch eine Behauptung auf S. 56 erfolgt wie aus dem hohlen Bauch: Im Frühjahr 1958 wäre Heisenberg „scientifically and politically compromised, in the perception of both the physics community and the general public" (A.Blum 2019, S. 56). Nur, so ganz ohne Rückgriff auf Quellen oder Literatur, ohne Erläuterung und Begründung bleibt die Aussage, Heisenberg sei naturwissenschaftlich und politisch bloßgestellt, kompromittiert gewesen, schwer nachzuvollziehen.

e) Verwirrend ist A.Blums Konklusion, Heisenbergs Ansatz zu einer „Weltformel" sei sündhaft gewesen, und er hätte als finale Sünde den Tod Paulis verursacht (A.Blum 2019, S. 58). Leider bleibt es ohne Erläuterung, inwiefern das Streben eines Physikers nach der Beantwortung einer offenen Frage in der Physik als sündhaft angesehen werden könnte und welche Sünde dann Heisenberg begangen haben sollte.

Bereits die aufgelisteten Beispiele machen es nicht leicht, den anderen Ausführungen in der Studie A.Blum (2019) voll zu vertrauen. Und auch den Ausführungen über die physikalisch-mathematischen Zusammenhänge von Heisenbergs und Paulis Ansatz mag man nicht ohne weiteres folgen: Womöglich wegen der Enge des Ausschnitts, den A. Blum wählte, fallen sehr viele wichtige Aspekte weg, bleiben ungenannt, wie zum Beispiel die genaueren Implikationen der Idee einer indefiniten Metrik, die 1942 von Dirac vorgeschlagen und bereits ab 1942 intensiv von Pauli rezipiert wurde. Auch die Überlegungen, ob es überhaupt eine Hamilton-Funktion geben kann (vgl. Kap. 5.2 und 10.8. der hier vorliegenden Arbeit) bleiben unerwähnt wie auch die große Skepsis und Ablehnung von u.a. Dirac, Pauli und Heisenberg gegenüber der renormierbaren Quantenelektrodynamik (vgl. Kap. 8.6. der hier vorliegenden Arbeit).

1.6. Einteilung der Kommunikationsebenen der Physiker

Ein gewichtiger Teil der Betrachtung und Erörterung der Geschehnisse um den Heisenberg-Pauli-Ansatz von 1958 erfolgte an Hand der Kommunikation der beteiligten Physiker miteinander. In der Art, wie sich diese Kommunikation in den Briefwechseln und Publikationen darstellt, läßt sie sich in vier verschiedene Bereiche oder Ebenen differenzieren.[13] Auf diese Differenzierung wird in der vorliegenden Studie an verschiedenen Stellen (vor allem in Teil III) Bezug genommen und auf die jeweilige Ebene verwiesen. Die unterschiedlichen Kommunikationsebenen sind:

Ebene I – die physikalisch-mathematische Ebene:

Auf dieser Kommunikationsebene werden Themen erörtert, die eher mathematischer Natur sind. Zum Beispiel ob es ein gewisses Verfahren gibt, um in einer Gleichung zur Beschreibung eines Prozesses die Unitarität (d.h., die Gesamt-Wahrscheinlichkeit ist 1) wahren zu können; ob ein gewisses Näherungsverfahren gut ist; ob eine Gleichung mit einem Hamilton-Operator zur Beschreibung gewählt wird oder nicht; ob es sinnvoll ist, eine Lagrangefunktion zu nutzen.

Ebene II – die physik-theoretische Ebene:

Diese Themen drehen sich um theoretische Konzepte, die eine gewisse anschauliche Entsprechung in der Natur haben, sich ggf. auch experimentell nachweisen lassen. Beispiele: Wie ist der Spin eines Teilchens, wie sein magnetisches Moment? Oder: Entstehen Teilchen in Kaskaden-Schauern (also stets nur in Paarerzeugung) oder in Explosionen (wo dann viele Teilchen auf einmal entstehen können)? Oder: Lassen sich unterschiedliche Elementarteilchen in Gruppen zusammenfassen?

---

[13] Vgl. Rettig (2018, S. 3:7f).

Ebene III – die physikalische Ebene:
Auf dieser Ebene geht es um allgemeinere Kontexte der Physik,
wie: Sind Elementarteilchen fundamental oder nicht? Wie ist das
subjektive Moment in der Physik zu behandeln? Wo ist die Lage des
Schnittes zu setzen?

Ebene IV – die Ebene von Zielsetzung und Weltbild:
Hier werden Fragen größerer Zusammenhänge verhandelt wie
beispielsweise: Geht es in der Physik darum, die Phänomene zu beschreiben? Oder darum, richtig voraus berechnen zu können? Was
ist eine gute Physik? Was bedeutet Naturverständnis? Oder auch:
Was soll es, solche Fragen zu stellen? Damit im Zusammenhang
steht die Frage nach dem Weltbild.

Wird von einer offiziellen oder allgemeinen Kommunikation ge-
sprochen, so ist damit die in Fach-Veröffentlichungen und Fach-
Vorträgen ebenso gemeint wie auch die in Briefwechseln zwischen
Physikern, die sich nicht persönlich näher bekannt waren.

Teil II
Die Protagonisten und ihre Welt

2. Heisenberg und Pauli und die Physik ihrer Generation

Fortschritte der Menschheit entstünden, so Pauli im April 1958, nicht aus Organisationen oder Zentren, sondern „only inside individuals as the product of their individual souls".[14]

Es ist verständlich, dass Pauli das Individuum, die Persönlichkeit als wesentlich erachtete: Wirkten er und Heisenberg doch just in jenem Zeitrahmen, als die moderne Physik mit Relativitäts- und Quantentheorie entstand – und zwar aus einem Diskurs von (relativ zu heute) wenigen Charakteren, die auch mit ihren individuellen Eigenarten hervortraten.[15] Und es ist sicher nicht von ungefähr, dass Heisenberg seine Lebenserinnerungen mit dem Hinweis begann, Wissenschaft werde von Menschen gemacht – ein, so Heisenberg, selbstverständlicher, aber oft vergessener Sachverhalt.[16]

Bei der Betrachtung der Ereignisse um den 1958-Ansatz von Heisenberg und Pauli spielen die menschlichen Themen mitsamt den individuellen Eigenarten eine wesentliche Rolle. Daher beginnen die weiteren Ausführungen mit diesem Kapitel, in dem die Biographien der beiden Physiker skizziert werden, ihr Verhältnis zueinander erläutert und die Art und Weise, wie sie ihre Zusammenarbeit gestalteten, dargestellt wird.

---

[14] am 16. April 1958 an Katchalsky. WP 1958, S. 1147f.

[15] Vgl. Rettig (2018, S. 3:10f).

[16] Heisenberg (1998, S.7).

2.1. Heisenberg

Werner Karl Heisenberg wurde um 16.45 Uhr am 5. Dezember 1901 in Würzburg geboren.[17] Er wuchs mit seinem eineinhalb Jahre älteren Bruder Erwin[18] im aufstrebenden Bildungsbürgertum auf: Sein Großvater väterlicherseits war Schlosser in Osnabrück,[19] seine Großmutter entstammte einer Bauernfamilie, sein Vater August aber ging auf die Universität, studierte klassische Philologie und erhielt 1910 den einzigen deutschen Lehrstuhl für Byzantinistik in München.[20] Werner Heisenbergs Mutter Annie war auch ohne Studium altphilologisch gebildet: Sie war die Tochter des Homer-Experten Nikolaus Wecklein, der bis 1913 Rektor des Maximiliansgymnasiums in München war.[21]

Werner Heisenberg und sein Bruder erhielten so eine profunde humanistische Bildung, die ergänzt wurde durch spielerische Lebensfreude (vor allem seitens des Vaters)[22] und tägliche Musik, die für Werner Heisenberg fast zum Beruf als Pianist, dann zu einer wesentlichen Komponente seines Lebens wurde.[23]

1919 schloß sich Heisenberg in der Jugendbewegung dem Bund der Neupfadfinder an und wurde Anführer einer kleinen Gruppe von fast Gleichaltrigen. Mit ihnen verbrachte er bis 1933 quasi seine gesamte Freizeit auf oft waghalsigen Touren im In- und Ausland.[24] Die Erfahrungen mit den Pfadfindern – Abenteurertum und

---

[17] Cassidy (1992, S. 19).

[18] Vgl. Cassidy und Rechenberg (1985, S.1).

[19] Vgl. Cassidy (1992, S.24).

[20] Vgl. Cassidy (1992, S. 27).

[21] Vgl. www.maxgym.musin.de/alt/unsereschule/chronik/wecklein/ – Zugriff am 27. Januar 2020.

[22] Vgl. Heisenberg an Anna Heisenberg am 5.12.1930 und 15. 12.1930. In: Heisenberg (2003. S. 181f, resp. S. 183f).

[23] Vgl. Blum „Werner Heisenberg und die Musik – ein anderer Zugang zum Denken meines Vaters". In: Kleint et al (2005, S. 334-341).

[24] 1933 kam es zum Verbot der unabhängigen Jugendbewegung. Vgl. Cassidy und Rechenberg (1985, S.1).

Verantwortung, Freiheits- und Naturerlebnis, Freundschaft und Naturerkundung – charakterisieren Heisenbergs weiteres Leben geradezu symbolhaft.

Nach dem Abitur am Maximiliansgymnasium studierte Heisenberg ab 1920 Physik bei Arnold Sommerfeld in München. 1923 promovierte er mit einer Arbeit über Turbulenzen,[25] wurde dann Assistent von Max Born in Göttingen und besuchte von dort aus Niels Bohr in Kopenhagen. 1924 habilitierte sich Heisenberg und ging für ein Semester zu Bohr. 1925, wieder in Göttingen, entwickelte er mit anderen die Quantenmechanik, 1926 ging er zurück nach Kopenhagen. 1927 entdeckte Heisenberg dort die Unschärferelation und schloß zusammen mit Bohr, Born, Pauli u.a. im Herbst 1927 die Quantentheorie des Atoms inhaltlich ab (siehe Kap. 3.2.).

Ab Oktober 1927, nun 25 Jahre alt, war Heisenberg Professor und Institutsdirektor in Leipzig. 1928 begründete er die Theorie des Ferromagnetismus, 1929 zusammen mit Pauli eine erste Quantenfeldtheorie (siehe Kap. 3.4.). 1930 schlug er im Rahmen einer sogenannten „Gittertheorie" die Einführung einer neuen grundlegenden Naturkonstante vor: Die fundamentale Mindestlänge, die universelle Länge (siehe Kap. 3.5.). 1932, kurz nach Entdeckung des Neutrons durch James Chadwick, verfasste Heisenberg eine Theorie des Atomkerns, für die er das Konzept des Isospins (siehe Kap. 4.2.) ersann.

1933 erhielt Heisenberg den Physik-Nobelpreis für 1932.

Nach der Machtübernahme der Nationalsozialisten im Januar 1933 entschied sich Heisenberg (trotz vieler Angebote aus dem Ausland) in Deutschland, in seiner Stellung als Institutsdirektor und Professor zu verbleiben – auch aus Verantwortungsgefühl

---

[25] Heisenberg (1923). Vgl. „Editorial Note" in WH-GW A2, S. 25f.

gegenüber denen, die nicht gehen konnten.[26] Diese Entscheidung
war für jene Personen von Vorteil, denen Heisenberg auf Grund seiner exponierten Stellung als mittlerweile berühmter Physiker in den
Jahren der Nazidiktatur helfen konnte.[27]

Im April 1937 heiratete Heisenberg Elisabeth Schumacher. Im Januar 1938 wurde er Vater von Zwillingen und bis Ende des Zweiten
Weltkrieges kamen vier weitere Kinder dazu.

Kurz vor Ausbruch des Weltkrieges war Heisenberg im August
1939 zu Besuch in den USA, traf u.a. Enrico Fermi, Hans Bethe und
Samuel Goudsmit. Erneut lehnte er Angebote, in die USA zu kommen, ab und kehrte zurück nach Deutschland. Im Krieg arbeitete
Heisenberg in zentraler Position im sogenannten „Uranverein" an
der Entwicklung eines „Uranbrenners" (Energiegewinnung aus der
Kernspaltung).[28] Am Ende des Krieges wurde Heisenberg mit anderen deutschen Physikern (darunter Otto Hahn, Max von Laue, Carl
Friedrich von Weizsäcker, Walther Gerlach) in Großbritannien für
mehrere Monate interniert.[29]

Beim Aufbau der BRD spielte Heisenberg in verschiedenen Bereichen eine Rolle: Neben seiner Stellung als Direktor des Max-Planck-
Instituts für Physik und Präsidiumsmitglied der Max-Planck-Gesellschaft wirkte er u.a. als Berater von Konrad Adenauer, Direktor
des Deutschen Forschungsrats und erster Präsident der Alexander
von Humboldt-Stiftung. Er engagierte sich für die Entwicklung der

---

[26] Vgl. Heisenberg über seine Entscheidung im Frühjahr 1933 nach einer Unterredung mit Planck. Heisenberg (1996, S. 182). Heisenberg an Goudsmit am 5. Januar 1948. - Zitiert nach Hermann (1994, S. 49) und nach Cassidy (1992, S. 391).

[27] Vgl. Gora (1976, S. 179). Auch abgedruckt in: Kleint und Wiemers (1993, S. 91-
93). Pais (1991, S. 481). Rozental (1991, S. 57f). Feinberg (1992, S. 90-92). Cassidy
(1992, S. 565, 589f). Luck (2005, S. 301-303).
Zur Hilfe nach der Besetzung des Kopenhagener Instituts 1943 auch Rechenberg
(1989, S. 559f). Walker (2001, S. 235-237, 241-243).

[28] Vgl. z.B. Walker (2005).

[29] Vgl. Frank (1993).

Atomtechnik in Deutschland, vertrat Deutschland auf UN-Konferenzen und übernahm beim Aufbau des CERN eine zentrale Rolle.

All dieses unterstrich und erhöhte Heisenbergs Ansehen in der Öffentlichkeit immer weiter, so dass sich sein Status im Deutschland der Nachkriegszeit von einer allseits geachteten Persönlichkeit zu einer Berühmtheit entwickelte.[30] (Siehe Kap. 9.4.)

Heisenberg starb am 1. Februar 1976 in München.

2.2. Pauli

Auch Wolfgang Ernst Friedrich Pauli[31] wurde in eine Familie des aufstrebenden Bildungsbürgertum geboren: Sein Großvater väterlicherseits war Buchhändler in Prag, sein Vater Wolf Pascheles studierte Medizin in Prag, wo er in persönlichen Kontakt mit Ernst Mach kam. 1898 zog Wolf Pascheles nach Wien, ließ sich in Wolfgang Joseph Pauli umbenennen, konvertierte 1899 zum römisch-katholischen Christentum und heiratete im Mai 1899 die Frauenrechtlerin, Journalistin und Pazifistin Bertha Camilla Schütz.[32] Gemeinsam konvertierte das Ehepaar 1911 zum Protestantismus. [33]

In Wien habilitierte sich Wolfgang Joseph Pauli und wurde 1922 Direktor des für ihn geschaffenen Instituts für medizinische Kolloidchemie.

Am 25. April 1900 kam Wolfgang Ernst Friedrich Pauli in Wien auf die Welt, 1906 folgte seine Schwester Hertha. Taufpate von Wolfgang Pauli war der vom Vater verehrte Ernst Mach. In dessen Geiste und unter Förderung der Eltern wuchs der Junge schnell zu

---

[30] Vgl. Carson (2010).

[31] Zur Biographie von Pauli vgl. Enz (2002). Von Meyenn (1984). Von Meyenn (1997a). Pais (2000). Weisskopf (1989, S. 157-166).

[32] Vgl. H. Pauli (1981, S. 15).

[33] Enz (2002), S. 10.

einem Wunderkind heran, das nicht nur mit besten Noten glänzte, sondern auch mit einem starken Selbstbewusstsein.

Pauli besuchte, gleich Heisenberg, ein humanistisches Gymnasium. Er begann 1918 sein Physikstudium in München bei Sommerfeld, wo er sich mit einem Artikel zur Relativitätstheorie sogleich einen Namen in der Physikwelt machte. Wie Heisenberg nach ihm, ging Pauli nach seiner Promotion 1921 bei Sommerfeld zu Born nach Göttingen. Er wechselte bald nach Hamburg, ging von dort für ein Jahr zu Bohr nach Kopenhagen. 1923 habilitierte er sich in Hamburg, 1924 entdeckte er das Ausschließungsprinzip (siehe Kap. 3.2., Fn. 64). Bei der weiteren Entwicklung der Quantentheorie des Atoms, die im Herbst 1927 zum Abschluss kam, spielte Pauli eine maßgebliche Rolle, die sich aber nur wenig in Publikationen (u.a. zur Berechnung des H-Atoms mittels der dato neuen Quantenmechanik[34]) niederschlug.

1928 trat Pauli, nun knapp 28 Jahre alt, seine Professur an der ETH Zürich an. 1929 verfaßte er zusammen mit Heisenberg eine erste Quantenfeldtheorie (siehe Kap. 3.), 1930 postulierte er seine berühmte Neutrino-Hypothese (siehe Kap. 4.2.). Den Physik-Nobelpreis erhielt er 1945.

In seinen jungen Jahren trieb Pauli sich gern in Bars und Clubs herum, und arbeitete dann oft bis in die frühen Morgenstunden. Ende der 1920er geriet er in eine Lebenskrise. Er sei damals „ein zynischer und kalter Teufel und fanatischer Atheist und intellektueller Aufklärer" gewesen.[35] „Ich hatte große Angst vor allem Gefühlsmäßigen und habe daher dieses verdrängt".[36] Im November 1927 erschoß sich Paulis Mutter in Folge einer Ehekrise.[37] Zwei

---

[34] Pauli (1926).

[35] Zitiert nach von Meyenn (1999, S. XXI).

[36] Am 3. August 1934 an Kronig. WP-BW 1930er, S. 340.

[37] „Ein Jahr vor ihrem Tod schrieb ich ihr noch einen spitzfindigen Brief, worin ich BEWIES, daß es ein Schutz, ein Glück sei, kein Herz und keine Gefühle zu

Jahre später scheiterte Paulis erste Ehe schon kurz nach der Hochzeit.[38] In dieser Zeit bekam Pauli ein gehöriges Alkoholproblem,[39] angesichts dessen ihm sein Vater zuriet, den Psychologen Carl Gustav Jung aufzusuchen. Er konsultierte also „Herrn Jung [...] wegen gewisser neurotischer Erscheinungen bei mir, die unter anderem auch damit zusammenhängen, daß es mir leichter ist, akademische Erfolge als Erfolge bei den Frauen zu erringen. Da bei Herrn Jung eher das Umgekehrte der Fall ist, schien er mir ganz der geeignete Mann, um mich ärztlich zu behandeln."[40]
1932 machte Pauli eine Psychoanalyse.[41] 1933 lernte er Franca Bertram kennen, heiratete sie im April 1934. Die kinderlose Ehe hielt bis zu seinem Tod.
Nachdem man ihm im Juli 1940 erneut die Schweizer Staatsbürgerschaft wegen ungenügender Assimilation[42] verweigert hatte (sein Schweizer-Deutsch war nicht rein genug), reiste Pauli mit seiner Frau nach Princeton und verbrachte die Kriegszeit vornehmlich am dortigen „Institute for Advanced Studies". Am Bau der Atombombe wirkte Pauli nicht mit. Das aber eher aus Glück,[43] denn im Mai 1943 hatte er Oppenheimer via Victor Weisskopf seine Mitarbeit

---

haben." (im März 1932 an Jung. – Zitiert nach von Meyenn (2005, S. XXII). Der Brief findet sich nicht in Jung und Pauli (1992).

[38] Pauli hatte 1929 Käthe Margarethe Deppner geheiratet – eine Tänzerin, die an der Max Reinhard Schule studiert hatte. Neun Monate nach der Hochzeit war bereits Scheidung und Pauli konstatierte am 7. September 1931: „Mit den Frauen und mir geht es gar nicht, und es wird auch wohl nie mehr etwas werden. Damit werde ich mich wohl abfinden müssen". WP-BW 1940er, S.753.

[39] Pais (2000), S. 228.

[40] Pauli an Erna Rosenbaum am 3. Februar 1932. – Zitiert nach von Meyenn (1999, S. XXIII).

[41] Pais (2000, S. 228). Jung nutzte mit Erlaubnis von Pauli dessen rund 400 Träume 1935 für seinen Aufsatz „Traumsymbole des Individuationsprozesses", Jung (1985).

[42] Vgl. von Meyenn (1996, S. IX).

[43] Und zu seinem Glück, wie er meinte. Z.B. an Klein am 31. August 1945. WP-BW 1940er, S. 309. Oder Pauli an Meier am 1. Oktober 1945, WP-BW 1940er, S. 314.

angeboten.[44]

1946 kehrte Pauli – trotz lukrativer Angebote in den USA – an die ETH Zürich zurück, wo er als frischgebackener Nobelpreisträger bald, im Mai 1949, Schweizer wurde. Von der ETH aus, sowie bei längeren Gastaufenthalten in den USA, betrieb Pauli Physik weiter auf seine Art. Von den technischen Neuerungen der Zeit – Projekten für die Nutzung von Atomenergie und den Aufbau von Beschleunigern (CERN) – hielt er sich demonstrativ fern. Pauli war, so sein Assistent Res Jost, „tief betroffen vom Einstieg der Physik in das Waffengeschäft [...]. Er hasste auch die entsprechende Bezahlung in der Gestalt der grossen Laboratorien und ihrer grossen Maschinen. [...] Er hing an Ideen, Maschinen waren ihm zuwider."[45]

Zentral und wichtig für sein Leben war Pauli der Fortschritt der Physik-Forschung, wie er ihn verstand (siehe Kap. 2.5. und 10.3.). In diesem Zusammenhang standen auch Beschäftigungen mit wissenschaftshistorischen und philosophischen Themen, die sich u.a. in verschiedenen Vorträgen und Publikationen der Nachkriegszeit spiegeln.

1958, im Alter von 58 Jahren, starb Pauli in Zürich.

2.3. Heisenberg und Pauli

Pauli und Heisenberg lernten sich 1920 während ihres Studiums bei Sommerfeld kennen. Dort begannen sie über die zentralen Fragen

---

44 Oppenheimer hatte dankend abgelehnt. Siehe Pauli an Rabi am 10. Juli 1943.WP BW 1940er, S. 186f. Vgl. Kommentar zu Brief [671], WP-BW 1940er, S. 181.

45 Jost (1995, S. 16) – Auf die Frage, warum er nicht an der großen Genfer Atomkonferenz 1955 teilgenommen habe, erklärte Pauli: „Was habe ich mit diesen geldgierigen Uranhändlern zu tun! Ich kann auch nicht verstehen, weshalb der Bohr nun ausgerechnet seine Zeit darauf verwendet, Dänemarks Atomenergieprogramm zu organisieren, und weshalb der Heisenberg immer noch Hans Dampf in allen Gassen ist. Es gibt doch wichtigere Sachen." - Zitiert nach „Irrt Werner Heisenberg?" „Kristall", 17, 1958.

der Physik und deren mögliche Antworten zu diskutieren – und hörten nicht mehr auf. Über knapp 40 Jahre hinweg arbeiteten Heisenberg und Pauli zusammen. Mal enger, mal loser. Mal forschte jeder in unterschiedlichen Feldern, dann wieder verabredeten sie Arbeitsprogramme und gemeinsame Publikationen für ihr in den 1920ern anvisiertes Ziel.

2.4. Heisenberg und Pauli – Die Gegensätze

Heisenberg und Pauli standen sich in vielerlei Hinsicht diametral gegenüber:

Pauli galt in der Wissenschaft bald, nachdem er 1918 die Bühne der Physik-Forschung betreten hatte, als ein außerordentlich scharfsinniger Physiker. Er entsprach dem Typus eines rationalen, stark analytischen, genauen Naturwissenschaftlers: Er prüfte nicht nur die eigenen Werke auf Inkonsistenzen, Unklarheiten, Unsauberkeiten. Er geißelte schwache Argumentationen, lauwarme Ideen und innere Widersprüche. „Meine eigene Psychologie ist, dass ich leichter <u>das</u> sehe, was <u>gegen</u> das spricht, was der andere sagt."[46] Wenn er selbst publizierte, dann waren die Arbeiten klar und sauber, in aller Konsequenz durchdacht – und richtig.[47]

Heisenberg dagegen war enthusiastisch, optimistisch – buchstäblich leicht-sinnig. Beschäftigte er sich mit einer Thematik intensiv, dann schienen ihm die (oft richtigen) physikalischen Ideen geradezu anzuspringen. Sein Blick für die maßgeblichen Zusammenhänge, seine Intuition, seine Beharrlichkeit bei der Verfolgung eines Ziels waren legendär.[48] Rudolf Peierls: „When [Heisenberg] was

---

[46] Pauli an Heisenberg am 7. Januar 1957. WP-BW 1957, S. 48.

[47] Als sich sein damaliger Assistent Weisskopf über einen Fehler in seiner Arbeit sehr erregte, beruhigte Pauli ihn: „Don't take it too seriously, many people published wrong papers; I never did!" Weisskopf (1989, S. 161).

[48] Vgl. van der Waerden (1992, S. 12f).

faced with a problem, he would almost always intuitively know what the answer would be, and then look for a mathematical method likely to give him the answer. This is a very good approach for someone with as powerful an intuition as Heisenberg, but rather risky for others to imitate."[49] Legendär war aber auch Heisenbergs Mathematik, die von Pauli des öfteren als „schlampig" gerügt wurde.[50]

2.5. Heisenberg und Pauli – Die Gemeinsamkeiten

Heisenberg und Pauli gehörten zu der Generation, die nach dem verlorenen Weltkrieg die Universitäten und Wissenschaften betrat - und angesichts der zerbrochenen Gesellschaftsordnung recht frei, selbstbestimmt und eigensinnig begann. In dieser Atmosphäre lernten sie sich 1920 an der Münchener Universität kennen und schätzen – und gingen sehr ähnlich weiter: Von Sommerfeld in München zu Born nach Göttingen und bald für intensive Aufenthalte zu Bohr nach Kopenhagen.

Die Freundschaft und Zusammenarbeit mit Niels Bohr empfanden Heisenberg sowie Pauli als essentiellen Wendepunkt in ihrem Leben. Es erging ihnen mit Bohr ähnlich wie auch schon Einstein, der aus Berlin am 4. Mai 1920 an Ehrenfest schrieb: „Bohr war hier, und ich bin ebenso verliebt in ihn wie Du. Er ist wie ein feinfühliges Kind und geht in einer Art Hypnose in dieser Welt herum."[51] Und am 4. August 1920 an Hendrik Lorentz: "Die Reisen nach Kristiania

---

[49] Peierls (1985, S. 33). – 1922 schrieb Born an Sommerfeld über den da 20-jährigen: „Heisenberg habe ich s e h r liebgewonnen. Er ist bei uns allen sehr beliebt und geschätzt. Seine Begabung ist unerhört, aber besonders erfreulich ist sein nettes bescheidenes Wesen, seine gute Laune, sein Eifer und seine Begeisterung". – Zitiert nach Hermann (1994, S. 22f).

[50] Vgl. Pauli an Heisenberg am 13. Mai 1954, WP-BW 1953-54, S. 620. Auch Heisenbergs erster Doktorand Bloch bemerkte, Heisenbergs Mathematik sei nicht gut gewesen. (Bloch, 1981).

[51] Zitiert nach Fölsing (1995, S. 552). Vgl. Pauli an Bohr am 12. September 1923, WP-BW 1920er, S. 111f.

[Oslo] war wirklich schön, das Schönste aber waren die Stunden, die ich mit Bohr in Kopenhagen verbrachte. Das ist ein hochbegabter und ausgezeichneter Mensch. Es ist ein gutes Zeichen für die Physik, dass hervorragende Physiker meist auch vortreffliche Menschen sind."[52]

Eine weitere Gemeinsamkeit, die ihn und Heisenberg vereine, wäre, so Pauli in einem Brief an Aniela Jaffé am 5. Januar 1958, dass sie „vom selben Archetypus ergriffen"[53] seien. In der Tat waren sie d'accord über Methodik, Ziel- und Prioritätensetzung in Physik und Philosophie – was nicht zuletzt auf ihrer profunden humanistischen Bildung basierte. Und sie hatten beide den besonderen unbedingten Willen, herauszufinden wie „es" wirklich ist, wie die Natur sich wirklich verhält.

Ausgestattet mit der Gewissheit, dass dies möglich sei, zielten sie – wie Bohr – auf das Erkennen von „Wahrheit" und wollten so weit wie irgend möglich zur Klärung des griechischen „Einen" gelangen. Dieser starke, ja vehemente Wille, hinter den Schleier auf das Wirken der Welt zu blicken, bildete einen gemeinsamen Impetus, hinter dem der Wunsch nach gesellschaftlicher Anerkennung und gesicherter Existenz weit zurück stand. Um dieses Ziel drehte sich ihr Leben – es spiegelt sich wider in ihren Arbeiten, Briefen, Entscheidungen. Dabei lehnten beide bloße Spekulationen ab, fanden „gelehrsame" mathematische Physik uninteressant[54] und waren bereit, alle Grundprinzipien in Frage zu stellen (wie z.B. die Kausalität) und auf ihre jeweilige Gültigkeit nachzuprüfen.

Fast banal, aber doch wichtig zu beachten, ist eine weitere Gemeinsamkeit: Beide waren ehrlich. In den Quellen fand sich bis dato nicht eine Stelle, die zeigt, dass Heisenberg oder Pauli wider besseren Wissens falsche Aussagen gemacht hätten.

---

[52] Einstein (2004, S. 365).
[53] WP-BW 1958, S. 808.
[54] Vgl. Peters (2004).

2.6. Heisenberg und Pauli – Der Rhythmus ihrer Zusammenarbeit

In der langen Zeit, die Heisenberg und Pauli zusammenarbeiteten, blieb ihre einmal festgelegte Rollenverteilung diejenige, die Felix Bloch in seiner Zeit als Doktorand von Heisenberg Ende der 1920er in Leipzig erlebte: Heisenberg war „in constant correspondence with Pauli. What usually happened is that Pauli pointed out certain difficulties to him, and then Heisenberg had solutions",[55] bzw. das, was Heisenberg für Lösungen hielt. Heisenberg spielte den aktiven Part. Er machte die Vorschläge, ersann die Ideen, Modelle, Wege. Pauli prüfte, korrigierte, hielt dagegen, unterstützte.

Drohten größere Dissonanzen, bei denen Pauli sich z.B. von einem Ansatz Heisenbergs zurückziehen wollte oder gar das ganze Unternehmen kritisch ablehnte, so vollzog sich oft folgendes: Es kam zu einer persönlichen Unterredung zwischen Pauli und Heisenberg – und danach stand Pauli der Thematik wesentlich positiver und auch wieder aktiver gegenüber.[56] In dieser direkten Kommunikation gelang quasi immer ein Konsens. In welcher Art und auf welcher Ebene sie aber bei solchen Unterredungen mit einander diskutierten, läßt sich im Briefwechsel nicht nachweisen. Man kann nur die

---

[55] Bloch (1964, S. 24).

[56] Vgl. zum Beispiel die Diskussionen zwischen Heisenberg und Pauli im Februar 1955, in der es zu einem längeren Telefonat kam. WP-BW 1955-56, S. 118, Anm.2. Oder der Besuch von Heisenberg bei Pauli am 27. Oktober 1953. Pauli an Jaffé am 28. Oktober 1953. WP-BW 1953-54, S. 323f.

Gespräche heranziehen, die Heisenberg in seiner Autobiographie nachzeichnete, z.B. das im Juni 1952 auf der Kopenhagener „Langen Linie".[57] Demnach kommunizierten sie bei persönlichen Treffen auch auf den Ebenen III und IV.

2.7. Heisenberg und Pauli – Der physikalische Erfahrungshintergrund

Am Beginn des 20. Jahrhunderts, zur Zeit der Geburt von Heisenberg und Pauli, formulierte Planck seine Quantenhypothese. In ihrer Kindheit und Jugend setzte sich Einsteins Relativitätstheorie durch und die Atomtheorie machte neue, atemberaubende Fortschritte. Heisenberg und Pauli wuchsen also mit einer Physik auf, die Grundlagen des Seins, Grundfragen aller Existenz behandelte. Und das erfolgreich, indem der Erkenntnishorizont erheblich erweitert werden konnte. Die Physik ihrer Kindheit und Jugend hatte weit mehr geliefert als Blicke in Teilaspekte.

Mit einer solch weitreichenden Physik begannen auch Heisenberg und Pauli ihre Physiker-Laufbahn – und das ebenso erfolgreich. 1927 hatten sie als wesentliche Akteure mitgetan, einen physikalischen Bereich innerhalb einer immens kurzen Zeitspanne zu durchdringen und inhaltlich abzuschließen: Vom Beginn ihres Studiums waren es nur neun respektive sieben Jahre, bis die Quantentheorie des Atoms widerspruchsfrei vollendet war (mit Wellen- und Quantenmechanik, Ausschließungsprinzip, Unschärferelation und Komplementarität – siehe Kap. 3.2.).

Der Kreis, in dem das geschah, war übersichtlich und persönlich, aber international: Amerikaner, Briten, Deutsche, Ungarn, Russen, Niederländer, Polen, Dänen, Schweizer, Österreicher, Schweden.

---

[57] Heisenberg (1998, S. 247-255). Pauli erwähnt das Gespräch im Schreiben an Fierz vom 4. August 1952. WP-BW 1950-52, S. 695.

Und er war quirlig, unbeschwert, genialisch-spielerisch, lebendig –
vor allem an Bohrs Institut in Kopenhagen.[58]

In den 1920er bestand die Kerngruppe dieser Gemeinschaft aus
Pauli, Heisenberg, Bohr und Dirac. Bohr stellte die wesentlichen
Fragen (wie: Was heißt etwas genau?), drängte beharrlich auf ein
umfassendes Verständnis. Heisenberg fand Ideen, mögliche Antworten. Pauli pochte auf (auch mathematische) Sauberkeit, Wider-
spruchsfreiheit. Und Dirac (laut Bohr „the purest soul" unter den
Physikern[59]) lieferte wundersame Gleichungen (siehe auch Kap.
3.2.).

Im Herbst 1927, als die Quantentheorie des Atoms zum Abschluss
kam und die nächsten Ziele in Angriff genommen wurden, war Bohr
42, Pauli 27, Heisenberg, wie auch Dirac, 25 Jahre alt.

---

[58] Vgl. Frisch (1981, S. 109-140). Heisenberg an Pauli aus Kopenhagen in den
1920ern. WP-BW 1920er.

[59] Pais über Dirac: „As I look back on the almost 40 years I knew Dirac, all memo-
ries are fond ones. I share Niels Bohr's opinion of him: ‚Of all physicists, Dirac
has the purest soul.'" Pais (2000, S. 70).

Teil III

Enstehungsgeschichte und Inhalt von Heisenbergs und Paulis Quantenfeldtheorie

3. Anfänge – Heisenberg und Pauli in den 1920ern

Die Zusammenarbeit von Pauli und Heisenberg ab Herbst 1957 zielte auf die Etablierung einer einheitlichen Quantenfeldtheorie. Aber das war nicht ihr erster Versuch. Bereits 1927 beschlossen sie ein erstes Arbeitsprogramm, um dieses Ziel zu erreichen. Mit einigem Erfolg.

In diesem Kapitel wird zunächst der Begriff „einheitliche Quantenfeldtheorie" erklärt und der wissenschaftshistorische Kontext skizziert. Im Anschluss geht es um Pauli und Heisenbergs erste Versuche in den 1920ern, zu einer einheitlichen Quantenfeldtheorie zu gelangen.

3.1. Zum Begriff „Quantenfeldtheorie"

Das Ziel, eine „einheitliche Quantenfeldtheorie" zu finden, mutet fachspezifisch und modern an – aber dahinter steht nichts anderes als jener Forschungsansatz, der im 19. Jahrhundert im Rahmen der „romantischen Naturphilosophie" u.a. von Hans Christian Ørsted und Michael Faraday entwickelt wurde: Statt in der Tradition der Newtonschen Mechanik mit der Existenz von Massen zu beginnen, setzten die romantischen Naturphilosophen die „Naturkräfte" als noch fundamentaler: Materie, die Körper, die sichtbare Welt der Massen sollte erst durch das Wechselspiel der verschiedenen Naturkräfte sein, existieren. Und die verschiedenen Naturkräfte, die demnach die Körper bilden, sollten wiederum Ausdruck einer einheit-

A. Rettig, *Heisenbergs und Paulis Quantenfeldtheorie von 1958*, BestMasters,

lichen Naturkraft sein. So also sollten, wie es Ørsted formulierte, „alle Phänomene durch eine einzige ursprüngliche Kraft erzeugt werden."[60]

Im Rahmen dieser Vorstellung entdeckte Ørsted 1820 den Zusammenhang von Elektrizität und Magnetismus. Und im Rahmen dieser Vorstellung entdeckte Faraday u.a. die Elektromagnetische Rotation (1821), die Induktion (1831), den Zusammenhang von Magnetismus und Licht (1845) – und er entwickelte das Konzept der Feldtheorie. Dafür ersann Faraday die (physikalischen) Begriffe „Feld" und „Kraftlinie": Im Raum zwischen Körpern, dort wo bisher gar nichts gewesen war bzw. eine instantane Fernwirkungskraft nicht wirkte (da sie ja instantan, d.h. eine Fernwirkung war[61]) dachte sich Michael Faraday Kraftlinien, die den Raum durchdringen und ein Feld von Kraft bilden. Und diese Felder aus Kraftlinien um den Körper können geschnitten werden und dann einen Effekt auf das weitere Geschehen haben. Ein Effekt kann also hier durch etwas geschehen, was nicht in den Körpern drinnen ist, sondern im nicht-körperlichen, im nicht-materiellen Bereich stattfindet, unsichtbar ist. Nach Faradays Vorstellung ist Kraft nicht mehr eine Wirkung von einem Körper auf den anderen. Sie ist vielmehr ein selbständiger Vorgang, der auch von aller Materie abgelöst sein kann. Über den Aufbau der Materie notierte sich Michael Faraday: „Zum Schluß grübelnde Eindrücke, daß Teilchen nur Zentren von Kraft sind, daß die Kraft oder Kräfte die Materie bilden".[62]

Faradays Konzept der Feldtheorie war wichtig bei der weiteren Entwicklung der Physik: Zunächst wurde sie – durch James Maxwell in mathematische Form gebracht und weiter verfeinert – zur Elektrodynamik,   mit   der   Einstein   1905   die   spezielle

---

[60] Ørsted (1920, S. 356). – Zitiert nach *Wilson (1997, S.* 333).

[61] Eine Instantan- oder Fernwirkung bedeutet, dass eine Wirkung von A auf B stattfindet, ohne dass der Raum zwischen ihnen eine Rolle spielt.

[62] Vortragsnotizen von Ende Mai 1844 - Zitiert nach Lemmerich (1991, S. 166).

Relativitätstheorie schuf (der Titel von Einsteins Arbeit lautete „Zur Elektrodynamik bewegter Körper"[63]). Dann wurde sie von Einstein auch für seine allgemeine Theorie der Gravitation, die Allgemeine Relativitätstheorie von 1915, genutzt.

Ebenfalls eine Feldtheorie sollte das werden, was Einstein als nächstes (bis zum Lebensende vergeblich) anstrebte: Die Vereinheitlichung der beiden Naturkräfte Gravitation und Elektromagnetismus in einer Feldtheorie, also einer einheitlichen Feldtheorie.

Und auch die Theorie, die Heisenberg und Pauli ab Ende der 1920er (und auch im Winter 1957/58) andachten, sollte schließlich eine einheitliche Feldtheorie werden – allerdings (anders als Einstein) mit Einbeziehung der Erkenntnis, dass sich die Natur in den kleinsten Bereichen nicht kontinuierlich, sondern in einer Quantenstruktur zeigt. Sie zielten also auf eine einheitliche Quanten-Feldtheorie. Eine Theorie, in der alle fundamentalen Naturkräfte einheitlich angesehen, beschrieben – und verstanden werden sollte.

Die Bestrebungen von Einstein, Heisenberg und Pauli sind also als spätere Versionen von Ørsteds und Faradays Programmen zu betrachten: Es galt, die fundamentalen Kräfte zu finden, die die Natur konstituieren und dann diese fundamentalen Kräfte der Natur als Ausdruck einer einheitlichen finalen Kraft, eines einheitlichen Wirkens zu verstehen und zu erklären.

Insofern ging es hier um mehr als die Klärung von Teilbereichen, sondern sehr wohl um das Wesen der Natur an sich, um das, „was die Welt/Im Innersten zusammenhält".[64] Um jenen finalen Bereich, dessen Ungeklärtsein seit Jahrtausenden den Raum für Vorstellungen, Spekulationen, Gedankenmodelle in den unterschiedlichsten Kulturen lieferte und auch in den Bereich des Religiösen hineinreichte.

---

[63] Einstein (1905).
[64] Goethe „Faust", Eingangmonolog „Der Tragödie erster Teil".

Für Heisenberg und Pauli aber bedeutete die Arbeit an der einheitlichen Quantenfeldtheorie zunächst einmal nur das nächste anstehende Problem nach Abschluß der Quantentheorie des Atoms im Jahre 1927.

3.2. Der Anfang – Oder: Noch frei von Sachkenntnissen

Der Solvay-Kongreß von 24. bis 27. Oktober 1927 markierte den Abschluss der Quantentheorie des Atoms[65] sowie den Beginn einer

---

[65] Die Quantentheorie des Atoms beschreibt die Stabilität des Atoms und seine Bewegungen, Veränderungsprozesse. Als er jung war, so Ernest Rutherford (1871-1937), meinte er, das Atom sei ein kleiner, harter Kerl, der mal grün, mal rot daher käme (vgl. Eve 1939, S. 382). Anfang des Jahrhunderts wurde klar, dass das Atom nichts Einheitliches ist, sondern ein System, bestehend aus einem (positiven) Kern und (negativen) Elektronen. Das war alles andere als selbstverständlich – und so wurde z.B. Sommerfeld (1868-1951) von einer des Griechischen kundigen Person gefragt, wie er ernsthaft dieses Gebilde aus Kern und Elektronen noch „Atom" (griechisch für das Unteilbare) nennen könne. Sommerfeld antwortete: „Dann nennen sie es eben ab jetzt ‚Tom'".

1911 schuf Rutherford sein Atommodell: Ein extrem kleiner positiver Kern in der Mitte, drumherum Elektronen gleich den Planeten, die um die Sonne schwirren. Dieses Modell baute Bohr 1913 zum Bohrschen Atommodell aus, indem er die von Planck 1900 etablierte Quantentheorie (in den kleinsten Bereichen bewegt sich die Energie nicht kontinuierlich, fließend, sondern sie kann sich nur diskontinuierlich, stoßweise bewegen, weil es eine durch eine Naturkonstante festgelegtes Mindestmaß an Energie gibt: $\varepsilon=h\nu$. Unter diesem Energie-Paket, dem Energie-Quantum gibt es keine Energiebewegung, also keine Wirkung) nutzte: Die Abstände zwischen den „Elektronenbahnen" (den sogenannten Energieniveaus) sind definiert durch die Mindestenergie (also das Quantum) $\varepsilon=h\nu$. Emittiert bzw. absorbiert das Atom Strahlung, so heißt das nichts anderes, als dass ein Elektron im Atom von einer Bahn zur anderen hüpft und dabei Energie (in Form von Lichtteilchen, Photonen) abgibt bzw. aufnimmt. Für das Hoch-Hüpfen absorbiert es Energie-Quanten, beim Runterhüpfen gibt es die Energie-Quanten ab – was sich bei der Spektralanalyse als Spektrallinien zeigt (wäre die Energie auf dieser Ebene nicht quantisiert, so gäbe es keine scharfen Linien, sondern ein Kontinuum).

Die Quantenmechanik (also die Mechanik der Quanten) von Heisenberg von 1925 beschreibt diese Bewegungen der Quanten quantitativ. Sie kann das aber nur, in dem sie die festen, fixen Größen der klassischen Mechanik (wie Ort und Zeit) aufgibt und statt dessen mit Wahrscheinlichkeiten für die Übergänge rechnet. Man lernte: Erst wenn man aufhört, das Geschehen genau und exakt beschreiben zu wollen und dem Geschehen eine gewisse „Freiheit" zugesteht (z.B. wann etwas passiert), kann man die Bewegungen im Atom erfassen (eine Analogie hilft hier: Es ist unsinnig, exakt den Zeitpunkt zu sagen, ab wann kleine Menschen beginnen, aufrecht zu gehen oder zu sprechen. Durch die Mittelung über die Entwicklung vieler kleiner Menschen kommt man aber zu einem Wahrscheinlichkeitswert). Vgl. Heisenberg (1925).

Die Wellenmechanik von Schrödinger (1887-1961), publiziert 1926, beschreibt das Geschehen im Atom unter der Vorgabe, dass es sich bei Elektronen und Photonen nicht um Teilchen, sondern um Wellen handelt. Die Wellenmechanik ist der Quantenmechanik äquivalent. Schrödinger (1926).

Mit der Unschärferelation erklärte Heisenberg 1927 warum das Geschehen auf der Atomebene nicht exakt beschreibbar ist: Jede Beobachtung ist auch eine Wirkung. Und auf der Atomebene ist die Kraft dieser Wirkung nicht zu vernachlässigen, sondern verändert den Zustand und bestimmt es mit (dieses Geschehen erklärt sich bildhaft mit dem Versuch, in einem dunklen Raum die Position von dort liegenden Kugeln mittels Rollen von etwa gleich großen Kugeln zu beschreiben: Hat man eine Kugel getroffen, so kann man zwar durch das Geräusch wahrnehmen, wo sie lag – aber man kann nicht mehr sagen, wo sie nun ist). Die Unschärferelation bricht mit einem sehr engen Kausalitätsverständnis. Heisenberg schrieb 1927: „an der scharfen Formulierung des Kausalgesetzes: ‚Wenn wir die Gegenwart genau kennen, können wir die Zukunft berechnen' ist nicht der Nachsatz, sondern die Voraussetzung falsch. Wir können die Gegenwart in allen Bestimmungsstücken prinzipiell nicht kennenlernen. Deshalb ist alles Wahrnehmen eine Auswahl aus einer Fülle von Möglichkeiten und eine Beschränkung des zukünftig Möglichen." Heisenberg (1927, S. 198).

Anhand der Komplementarität klärte Bohr 1927 auch das große Rätsel der Doppelnatur des Lichts, das in den Experimenten als Welle (Lichtstrahlen) oder als Teilchen (Photonen) erschien. Viel „Gehirnsubstanz" (Einstein 1913, S. 1078) war seit Einsteins Lichtquantenhypothese von 1905 zum photoelektrischen Effekt (die die Teilchennatur des Lichts unzweifelhaft bewies) bewegt worden, um zu klären, wie diese Janusköpfigkeit der Lichtteilchen möglich sein könne. Bohr zeigte mit dem Prinzip der Komplementarität, dass eben die Art des Experiments (der Messung) das jeweilige Erscheinungsbild des Lichtes definiert. Es ist sinnlos zu fragen, wie das Licht „wirklich" ist, da es durch die Wahl der Messung bestimmt wird. Vgl. Bohr (1928).

Durch das Ausschließungsprinzip konnte Pauli den Aufbau des periodischen Systems der Elemente erklären: Es besagt, dass jeder Platz (Energiezustand) in der Atomhülle (definiert durch Quantenzahlen - eine Quantenzahl ist eine Eigenschaften mit der ein Teilchen beschrieben wird; eine Quantenzahl für einen Menschen wäre z.B. das Geschlecht: Männlich oder weiblich) nur von einem Elektron besetzt sein kann. Vgl. Pauli (1925).

neuen Phase, die bis in die Gegenwart anhält und heute „Teilchen-physik" genannt wird: Während Bohr und Einstein ihre berühmte Diskussion um die Gültigkeit der „Kopenhagener Deutung" führten, besprachen Dirac (dato 25 Jahre alt), Heisenberg (25) und Pauli (27) die nächste Aufgabe. Diese bestand darin, die Quantenmecha-nik relativistisch zu erweitern[66], so dass man schließlich zu einer re-lativistischen Quantenfeldtheorie kommen würde – basierend auf dem damaligen Weltbild, in dem es an fundamentalen Naturkräften nur Gravitation und Elektromagnetismus gab, an Teilchen nur Elektronen, Protonen und Photonen, wobei Elektronen und Proto-nen als fixe, unvergängliche Elemente angesehen wurden.

Die Quantentheorie des Atoms stellt keine Feldtheorie dar, da es in ihr nur die Materieteilchen Elektron und Proton einerseits und die Lichtteilchen bzw. elektromagnetische Wellen andererseits gibt. Um in dieses Bild den Begriff des „Feldes" einzuführen, muß man – ganz im Sinne der romantischen Naturphilosophen – eine funda-mentalere Betrachtungsebene erlangen, von der aus man Strahlung bzw. Lichtteilchen und Materieteilchen als prinzipiell gleich auf-fasst. Es galt also den Schritt in den nächst fundamentaleren Be-reich zu schaffen.

Anfang 1927 hatte Dirac[67] die Suche begonnen, in dem er das ato-mare Geschehen in drei Teile einteilte: 1. Den geladenen Körper, wie Elektron bzw. Proton. 2. Das elektromagnetische Feld. 3. Die Wech-selwirkung zwischen Feld und geladenem Körper, die sich in Form eines Photons vollzieht. Als nächstes, zur Zeit des Solvay-Kongreßes

---

Übersichten zur Geschichte der Quantentheorie finden sich u.a. in: Heisenberg (1998). Kragh (1999). Pais (1986). Pais (1991).

[66] Die Quantentheorie des Atoms hatte die relativistischen Bereiche weitgehend ausgeklammert gelassen. In relativistischen Bereichen – wo also die Energien so hoch sind, dass Geschwindigkeiten nahe der Lichtgeschwindigkeit auftreten – ist Einsteins spezielle Relativitätstheorie mit ihren Effekten zu berücksichtigen, wie z.B. die Veränderung der Masse oder die Zeitdilatation.

[67] Dirac (1927).

im Herbst 1927, wollte Dirac betrachten, inwiefern sich damit, unter Einbeziehung der Relativitätstheorie (also mit Geschwindigkeiten/Energien nahe der Lichtgeschwindigkeit), eine Theorie des Elektrons entwickeln ließe.[68]

Heisenberg (ab Herbst 1927 Professor in Leipzig) und Pauli (noch in Hamburg, ab April 1928 Professor in Zürich) dagegen entwarfen sich ein Programm, mit dem sie Diracs Arbeit von Anfang 1927 direkt zu einer relativistischen Quantenfeldtheorie ausbauen wollten. Das bedeutet, dass sie eine elektromagnetische Quantenfeldtheorie anstrebten – denn die Gravitation wollten sie einstweilen noch aussen vor lassen, und die beiden anderen universellen Kräfte (die Starke und die Schwache Kraft bzw. Wechselwirkung) waren noch nicht bekannt.

Heisenberg und Pauli sahen keine großen Schwierigkeiten. Bloch, damals Student von Heisenberg: "[Heisenberg] was extremely optimistic. He felt, well, of course, now one has to quantize the electromagnetic field. He didn't foresee any difficulty there. He just said, ‚Well, everything will come in order now. Clearly one must just carry this program which Dirac has really started, must carry it through; and everything will come out fine'."[69]

Bereits wenige Wochen nach dem Solvay-Kongreß konnte Pauli einen ersten Schritt vollenden, an dem er bereits seit März 1927 arbeitete: Zusammen mit Pascual Jordan veröffentlichte er Anfang 1928[70] eine relativistische Quantentheorie des elektromagnetischen Feldes (eine Quantenelektrodynamik) – aber nur für den Spezialfall von Lichtteilchen, die sich im leeren Raum ausbreiten. Und da

[68] Im Oktober 1927 fragte Bohr während des Solvay-Kongreß Dirac, woran er gerade arbeite. Dirac antwortete: „I'm trying to get a relativistic theory of the electron." Bohr bemerkte: „But Klein has already solved that problem." Aber Dirac stimmte nicht zu. – Zitiert nach Pais „Paul Dirac: Aspects of his life and work". In: Pais et al. (1998, S.11).

[69] Bloch (1964, S. 24).

[70] Jordan und Pauli (1928).

Lichtteilchen jene Teilchen sind, die sich per se mit Lichtgeschwindigkeit bewegen, war es nicht gar so kompliziert, für diesen Fall die Relativitätstheorie miteinzubeziehen.

Nun galt es „nur noch", diese Theorie um geladene Teilchen (die dazu auch Masse haben) zu erweitern. Man brauchte „bloß" die richtige mathematisch-physikalische Formulierung zu finden, indem man die bisherigen Formen erweiterte – und dann würde man schnell zu einer „gequantelten Feldtheorie" kommen. „Pauli und ich sind in der letzten Zeit ziemlich viel weitergekommen", schrieb Heisenberg am 14. Januar 1928 an Hermann Weyl „und wir haben schon eine ziemlich vollständige Formulierung mit Hilfe von Vertauschungsrelationen [...]; allerdings gibt's noch manche Konvergenzschwierigkeit, ausserdem fehlen die mathematischen Beweise noch zum Teil. Aber es wird wohl alles in Ordnung kommen. Ich hab überhaupt das Gefühl, daß es so allmählich Tag wird in der Quantentheorie und es ist ganz schön, da die einzelnen Stadien zu verfolgen."[71]

Nicht minder optimistisch klang Pauli im Brief an Hendrik Kramers vom 7. Februar 1928: „Inzwischen haben Heisenberg und ich gemeinsam auch den Fall des Vorhandenseins geladener Teilchen in analoger (relativist[isch]-invarianter) Weise zu behandeln versucht [...]. Es scheint in der Tat zu gehen, aber es ist noch nicht alles fertig".[72] Aber dann tauchten doch so einige Hürden auf.

3.3. Die Mitte – Oder: Rückzug aus Verzweiflung

Anfang 1928, am 2. Januar, hatte Dirac seine Arbeit „The quantum theory of the electron"[73] eingereicht. Sie enthielt die heute berühmte „Dirac-Gleichung", mit der Dirac das Elektron erfolgreich

---

[71] Heisenberg (1928a).

[72] WP-BW 1920er, S. 432.

[73] Dirac (1928).

relativistisch beschreiben konnte. Erfolgreich, weil mit der Dirac-Gleichung auch all jene Eigenschaften des Elektrons ganz von selbst herauskamen, die man dem Elektron im Laufe der Jahre auf Grund experimenteller Befunde angeheftet hatte, insbesondere seinen Spin. Gleichzeitig wirkte die Dirac-Theorie aber rätselhaft aufgrund der Probleme und Fragen, die sie aufwarf. Es gab mindestens drei Rätsel: Erstens sollte es laut der Gleichung nicht nur negative, sondern auch positiv geladene Elektronen geben. Und zweitens würde ein Elektron in seinem Feld eine unendlich große Selbstenergie haben.[74] Und dann gab es noch ein drittes, eher mathematisches Problem, das einer physik-theoretischen Erforschung im Wege stand.[75] Pauli und Heisenberg nahmen Diracs Arbeit mit größtem Interesse auf – denn sie wollten ja „die Wechselwirkung mehrerer Elektronen relativistisch invariant"[76] formulieren. Zu dieser Zeit aber erging es allen mit der Dirac-Arbeit gleich (inklusive Dirac selbst): Je länger man sie studierte, desto verzweifelter wurde man wegen der oben genannten drei Widersprüche. Im März 1928 schrieb Heisenberg an Bohr: „Diracs Arbeiten habe ich auch sehr bewundert, aber ich finde es sehr beunruhigend, daß eine so geschlossene Theorie wie die Diracsche eine so schlimme Lücke aufweist."[77] Einen Monat später, im April 1928 war Heisenbergs Laune offenbar noch tiefer gesunken. An Jordan beschrieb er sich selbst als: „In völliger Apathie und Verzweiflung über den gegenwärtigen Stand (oder sollte man sagen: Saustall) der Physik, der durch Diracs ebenso schöne wie unrichtige

---

[74] Das Problem der positiven Elektronen wurde durch die Entdeckung des Positrons 1932 gelöst (siehe Kap. 4.1.). – Das Problem der unendlichen Selbstenergie beantworteten amerikanische Physiker in den Jahren nach 1946 (unabhängig davon der Japaner Tomonaga bereits 1942) mit der „Renormierungstheorie", mittels der man die Unendlichkeiten eliminiert (siehe Kap. 5.4.).

[75] Die Lagrange-Funktion erwies sich als entartet in dem Sinne, dass unendliche viele Zustände gleicher Energie möglich waren. Vgl. Haag (1989, S. 4).

[76] Pauli an Dirac am 17. Februar 1928. WP-BW 1920er, S. 445.

[77] Zitiert nach Brown und Rechenberg (2005, S. 91).

Arbeiten in ein hoffnungsloses Chaos von Formeln [...] verwandelt wurde".[78]

Schließlich zogen sich Pauli und Heisenberg entnervt von ihrem Projekt zurück. Heisenberg an Pauli am 3. Mai 1928: „Lieber Pauli! Über die wichtigeren Probleme weiß ich heut' zwar nichts Neues; aber, um mich nicht dauernd mit Dirac herumzuärgern, hab' ich mal was anderes, nämlich Ferromagnetismus getrieben, und davon möcht' ich Dir erzählen."[79] Heisenberg lenkte sich also ab, indem er sich der Quantenfeldtheorie ab- und der Ausarbeitung der etablierten Quantenmechanik zuwandte, und zwar dem Phänomen des Ferromagnetismus. Und so schuf Heisenberg schließlich – quasi nebenbei – eine Theorie des Ferromagnetismus.[80]

Auch Pauli strich bald die Segel bei der großen Frage. Am 16. Juni 1928 berichtete er Bohr von den Stockungen: „In der Quantenelektrodynamik bin ich gar nicht mehr vorwärts gekommen (Heisenberg übrigens auch nicht)."[81] Und er berichtete von den Arbeiten zum H-Theorem, mit denen er sich statt dessen beschäftigte,[82] und aus denen schließlich eine wichtige Studie zur Quantenstatistik erwuchs.[83]

---

[78] Zitiert nach Haag (1989, S. 5).

[79] WP-BW 1920er, S. 443.

[80] Heisenberg (1928).

[81] Und weiter: „Die Schwierigkeiten von denen ich bei meinem Besuch in Kopenhagen erzählte, scheinen doch von sehr tiefliegender Art zu sein und ich glaube jetzt, daß sie erst durch eine prinzipiell neue Idee umgangen werden können. (War Dirac in Kopenhagen? Was meint er zur jetzigen Situation?) Ich glaube, ich muß die prinzipiellen Fragen vorläufig ruhen lassen und mich inzwischen mit anderen Problemen beschäftigen". WP-BW 1920er, S. 462f.

[82] Er habe sich „in letzter Zeit einiges überlegt über die Frage, unter welchen Voraussetzungen und in welcher Allgemeinheit vom Standpunkt der neueren Quantenmechanik aus ein ‚H-Theorem' vom Anwachsen der Entropie abgeleitet werden kann." WP-BW 1920er, S. 462.

[83] Pauli (1928) – In der Arbeit prüfte Pauli die allgemeinen Voraussetzungen in der Quantenmechanik für das H-Theorem von Boltzmann. Vgl. Erläuterung zum Brief [200] in WP-BW 1920er, S. 459.

Als das ad acta war, sahen die Aussichten in der Physik nicht besser aus und so wandte sich Pauli einem noch weiteren Problem zu: Er setzte sich an einen „utopischen Roman, der den Titel ‚Gullivers Reise nach Uranien' haben sollte und im Stile von Swift als politische Satire gegen die heutige Demokratie gedacht war."[84]

3.4. Der Schluß – Oder: Ein kleiner, formaler Fortschritt

So frustrierend ging's weiter. Ende 1928 feierte Heisenberg am 5. Dezember seinen 27. Geburtstag. Am 6. Dezember 1928 berichtet er seinen Eltern: „In der Nacht von gestern auf heut passierte noch etwas merkwürdiges. Es war so etwa ½ 4 Uhr und ich döste halb, halb schlief ich, da ging plötzlich das Licht in meinem Schlafzimmer an; ohne erkennbare Ursache; zunächst erschrak ich etwas, dann versuchte ich voll Wut, das Licht wieder auszudrehen, das ging aber nicht; weder beim einen noch beim anderen Schalter; schliesslich musste ich halt im Hellen weiterschlafen; heut hab ich's dann richten lassen. Vielleicht sollte es ein gutes Omen sein für eine plötzliche physikalische Erleuchtung."[85] Wenig später, Anfang 1929 war es soweit: Heisenberg hatte eine Idee. Keine große. Aber eine, mit der man zumindest bei dem o.g. dritten Rätsel der Dirac-Theorie, dem mathematischen Problem weiterkam.[86] Pauli (an Oskar Klein): „In

---

[84] Pauli an Klein am 18. Februar 1929. WP-BW 1920er, S. 488.

[85] Heisenberg (2003. S. 138f).

[86] Kurz erklärt: Bei der in Fußnote 74 betreffenden erwähnten Lagrangefunktion fügte Heisenberg einen Hilfsterm proportional zu ε hinzu, der die Entartung aufhob und postulierte, so dass man am Ende der Rechnungen den Grenzübergang ε-> 0 machen könnte. Vgl. Haag (1989, S. 4f). Dieses Hinzufügen eines Terms entspricht dem Konzept einer Symmetriebrechung.

Ausführlicher erläutert: Der in der Physik verwendete Begriff „Entartung" hat eine sehr andere Bedeutung als der der Kulturgeschichte. In der Physik bedeutet „Entartung" einen Zustand, in dem die Unterschiede nicht auffallen, und die „Aufhebung einer Entartung" bedeutet, dass diese Unterschiede auftauchen, relevant werden. So gibt es z.B. eine Entartung in der Atomhülle, wenn es egal ist,

[...] [meinen literarischen] Träumen befangen, kam mir plötzlich eine Nachricht von Heisenberg zu, daß er mittels eines [...] Kunstgriffes die formalen Schwierigkeiten beseitigen kann, die der Durchführung unserer Quantenelektrodynamik entgegen standen, so daß das relativistische Mehrkörperproblem jetzt gewissermaßen gelöst ist! [...] So wurde ich plötzlich aus einer Periode träumerischer Faulheit in eine solche intensiver Arbeit gestürzt; der utopische Entwurf wurde (sicher zu meinem Glück) tief in meinem Schreibtisch vergraben (dort ist er noch) und die nicht kommutativen Raum-Zeit-Funktionen von dort hervorgeholt."[87]

Die Idee, die Heisenberg hatte, waren bloß einige „ganz plumpe Tricks", wie Heisenberg Jordan am 22. Januar 1929 berichtete[88] – so dass man aber nun einen prinzipiellen Entwurf für eine

---

ob der Spin eines Elektrons in die eine oder andere Richtung ist - weil sich die Linien immer gleich zeigen. Die Entartung wird da aufgehoben, wo ein magnetisches Feld angelegt wird und sich die Linien aufspalten – und also die Einstellung des Spins relevant wird.

Man kann auch sagen: Bei einer Entartung gibt es mehrere Zustände genau gleicher Energie, und diese Gleichheit wird bei einer Entartung aufgehoben.

Bildlich gesprochen wäre ein „Wanderausflug mit Kindern" entartet. Wenn man aber z.B. etwas speziell für Mädchen und speziell etwas für Jungen macht, kommt es zu einer Aufhebung der Entartung.

Was die Quantenfeldtheorie Ende der 1920er angeht, so hatte man ein Problem mit der Lagrangefunktion (sie beschreibt die Dynamik eines Systems), mit der man die Bewegungsgleichungen herleiten wollte. Denn die Lagrangefunktion war derart entartet, dass unendlich viele Zustände gleicher Energie möglich waren. Dass es also unendlich viele Zustände bei gleicher Energie gab.

Heisenbergs Trick war: Er benutzte einen künstlichen Term und hob damit die Entartung auf. Durch diesen Hilfsterm, der vom Impuls abhängt, ist die Energie nicht mehr unabhängig vom Impuls. Für die Klärung dieses Sachverhalts bedanke ich mich bei Prof. Dr. Matthias Brack.

[87] Pauli an Klein am 18. Februar 1929. WP-BW 1920er, S. 488.

[88] „der Trick besteht darin, daß man nicht mit der richtigen Lagrangefunktion à la Maxwell-de Broglie anfängt, sondern mit einer modifizierten, und daß man erst im Resultat zur Grenze der unmodifizierten zurückkehrt. Die Erlaubtheit des Grenzübergangs ist plausibel gemacht." – Zitiert nach WP-BW 1920er, Anm. d, S. 485f.

einheitliche Quantenfeldtheorie machen konnte. Rein inhaltlich bedeutete das Ganze keinen großen Fortschritt, „die Elektronentragödie nach Dirac (+mc → -mc) [gemeint ist das Auftreten von positiven Elek-tronen] [nahm] ungehindert ihren Lauf".[89] (Heisenberg)

Aber es bedeutete einen genügend großen Fortschritt: Pauli und Heisenberg konnten nun eine mathematische Form der relativistischen Quantenfeldtheorie liefern. Damit war der Rahmen gefunden und gesetzt, innerhalb dessen man den Inhalt angehen würde. Pauli an Weyl am 1. Juli 1929: „[Ich kann] in keiner Weise Ihre Ansicht teilen, daß die Schwierigkeiten in der Quantelung von Feldgleichungen liegt. Durch die Arbeit von Heisenberg und mir ist jetzt, glaube ich, ein völlig eindeutiges [...] Kochrezept gegeben, das jede beliebig vorgegebene Feldtheorie zu quanteln gestattet. Dieses Kochrezept ist an einigen Stellen mathematisch-technisch verbesserungsfähig, aber am Resultat wird sich nichts ändern."[90]

Die Heisenberg-Paulische Arbeit zur Quantenfeldtheorie erschien in zwei Teilen[91] und vieles daran wurde sehr schnell und dabei nicht ausführlich ausgearbeitet, da Heisenberg Anfang März 1929 für ein halbes Jahr auf US- und Japan-Reise gehen wollte. An seine Eltern schrieb Heisenberg am 30. Januar 1929: „es ist hier so viel zu tun, ich arbeite mit großer Energie an der Abhandlung, die Pauli und ich zusammen schreiben wollen, ich werde darüber vielleicht am Samstag in Berlin vortragen. [...] Im allgemeinen möchte ich zweimal so viel schlafen, als ich Zeit hab, ich bin oft etwas ‚dabazt', hoffentlich kommt bald wieder Fakultätssitzung, da kann man das Versäumte nachholen."[92]

---

[89] Heisenberg an Jordan im Brief vom 22. Januar 1929. - Zitiert nach WP-BW 1920er, Anm. d, S. 485f.

[90] WP-BW 1920er, S. 505f.

[91] Heisenberg und Pauli (1929). Heisenberg und Pauli (1930).

[92] Heisenberg (2003. S. 141f).

Am 1. März 1929 ging Heisenberg an Bord der „George Washington", am 16. März 1929 klagte Pauli an Klein: „Vieles in dieser Arbeit ist sehr verbesserungsbedürftig. So sind die □−Glieder im Kap. III eine Scheußlichkeit von höherer Ordnung und sind nur stehen geblieben, weil keine Zeit mehr war, es besser zu machen (das ist der Fluch der Amerika-Reisen europäischer Physiker)".[93] Und an Bohr schrieb Pauli am 17. Juli 1929: „Sehr befriedigt bin ich von der ganzen Theorie von Heisenberg und mir <u>nicht</u> (obwohl ich schon glaube, daß sie ‚gewisse Züge' mit einer künftigen richtigen Theorie gemeinsam haben wird). Insbesondere macht die Eigenenergie der Elektronen viel größere Schwierigkeiten als Heisenberg anfangs gedacht hat. Auch sind die <u>neuen</u> Resultate, zu denen unsere Theorie führt, überhaupt sehr dürftig und die Gefahr liegt nahe, daß die ganze Angelegenheit allmählich den Kontakt mit der Physik verliert und in reine Mathematik ausartet."[94]

Pauli behielt in vieler Hinsicht Recht: Diese erste Heisenberg-Paulische Arbeit zur Quantenfeldtheorie bildet bis heute die Grundlage für alle Quantenfeldtheorien.[95] Sie lieferte den Rahmen, das Kochrezept. Sie konnte aber die zwei anderen Rätsel von Diracs Arbeit von 1928 – a) die unendliche Selbstenergie des Elektrons und b) die Lösungen, die positive Elektronen bedeuteten – nicht auflösen. Diese inhaltlichen Probleme blieben. Das sah auch Heisenberg so und schrieb Pauli aus den USA am 20. Juli 1929: „die katastrophale Wechselwirkung des Elektrons mit sich selbst regt mich trotz Deiner Mahnung nicht so sehr auf. Du hast natürlich recht, daß diese Wechselwirkung einstweilen die Theorie unanwendbar macht; aber das ist sie ja wegen der Diracsprünge [gemeint sind die

---

[93] Am 18. Februar 1929 an Klein. WP-BW 1920er, S. 494.
[94] WP-BW 1920er, S. 512.
[95] Vgl. Haag (1989, S. 3).

positiven Elektronen] schon sowieso. Jedenfalls wird die Theorie sich noch viel ändern."[96]

Ende der 1920er waren Pauli und Heisenberg nicht die Einzigen, die am Aufbau einer Feldtheorie arbeiten.[97] Auch Einstein publizierte über eine einheitliche Feldtheorie.[98] Über deren Inhalt schrieb Pauli an Jordan: „Mit einem solchen Kohl kann man nur amerikanischen Journalisten imponieren, nicht einmal amerikanischen Physikern, geschweige denn europäischen Physikern."[99] Im Brief an Einstein selbst war Pauli keineswegs gnädiger.[100]

3.5. Das Nachspiel – Oder: Reisen schafft neue Ideen

Auf seinem mehrmonatigen US-Aufenthalt 1929 verabredete sich Heisenberg mit Dirac (der auch in den USA weilte). Zusammen schipperten die 27-jährigen auf einem Dampfer weiter nach Japan, hielten dort Vorträge und machten Ausflüge. Zurück nach Europa reiste Dirac über Wladiwostok und Moskau, Heisenberg über Shanghai, Hongkong, Indien und das Rote Meer.[101]

Reisen inspiriert, öffnet den Horizont: Zurück in Europa veröffentlichte Dirac Ende 1929 sein Konzept der sogenannten „Löchertheorie" (wonach die Welt aus einem See von Elektronen besteht, der an gewissen Stellen Löcher hat. Sie entstehen durch fehlende Elektronen und sind also positiv geladen. Diese positiv geladenen Einheiten identifizierte Dirac zunächst, aus Mangel an anderen Teilchen, mit Protonen, später mit den positiven Elektronen, den

---

[96] WP-BW 1920er, S. 514.
[97] Vgl. Pauli an Jordan am 30. November 1929 – WP-BW 1920er, S. 525f.
[98] Einstein (1929).
[99] Vgl. Pauli an Jordan am 30. November 1929 – WP-BW 1920er, S. 525.
[100] Vgl. Pauli an Einstein am 19. Dezember 1929 – WP-BW 1920er, S. 526f.
[101] Vgl. Brown und Rechenberg (2005). Kragh (1990, S. 75).

Positronen), die aber das Auftauchen von Unendlichkeiten (sogenannten Divergenzen) auch nicht beheben konnte.

Pauli reagierte skeptisch auf die Löchertheorie, schrieb am 10.
Februar 1930 an Klein: „In letzter Zeit habe ich mich eingehender
mit Diracs letzter Arbeit (Protonen = Lücken in einer Gesamtheit
unendlich vieler Elektronen negativer Energie) befasst. Ich glaube
jetzt gar nicht mehr daran!"[102] Nur nach der Entdeckung des Positrons war Pauli für einige Monate sehr interessiert an Diracs Löchertheorie. Ab 1934 lehnte er sie dann wieder ab.

Heisenberg hatte auf der Reise ebenfalls neue Ideen entwickelt:
Er wollte eine neue fundamentale Naturkonstante, die universelle
Länge (auch Fundamentallänge genannt), in die Physik einführen
und mittels dieser auch das o.g. Problem der unendlichen
Selbstenergie vom Elektron lösen. Als ebenso fundamentale Naturkonstante wie die Lichtgeschwindigkeit (die das Maximum an Ge-
schwindigkeit definiert) sollte die universelle Länge eine Grenze
darstellen. Nämlich für die Anwendbarkeit der bisherigen Quantentheorie mit der Quantenmechanik.

Enthusiastisch schrieb Heisenberg am 10. März 1930 an Bohr, sogar die Masse des Elektrons ließe sich – bei einer Betrachtung der
Sachlage im eindimensionalen Fall – in einer solchen Theorie vernünftig bestimmen.[103]

Auf dem Ostertreffen in Kopenhagen im April 1930 diskutierte
Heisenberg die Ideen mit anderen. Im Laufe des Jahres aber gab er
sie (zunächst) auf.

---

[102] WP-BW 1930er, S.4.

[103] Vgl. Erläuterung zu dem Brief [245] in WP-BW 1930er, S. 10f.
Und am Ende des Briefes: „Ein weiteres, interessantes Resultat, wäre dies: Daß
die Atomkerne nur aus Protonen und (langsamen) Lichtquanten der Masse M
bestehen, nicht aus Elektronen. Denn um Wellenpakete von Kerndimensionen
zu bauen, müsste man nur Wellen in der Nähe des Maximums der E-Kurven
verwenden." – Zitiert nach von Meyenn (2001).

Am 18. September 1930, nach einer gemeinsamen Segeltour auf der Ostsee, schrieb er an Bohr: „Hier in Leipzig ist alles beim alten, mein Tagesablauf und meine Arbeit kommen mir etwas ‚grau in grau' vor. Über relativistische Quantentheorie suche ich nachzudenken, aber ich finde bis jetzt gar keinen formalen Angriffspunkt. Vielleicht muss man doch erst die ganze Entwicklung der Kernphysik abwarten, bis man hier weiterkommt. Von Pauli hab' ich noch nichts weiter gehört. Grüsse bitte alle Kopenhagener Nicht-Spiesser und [Lew] Landau."[104]

3.6. Zusammenfassung der 1920er Jahre

Nachdem Heisenberg und Pauli um 1920 begonnen hatten, an der Physik-Forschung teilzunehmen, hatten sie bis 1927 – im Verbund mit anderen, vor allem Bohr – die Quantentheorie des Atoms abgeschlossen. Direkt danach versuchten sie, diese Theorie zu erweitern, indem sie sie zu einer relativistischen Quantenfeldtheorie ausbauen wollten. Dann aber tauchten Anfang 1928 große Schwierigkeiten auf: Als Dirac eine Theorie des relativistischen Elektrons entwickelte, traten dabei auch Probleme auf: a) eine unendliche Selbstenergie des Elektrons, b) doppelt so viele Lösungen für Elektronen als erwünscht, wobei die Hälfte dieser Lösungen auch noch Elektronen mit positiver Ladung implizierten und c) formale mathematische Schwierigkeiten.

Entnervt vom eigenen Unvermögen, angesichts dieser Situation Fortschritte zu machen, wandten sich Heisenberg und Pauli jeweils anderen, weniger fundamentalen Themen der bereits etablierten Quantenmechanik zu – und arbeiteten über Ferromagnetismus und das H-Theorem.

---

[104] Zitiert nach der Erläuterung zu Brief [245], WP-BW 1930er, S. 33.

Nachdem Heisenberg Anfang 1929 die Idee kam, wie man die formalen mathematischen Schwierigkeiten der Dirac-Theorie umgehen könnte, schufen Heisenberg und Pauli eine zweiteilige Theorie, die das „Kochrezept" (Pauli), den Rahmen für alle künftigen Quantenfeldtheorien lieferte. Dennoch blieben die beiden anderen Rätsel: a) die Unendlichkeiten, die bei der Selbstenergie des Elek-trons auftauchten, sowie b) die Lösungen, die positive Elektronen bedeuteten.

Letztere versuchte Dirac durch seine Löchertheorie zu überwinden. Heisenberg dagegen wollte die Widersprüche der Physik mit der Einführung einer neuen universellen Naturkonstante, der universellen Länge erklären. Als damit aber neue Probleme aufkamen, gab er diese Idee (zunächst) auf.

Die 1920er endeten für Pauli und Heisenberg (und ihrem Anliegen, eine einheitliche Theorie zu schaffen) mit vielen Fragezeichen – und der Hoffnung, daß bei der zukünftigen experimentellen Forschung, z.B. zum Atomkern, neue wichtige Erkenntnisse zu Tage treten könnten, die Hinweise auf den richtigen Weg liefern würden.

Die Hoffnungen wurden erfüllt. In den 1930ern kam es zu geradezu atemberaubenden Erkenntnissen, die das Weltbild der Physiker wieder grundlegend erweiterten und veränderten.

4. Erweiterungen – Heisenberg und Pauli in den 1930ern

4.1. Zum neuen Weltbild

Bis Anfang der 1930er ging man davon aus, die Welt sei aufgebaut aus drei elementaren Teilchen (Photonen, Elektronen und Protonen) und zwei fundamentalen Naturkräften (Gravitation und Elektromagnetismus). Im Laufe der 1930er und 1940er Jahre kam es durch verschiedene experimentelle Nachweise und neue Entdeckungen im Bereich der Atomkerne und der kosmischen Strahlung zu einem neuen Weltbild mit vier Naturkräften und sehr vielen Elementarteilchen:

a) Naturkräfte: Bei Prozessen des Atomkerns zeigte sich nach und nach, dass hier etwas ganz anderes als nur die elektromagnetische Kraft maßgeblich wirkt. Schließlich wurde erkannt, dass beim Kern gleich zwei neue fundamentale Naturkräfte agieren: Die Starke Kraft (auch Kernkraft genannt; sie hält den Kern zusammen, definiert durch ihre geringe Reichweite die Größe des Kerns; sie ist das stärkste, was im Universum bekannt ist) und die Schwache Kraft (sie tritt auf bei vielen Prozessen der Kernumwandlung wie dem Betazerfall und hat ebenfalls eine sehr geringe Reichweite; sie ist schwächer als der Elektromagnetismus, aber stärker als die Gravitation).

© Der/die Herausgeber bzw. der/die Autor(en), exklusiv lizenziert durch
Springer Fachmedien Wiesbaden GmbH, ein Teil von Springer Nature 2020
A. Rettig, *Heisenbergs und Paulis Quantenfeldtheorie von 1958*, BestMasters,

b) Elementarteilchen: 1932 wurde als erstes weiteres Elementarteilchen das Positron entdeckt[105] – jenes positiv geladene Elektron, das 1928 theoretisch in Diracs relativistischer Gleichung
des Elektrons aufgetaucht war, und das bis dato als ein Rätsel,
Fehler, Hindernis gegolten hatte.

Damit stieg die Zahl der Elementarteilchen jetzt auf vier. Und
sie stieg weiter: In den 1930ern kamen dazu das Neutron
(1932), das hypothetische Neutrino und das zunächst unver-
standene „schwere Elektron" (1937, auch „Mesotron" genannt).
Nach Kriegsende wurden in den 1940ern das Pion und die V-
Teilchen (siehe Kap. 6.2.) entdeckt. In den 1950ern erschienen
in den Experimenten immer mehr neue Teilchen, so dass Ende
der 1950er bereits 30 bekannt waren.

Die erstaunlichste und wichtigste Entdeckung des 20. Jahrhunderts
war für Heisenberg die des Positrons im Jahre 1932. Hier wurde experimentell nachgewiesen, was zuvor nur in der Dirac-Gleichung
antizipiert worden war: Das positive Elektron und das negative
Elektron können aus Lichtenergie paarweise entstehen – und sie
können genauso paarweise in Lichtenergie zerstrahlen. Ergo sind
auch die letzten Bausteine der Materie, die Elementarteilchen,
nichts Finales, nichts Fixes, Festes. Das war für Heisenberg noch ein
Argument, mit dem man „die Vorurteile des aus dem 19.

---

[105] Bereits 1930 hatte Pauli die Hypothese aufgestellt, es müsse ein weiteres Teilchen geben, ein neutrales Teilchen mit Spin 1/2 (um beim Betazerfall nicht den
Energieerhaltungssatz aufgeben zu müssen): Das Neutrino (experimenteller
Nachweis 1956). Vgl. Pauli an Meitner u.a. am 4. Dezember 1930. WP-BW
1930er, S. 39f.
Kurz vor der Entdeckung des Positrons wurde 1932 bei Versuchen mit Alpha-
strahlungen auf Berylliumkerne das Neutron nachgewiesen. Man hatte seine
Existenz bereits seit 1920 postuliert, da sich nur mit ihm die Masse der Kerne
erklären ließ. Allerdings: Das Neutron wurde zunächst nicht als ein elementares
Teilchen angesehen. Man dachte es sich zusammengesetzt aus Proton und
Elektron.

Jahrhunderts übernommenen, scheinbar so einleuchtenden materialistischen Weltbildes zergliedern und beseitigen konnte."[106]

Für Heisenberg und Paulis Arbeit an einer einheitlichen Quantenfeldtheorie bedeutete die Entdeckung eine neue wesentliche Facette: In einer richtigen einheitlichen Quantenfeldtheorie müssten die Elementarteilchen als Lösungen herauskommen. D.h. eine richtige einheitliche Quantenfeldtheorie würde den Prozeß widerspiegeln und erklären, durch den die ersten, kleinsten Einheiten (die Elementarteilchen) der materiellen Welt entstehen. Dementsprechend tauchte im Briefwechsel nun verstärkt der Begriff „Elementarteilchentheorie" auf (als Kurzform für einheitliche relativistische Quantenfeldtheorie der Elementarteilchen).

4.2. Versuche mit Diracs Löchertheorie

Nur zu Anfang der 1930er interessierten sich Heisenberg und Pauli für Fragen des Atomkerns: Pauli veröffentlichte seine Neutrinohypothese (d.h. er postulierte beim Betazerfall das Mitwirken eines masselosen, neutralen Teilchens[107]), Heisenberg entwickelte eine dreiteilige Theorie zum Bau der Atomkerne,[108] in der er das Konzept des „Isospins" einführte (das bei dem Heisenberg-Pauli Ansatz von 1957 eine zentrale Rolle spielte). Demnach sind die den Kern ausmachenden Elementarteilchen Proton und Neutron nicht wirklich verschieden, sondern als zwei Varianten eines und desselben Teilchens zu verstehen.

Während Bohr sich auch die folgenden Jahre intensiv mit der Kern-Thematik beschäftigte, versuchten Heisenberg, Pauli und Dirac bei den Fragen der relativistischen Quantentheorie weiterzukommen:

---

[106] Heisenberg (1962).
[107] Vgl. Pauli an Jordan am 30. November 1929 – WP-BW 1920er, S. 525f.
[108] Heisenberg (1932). Heisenberg (1932a). Heisenberg (1932b).

Beim Solvay-Kongreß von Oktober 1933 (dessen Thema der Atomkern war) verabredeten Heisenberg und Pauli wieder ein Arbeitsprogramm. Nachdem das positive Elektron, das Positron, entdeckt und somit nun das zweite der drei Rätsel der Dirac-Gleichung gelöst worden war, wollten sie das noch immer offene Problem der unendlichen Selbstenergie angehen – und zwar mittels Diracs Löchertheorie (s.o.). Das gestaltete sich nicht leicht, und schon bald schickten sich die beiden Männer Jammerbriefe.[109] Deren Höhepunkt formierte sich in Paulis Schreiben vom 6. Februar 1934. Sehnlichst hatte er auf Diracs neuestes Manuskript über die sogenannte Subtraktionsmethode gewartet. Als es eintraf, war selbst der in Mathematik extrem versierte Pauli verstört. An Heisenberg schrieb er: „Wenn Du meine Rechnungen zu kompliziert fandest, was würdest Du wohl erst zu den Diracschen sagen? – Ich bin momentan einer leisen Ohnmacht nahe infolge des Versuches mit seinen Formeln auch praktisch etwas zu rechnen. Und wie künstlich mir das Ganze vorkommt!" Und: „Ob auch der Energiesatz erfüllt ist, das weiss nur Gott! [...] Also ist Diracs Naturgesetzgebung auf dem Berge Sinai. Mathematisch ist alles natürlich sehr elegant gerechnet. Aber physikalisch überzeugt es mich gar nicht! Warum soll denn gerade diese Vorschrift die wahre und richtige sein? Was nützt es, wenn die elektrische Polarisation des Vakuums endlich ist, wenn doch die Selbstenergie unendlich ist? Und was nützt alles, wenn die Paarerzeugung bei hohen Energien doch als zu häufig aus der Theorie herauskommt? Also momentan bin ich sehr degoutiert von der Löchertheorie. Was meinst Du? Lohnt es, wenn ich mich weiter damit

---

[109] Heisenberg an Pauli am 29. Januar 1934: „Je mehr ich über die Löchertheorie nachdenke, desto unklarer wird mir alles. [...] Schreib bald, damit Du meinem Löchertheoriepessimismus aufhilfst!" WP-BW 1930er, S. 269f. – Pauli am nächsten Tag: „Ich muss den Pessimismus Deines Jammerbriefes vom 29. teilweise als berechtigt anerkennen". WP-BW 1930er, S. 270.

überhaupt befasse?" Er firmierte mit: „Dein (in Diracs Formeln er-
trinkender) W. Pauli".[110]

Nach einigen weiteren Versuchen warf Pauli die Flinte ins Korn,
wie er Heisenberg am 3. Mai 1934 durch seinen Assistenten Weisskopf ausrichten ließ. „Ich wollte Ihnen übrigens auf höheren Befehl
mitteilen, dass sich Pauli ‚von derartiger Subtraktionsphysik degoutiert abwendet!' (‚Mein Herr lässt Euch sagen, nicht ich, ich würd's
nicht wagen' Don Juan. Friedhofszene.)"[111]

Heisenberg aber gab noch nicht auf und veröffentlichte im Juni
1934 allein die Arbeit „Bemerkungen zur Diracschen Theorie des
Positrons".[112] Es sei „das Manuskript eines ausführlichen Bekennt-
nisses über Positronen."[113]

Derweil arbeiteten Pauli und Weisskopf nun an einer Theorie, aus
der sich schließlich die Paarbildung und die Existenz des Positrons
ganz ohne Löchertheorie und die Diracschen Methoden ergaben.
Pauli war fasziniert und nannte sie eine „Anti-Dirac-Theorie".[114]

Doch echte Fortschritte sahen anders aus. Man war ernüchtert.
Und unzufrieden. Selbst Heisenberg verlor die Hoffnung und
schrieb an Pauli am 28. Oktober 1934: „Mit dem Resultat unserer
Selbstenergie-Diskussion kann ich nichts Gescheites anfangen. Die
ganze Subtraktionsphysik ist halt Unsinn und sollte durch etwas
besseres ersetzt werden."[115]

---

[110] WP-BW 1930er, S. 274f. – Auch Heisenberg hatte Schwierigkeiten. Am 1. März
1934 schrieb er an Pauli: „Mein Studium der Dirac Arbeit veranlasst mich sogleich zu einem Hilfe-Ruf an Dich. Denn es scheint mir, dass entweder Dirac
oder ich eine grosse Dummheit gemacht haben, – und wenn mir auch prinzipiell
das letztere wahrscheinlicher ist, so muss ich Dich doch um Rat fragen." WP-
BW 1930er, S. 259.

[111] WP-BW 1930er, S. 323. Mit „Don Juan" ist „Don Giovanni" von Mozart gemeint.

[112] Vgl. Pais (1989).

[113] Heisenberg an Pauli und Weisskopf am 8. Juni 1934, WP-BW 1930er, S. 326.

[114] Vgl. von Meyenn (1985, S. XXXIV).

[115] WP-BW 1930er, S. 354.

Aber durch was? Eine Diskussion darüber dürften Pauli und Heisenberg Ende 1934 am Arlberg geführt haben, wo Heisenberg Pauli besuchte.[116] Mit dem Frühjahr kam bei Werner Heisenberg neuer Optimismus auf[117] und er versuchte Mut zu verbreiten. An Pauli schrieb er an dessen 35. Geburtstag: „Wir sind doch in Bezug auf die Quantenelektrodynamik noch in dem Stadium, in dem wir bzgl. der Quantenmechanik 1922 waren. Wir wissen, dass alles falsch ist. Aber um die Richtung zu finden, in der wir das bisherige verlassen sollen, müssen wir die Konsequenzen des bisherigen Formalismus viel besser kennen, als wir es tun".[118]

4.3. Heisenbergs neuer Anlauf: Explosionen oder Kaskaden?

1936 fand Heisenberg die Richtung, in der er das Bisherige verlassen konnte. Er fand einen neuen Ansatz, in dessen Zentrum seine (alte) Idee einer fundamentalen, universellen Länge stand und die neue Naturkraft Starke Kraft.

Schon seit 1932, als Heisenberg die Arbeiten zur Kerntheorie verfaßte, dämmerte es den Physikern, dass im Kern, im kleinsten und zentralen System der Physik (bestehend aus Protonen und Neutronen), etwas ganz anders als in der bis dato erforschten Welt sein

---

[116] Vgl. Zeittafel in WP-BW 1930er, S. 730. Pauli hatte Heisenberg am 16. Dezember 1934 gebeten: „Bitte schreib mir nach Zürs, wann und wo Du nach den Ferien durch Zürich kommst. Ich möchte Dich SEHR gerne sehen." WP-BW 1930er, S. 373.

[117] Am 22. März 1935 schrieb er an Pauli: „um meiner alten Gewohnheit treu zu bleiben, unklare Gedanken durch Briefe an Dich zu verbessern, will ich Dir ausführlicher schreiben. In den Ferien war ich acht Tage mit Bohr zusammen" Und: „Diese ganze Rechnerei hat mich doch wieder in dem Glauben bestärkt, es müsse eine einheitliche Feldtheorie geben, charakterisiert durch eine Hamilton-Funktion, die von einer Dichtematrix quadratisch abhängt; und in dieser Theorie müssten Elektron und Lichtquant verschiedenartige nichttriviale Lösungen der Gleichungen sein". WP-BW 1930er, S. 383.

[118] Am 25. April 1935. WP-BW 1930er, S. 386ff.

müsste. Mehr und mehr wurde deutlich, dass die Kraft, die dieses System zusammenhält, besonders, anders sei. Als 1936 durch Experimente[119] deutlich wurde, dass sie ladungsunabhängig ist, war der Elektromagnetismus als Kandidat vom Tisch.

Gleichzeitig gab es Verwirrung, weil noch nicht bekannt war, dass es auf der Kernebene zwei weitere, neue Naturkräfte gibt, nämlich neben der Starken Kraft noch die Schwache Kraft (dies klärte sich nach dem Zweiten Weltkrieg). Das führte auch zu Unklarheiten in der Terminologie. So ist z.B. der ß-Zerfall, zu der Fermi eine Theorie gemacht hatte, ein Prozeß der Schwachen Kraft. Dennoch wurde u.a. von Heisenberg alles, was mit Kernprozessen, also auch mit der Starken Kraft zu tun hatte, als „Fermitheorie" bezeichnet.

Trotz all der Unklarheit witterte Heisenberg 1936 aber doch „Morgenluft" für eine neue Möglichkeit, all der Probleme, die sich bis dato aufgezeigt hatten, Herr zu werden – nämlich durch Einführung der universellen Länge.[120] Bzw. interpretierte Heisenberg die

---

[119] Tuve et al. (1936).

[120] Das große Problem war von Anbeginn (1927) an jene Wechselwirkung (Kraftwirkung), die mit Gleichungen beschrieben wurde, in denen nichtlineare Terme auftauchten. Denn für diese funktionierten die sonst üblichen Störungsrechnungen nicht, weil hier Divergenzen (Unendlichkeiten) auftauchten. Diese Schwierigkeit trat auf in der Dirac-Theorie (Quantenelektrodynamik), bei der Kerntheorie und bei Fermis Theorie des ß-Zerfalls. Vgl. Oehme „Theory of the Scattering Matrix (1942-1946)". In WH-GW A2, S. 605-610.S. 605.
Heisenberg dazu 1938: „Wendet man die Vorschriften der Quantentheorie auf eine relativistisch invariante Wellentheorie an, in der auch Wechselwirkungen der Wellen (d.h. nichtlineare Glieder in der Wellengleichung) vorkommen, so erhält man, wie vielfach bemerkt worden ist, divergente Resultate [also Resultate mit Unendlichkeiten]. Es liegt dies daran, daß die relativistische Invarianz eine ‚Nahewirkungstheorie' fordert, in der die Wechselwirkung dadurch bedingt ist, daß die Fortpflanzungsgeschwindigkeiten einer Welle an einem Punkte durch die Amplitude einer anderen Welle an diesem Punkt bestimmt wird. Wegen der unendlich vielen Freiheitsgrade des Kontinuums, d.h. wegen der Möglichkeit von Wellen beliebig kleiner Wellenlänge werden aber die Eigenwerte einer Wellenamplitude an einem bestimmten Punkte unendlich. Dieser Widerspruch [...] bedeutet nun offenbar nicht eigentlich, daß die relativistische Wellentheorie oder die Quantentheorie falsch und zu verbessern wären, sondern

Schwierigkeiten in der bisherigen Theorie als Fingerzeig auf die Existenz einer universellen Länge, insofern sich die Schwierigkeiten nur ergeben hätten, weil bis dato diese Länge nicht als Naturkonstante mitgedacht worden sei. Ähnlich wie Planck 1900 das Wirkungsquantum h einführte, um die dato existierenden Widersprüche der Strahlungstheorie auflösen zu können, versuchte Heisenberg den jetzt aktuellen Widersprüchen durch die universelle Länge zu begegnen. Heisenberg 1938: „Die [...] Situation in der heutigen Atomphysik deutet in ähnlicher Weise darauf hin, dass in den Erscheinungen der Kernphysik und der Höhenstrahlung auf eine neue universelle Konstante von der Dimension einer Länge Rücksicht genommen werden muss. Das Wirken einer solchen Konstanten tritt uns ja in der Kernphysik an verschiedenen Stellen entgegen. Ausser den [...] Divergenzen [also den o.g. Unendlichkeiten], die zur Einführung einer universellen Länge zwingen, ist in erster Linie die Tatsache zu erwähnen, dass zwischen den Elementarteilchen bei Abständen der Größenordnung 10^{-13} cm neue Kräfte auftreten, die für den Bau der Atomkerne entscheidend sind und bei größeren Abständen verschwinden."[121]

Weil Heisenberg die universelle Länge in engster Beziehung zur Starken Kraft sah, ging er davon aus, dass in Bereichen nahe der universellen Länge und ergo der starken Kraft viele neue Elementarteilchen (wie Positron, Neutrino, Elektron) in einem explosionsartigen Prozess auf einmal entstehen können (gleich einem Keks,

---

weist darauf hin, daß beim Zusammenfügen der Quantentheorie und der relativistischen Wellentheorie auf eine universelle Konstante von der Dimension einer Länge Rücksicht genommen werden muß. In der Tat haben sich viele Autoren damit beholfen, daß sie die divergenten Integrale bei einer Länge von der Größenordnung r_0 (oder bei entsprechenden Impulsen) künstlich konvergent machten oder abbrachen, womit sich vernünftige Ergebnisse erzielen ließen. Aber dieses Abbrechen kann im allgemeinen nicht in relativistisch invarianter Weise durchgeführt werden und ist natürlich nur als sehr vorläufiger Notbehelf zu betrachten." Heisenberg (1938, S. 24f resp. S. 305f).

[121] Heisenberg (1938a, S. 50f, resp. S. 253f).

der in viele Krümel zerbirst, wobei allerdings jeder Krümel in etwa so groß sein sollte, wie der Keks selbst).

Das Bild für die Entstehung neuer Teilchen in einem Explosionsprozess hatte Heisenberg aus den experimentellen Arbeiten mit der kosmischen Strahlung (auch „Höhenstrahlung" genannt) gewonnen. Bei dieser Strahlung aus dem Weltraum (mit der Anderson 1932 auch das Positron entdeckte) konnte man Prozesse von sehr stark durchdringender Strahlung nachweisen. Und bei ihr sah es so aus, als ob „ein sehr energiereiches Elementarteilchen, z.B. ein Elektron, in einem einzigen Akt eine große Anzahl von Sekundärteilchen, einen sogenannten ‚Schauer' erzeugen kann."[122] Solch Schauerbildungen seien mit den bisherigen Theorien, in deren Zentrum die elektromagnetische Kraft stand, nicht zu erklären. Dafür bräuchte man die Theorien zum Atomkern.

Bereits am 30. Mai 1936 hatte Heisenberg seinen neuen Ansatz zusammengestellt und schrieb an Pauli: „Du siehst also, ich tue so, als ob die Tante schon mit 80 km/Stunde über die physikalischen Landstraßen fegte. Ich glaube aber wirklich, dass der Zusammenhang der Schauerbildung mit der Fermitheorie ein sehr zentraler Punkt der Theorie der Materie ist."[123]

Am 8. Juni 1936 reichte Heisenberg die Arbeit „Zur Theorie der ‚Schauer' in der Höhenstrahlung"[124] zur Publikation ein, die intensiv studiert und diskutiert wurde: So auf der Kopenhagen-Konferenz im Juni 1936. Bohr erkannte, wie er Dirac am 2. Juli 1936 berichtete, in Heisenbergs Bemühungen einen neuen Ansatz für sein „old problem of the limitation of the very ideas of space and time imposed by the atomistic structure of all measuring instruments. You may remember that we have often discussed such questions but hitherto it seemed most difficult to find an unambiguous starting point. It now

---

[122] Heisenberg (1936a, S. 341f resp. S. 122f).
[123] WP-BW 1930er, S. 446f.
[124] Heisenberg (1936).

appears, however, that any measurement of such short lengths and intervals where the conjugated momenta and energy will cause all matter to split into showers will be excluded in principle."[125] Peierls schrieb an Bethe (am 6. August 1936): „Mit [Mark] Oliphant bin ich von Kopenhagen zurückgefahren (wo es übrigens sehr nett war, besonders wegen Heisenbergs Schauertheorie)".[126] Und als George Gamov Bethe am 20. Dezember 1936 die Themen darlegte, die beim Washington-Treffen behandelt werden sollten, war Heisenbergs Theorie eines davon: „We plan to have three scheduled discussions [...] on 1) Dirac's wine-cellars 2) Prof. Heisenberg takes a shower-bath and 3) socialistic movements inside of the nucleus and its relation to Bohr's mashed-potato-model."[127] (Thema des Treffens wurde nur Bohrs Kernmodell.)

In den folgenden Jahren arbeitete Heisenberg seinen Ansatz weiter aus – und dabei neue Forschungsergebnisse ein (wie u.a. die Entdeckung des „schweren Elektrons", damals Meson, heute Muon genannt oder die Theorie von Yukawa). Das geschah wieder in enger Zusammenarbeit mit Pauli, der sich – wie zuvor – mal als aktiver Partner beteiligte, dann auf einen kritischen Standpunkt zurückzog, um später wieder temporär mitzumachen.[128]

Mit dem Ansatz standen Heisenberg und Pauli bald in einer Art Konkurrenz zu Bemühungen von u.a. Oppenheimer und Franklin

---

[125] Zitiert nach Kragh (1990, S. 173f).

[126] Bethe papers, Cornell University Archives, Ithaca, New York, 3. – Zitiert nach Cassidy (1981, S. 20f).

[127] Zitiert nach Cassidy (1981, S. 21).

[128] Vgl. Briefe von Heisenberg und Pauli zwischen 1936 und 1939. – So schrieb Heisenberg an Born am 3. November 1936: „Die Schauer beschäftigen Pauli und mich noch sehr, ich bin sehr gespannt, wie die Arbeit da weitergehen wird. Pauli bemüht sich immer, zu beweisen, dass die Wellenquantelung auch mit einer universellen Länge immer divergiert; ich glaube zwar im Stillen auch, dass Pauli recht hat, behaupte aber einstweilen das Gegenteil, und dabei lernen wir die mathematischen Eigenschaften einer nichtlinearen Quanten-Feldtheorie, die höchst interessant sind, ganz gut kennen." – Zitiert nach Cassidy (1992, S. 448).

Carlson, Walter Heitler und Homi Bhaba,[129] die die Schauer in der kosmischen Strahlung anders erklären wollten:[130] Sie verneinten die Existenz von Explosionen, in denen viele Teilchen auf einmal entstehen und erklärten die Schauer durch die sogenannte Kaskadentheorie, in der die vielen Teilchen nacheinander, in einer schnellen Abfolge an Paarproduktion entstanden.

Diese Kaskadentheorie war in vieler Hinsicht der konservative Gegenpart zu Heisenbergs Ansatz: Denn damit definierte man die Prozesse als rein elektromagnetische Phänomene, für die man die Kernprozesse mit der starken Kraft, wie Heisenberg sie für die Explosionen nutzte, nicht brauchte. Oppenheimer und Carlson erklärten, Heisenbergs Theorie entbehre der experimentellen Grundlage und sei ganz falsch.[131]

Heisenberg dagegen lehnte die Kaskadentheorie nicht ab,[132] denn er sah in ihr (und in all den experimentellen Daten, die sie bestätigte) keinen Widerspruch zu seinem Ansatz. Er fand sie nur nicht ausreichend und glaubte, sie versage bei sehr hohen Energien (also in den Regionen der Starken Kraft).[133] Anders gesagt: Heisenberg

---

[129] Carlson und Oppenheimer (1937). Bhabha und Heitler (1936).

[130] Vgl. Cassidy (1981). Hagedorn (1993). „Kosmische Strahlung" – Erläuterung zu dem Jahr 1937 in WP-BW 1930er, S. 495f.

[131] Die Theorie „is without cogent experimental foundation; and we believe that in fact it is an abusive extension of the formalism of the electron neutrino field." Carlson und Oppenheimer (1937, S. 221)). – Zitiert nach Cassidy (1981, S. 22).

[132] Vgl. Heisenberg (1938, S. 20 resp. S. 301).

[133] So schrieb er am 21. Januar 1937 an Pauli: „Ich habe inzwischen die Arbeit von Bhaba und Heitler [zur Kaskadentheorie] bekommen, die mir sehr gut scheint. Danach sieht es so aus, als ob praktisch alle Prozesse über dem Meeresniveau mit der elektromagnetischen Theorie allein gedeutet werden können. Dies stimmt aber auch durchaus zu den Zahlen meiner Arbeit. Ich habe für den Wirkungsquerschnitt für echte Schauerbildung als Maximum (bei sehr energiereichen Teilchen) 10^{-26} cm^2 bis 10^{-28} cm^2 angegeben. Da der Wirkungsquerschnitt für Ausstrahlung nach Bethe-Heitler ~ 10^{-24} cm^2, also ca. tausendmal grösser ist, so werden die echten Schauer sehr selten sein im Vergleich zu den Kaskaden. Ob dieser Rest von echter Schauerbildung beobachtet werden kann, weiss ich nicht." WP-BW 1930er, S. 503ff.

ging davon aus, dass „seine" Schauer erst bei genügend hohen Energien auftreten würden. (Diese Schauerbildung, die Explosionen, wurden in den 1960er Jahren nachgewiesen.[134])

Heisenberg blieb also bei seinem Ansatz mit der Vielteilchen-Entstehung in Explosionsprozessen und einer universellen Länge (sie variierte in ihrer Größe bzw. Kleinheit, über die Jahre). Mittels der universellen Länge unterschied er den Bereich, in dem die bekannten Physikgesetze funktionieren, von jenem Bereich, in dem die Natur (und demnach ebenfalls die Physik) prinzipiell anders sei. Diesen Standpunkt vertrat er auch, als er im Sommer 1939 für zwei Monate in den USA war und mit u.a. Bethe, Fermi, Oppenheimer und Goudsmit (bei dem er auch wohnte) auf Konferenzen intensiv diskutierte.

Ebenfalls viel besprochen wurde auf dieser Reise Heisenbergs Entschluss, in Deutschland zu bleiben – den er wiederholt erläuterte. Zum letzten Mal George Peagram von der Columbia University in New York, der noch versuchte Heisenberg umzustimmen, kurz bevor dieser Anfang August die „Europa" zur Rückreise bestieg.[135]

Zurück in Deutschland korrespondierte Heisenberg weiter mit Pauli. Es ging um eine gemeinsame Arbeit für den im Oktober 1939 anstehenden Solvay-Kongreß (Thema: Stand der Elementarteilchentheorie) und ein geplantes Treffen bei einer Tagung in Zürich. Heisenberg an Pauli am 24. August 1939: „Also hoffen wir, daß nichts dazwischen kommt."[136] Aber es kam. Pauli an Heisenberg am 29. August 1939: „Wir haben soeben beschlossen, unseren Kongress zu <u>verschieben</u>. Der neue Termin soll später bekannt gegeben werden. Momentan funktionieren u.a. die Verkehrsmittel schlecht. Es

---

[134] Durch Blasenkammer-Bilder. Vgl. Hagedorn (1993, S. 79).

[135] Vgl. Heisenberg (1998, S. 202).

[136] WP-BW 1930er, S. 673f.

ist sehr schade, ich hätte so gerne wieder einmal ausführlich über Physik geredet mit Dir und anderen. Alles Gute! Dein W. Pauli."[137]

Die nächsten Briefe konnten sich Heisenberg und Pauli erst sechs Jahre später schreiben.

4.4. Zusammenfassung der 1930er Jahre

Auch in den 1930ern arbeiteten Heisenberg und Pauli wieder viel zusammen. Sie trafen sich und machten Programme, debattierten, gaben auf – und legten erneut los:

Anfang der 1930er beschäftigten sich Pauli und Heisenberg zunächst mit Fragen des Atomkerns. 1932 wurde durch die Entdeckung des Positrons auch das zweite große Rätsel gelöst, das in den 1920ern durch Diracs Elektronentheorie entstanden war. Das verbleibende Problem, nämlich das Auftreten von Unendlichkeiten (wie die unendliche Selbstenergie des Elektrons), versuchten Heisenberg und Pauli ab 1933 u.a. mit Diracs Löchertheorie zu lösen. Ihr Bemühen brachte nicht die gewünschten Erfolge und so gaben die beiden Mitte der 1930er zunächst auf.

Nachdem durch experimentellen Nachweis das Wirken einer neuartigen Naturkraft im Kern immer deutlicher wurde, ersann Heisenberg einen neuen Ansatz: Er machte eine Theorie der Teilchen-Explosionen, in deren Zentrum seine „alte" Idee einer universellen Länge stand. In engem Zusammenhang mit der Länge wähnte er das Phänomen von Teilchen-Schauern in der kosmischen Strahlung. Auch an diesem Ansatz arbeitete Pauli wieder in der gewohnten Art mit.

---

[137] WP-BW 1930er, S. 674. Angesichts des Krieges schrieb Heisenberg am 14. September 1939 an Bohr. Die Reise eines Kollegen nach Dänemark „gives me one more possibility to write to you. You know how the whole development has made me sad. [...] Since I do not know if and when fate will bring us together again, I should like to thank you once more for your friendship, for everything I learned from you and you have done for me." – Zitiert nach Pais (1991, S. 482).

Heisenbergs Theorie geriet in Konkurrenz zu einer anderen Erklärung der Teilchen-Schauer, die nur vom Wirken des Elektromagnetismus und von sogenannten „Teilchen-Kaskaden" ausging. Viele Diskussionen über die Richtigkeit der Theorien bildeten einen Schwerpunkt von Heisenbergs Reise in die USA, die er noch kurz vor Ausbruch des Zweiten Weltkriegs unternahm.

5. Weitere Versuche –Heisenberg und Pauli in den 1940ern

Während des Zweiten Weltkriegs kamen die Forschungsarbeiten von Heisenberg und Pauli fast gänzlich zum Erliegen: Heisenberg, der in Deutschland verblieb, war dort offiziell mit Arbeiten zur Entwicklung eines „Uranbrenners" beschäftigt (siehe Kap. 9.7.) – aber vor allem bemühte er sich, wie Abermillionen andere in diesen Jahren, um das Überleben.[138] Pauli weilte von Sommer 1940 bis 1946 gesichert in den USA – versank dort aber ab 1943 in eine gewisse Isolation,[139] da der Großteil der Physiker bei kriegsrelevanten Projekten mitwirkte (u.a. dem Bau der Atombombe). Dirac wurde in Groß-Britannien in verschiedene kriegsrelevante Projekte zur Atombombe miteinbezogen – aber das eher am Rande.[140]

5.1. Pauli und die indefinite Metrik von Dirac

1942 publizierte Dirac mit seinem Bakerian-Vortrag der Royal Society „The physical interpretation of quantum mechanics"[141] einen Ansatz mit radikalen neuen Ideen. Mit diesen hoffte er, endlich das zentrale Problem der Unendlichkeiten, der Divergenzen, elimi-

---

[138] Vgl. Hulthen am 3. Januar 1945 an Pauli aus Lund (Schweden): "We all hope the same for 1945, but for millions of people in Europe it is a question of life or death." WP-BW 1940er, S. 257.

[139] Vgl. Zeittafel 1940-1950 in WP-BW 1940er, S. 913-915, S. 914.

[140] Vgl. Kragh (1990, S. 157f).

[141] Dirac (1942).

A. Rettig, *Heisenbergs und Paulis Quantenfeldtheorie von 1958*, BestMasters,

nieren zu können, das noch immer als wesentliches Hindernis im Wege stand.

Bei seinem neuen Ansatz führte Dirac auch eine allgemeinere,[142] eine indefinite Metrik ein, die als Konsequenz ein neuartiges Verständnis von Wahrscheinlichkeiten notwendig machen würde: Eine Wahrscheinlichkeit sollte dabei nicht nur zwischen Null und Eins sein, sondern dazu auch negative Werte annehmen können. Dirac: „Negative energies and probabilities should not be considered nonsense. They are well-defined concepts mathematically, like a negative sum of money, since the equations which express the important properties of energies and probabilities can still be used when they are negative. Thus negative energies and probabilities should not be considered simply as things which do not appear in experimental results."[143] Um die mögliche Existenz von negativen Wahrscheinlichkeiten zu untermauern, schlug Dirac die Nutzung des Konzepts einer „hypothetischen Welt" vor, in der bei gewissen Zuständen die Anfangswahrscheinlichkeiten auch negativ sein könnten.

Als Pauli in Princeton von Diracs neuem Ansatz erfuhr, reagierte er zunächst sehr positiv. Pauli am 4. Mai 1942 an George Uhlenbeck: „there is something really important, I am very much excited: a long paper of Dirac appeared in the Proceedings of the Royal Society about Quantumelectrodynamics, in which he asserts, that he can make everything convergent by a new interpretation of the theory. I have not yet read the paper which is 40 pages long, but if this is really true, it were the greatest progress in quantum-theory since 1928. We shall see soon."[144]

In den folgenden Monaten studierte Pauli in Princeton angestrengt Diracs Ansatz. Er kommunizierte mit Dirac sowie mit

---

[142] Vgl. Heisenberg (1998, S. 263).
[143] Dirac (1942). – Zitiert nach Kragh (1990, S. 176).
[144] WP-BW 1940er, S. 141.

anderen Physikern und publizierte Anfang 1943 einen Report.[145] So begannen u.a. Weyl, Einstein und John von Neumann, sich mit der Thematik zu beschäftigten.[146]

Trotz der intensiven Auseinandersetzung hatte Pauli den Eindruck, Diracs neues Konzept nicht in allen Punkten wirklich durchdrungen zu haben. An Born schrieb er am 20. November 1942, „the end of it is that I am able to handle his formalism and to apply it in other fields of physics, namely in meson-theory (in which field I was working the whole last year) – that means only that I am able to forget that actually I don't understand it."[147]

Schließlich packten Pauli die Zweifel so sehr, daß er sich von Diracs Ansatz wieder abwandte – was sich auch in seiner Nobelpreisrede vom 13. November 1946 widerspiegelte. An deren Ende betonte er, eine korrekte Theorie „should not use mathematical tricks to subtract infinities or singularities, nor should it invent a ‚hypothetical world' which is only a mathematical fiction before it is able to formulate the correct interpretation of the actual world of physics."[148]

5.2. Heisenbergs Vorschlag für eine S-Matrix

In dem Jahr, in dem Dirac seinen Bakerian-Vortrag publizierte, schuf auch Heisenberg einen erweiterten Ansatz. Dabei war

---

[145] Pauli (1943).

[146] Vgl. Kommentar zum Brief [670] Pauli an Bhaba vom 16. März 1943, WP-BW 1940er, S. 179.

[147] Davor schrieb er: „I had a strange experience with this paper of Dirac. First I was repulsed by its ‚philosophical gravy', then – after 6 weeks of contemplation – I started to understand something, then I was interested and wrote a letter to Dirac, then I gave a lecture about it with the result that the listeners urgently asked me to write a paper about it in the Review of Modern Physics, now I have strong inhibitions to write this paper, because I don't think that all principal points are really clear enough." WP-BW 1940er, S. 174.

[148] Pauli (1946).

Heisenberg angesichts der Aufgaben, Pflichten und Verantwortungen, mit denen er in diesen Jahren regelrecht beladen war, nahezu unfähig, sich auf seine eigene Arbeit (Physik-Forschung) zu konzentrieren. Seiner Frau schrieb er am 16. Juni 1942: „Mein Liebes – jeder Augenblick ist kostbar, ich könnte manchmal heulen, wie wenig Zeit ich habe; [...] eine halb angefangene Rechnung steht auf dem Notizblock und wenn ich wieder damit anfange, brauche ich zuerst ein paar Stunden, um mich in das Problem hineinzudenken [...]. Aber es ist eben Krieg."[149]

Im Herbst 1942 erkrankte Heisenberg an einer „lokalen septischen Infektion mit beginnender Nervenentzündung"[150] – und mußte liegen. Am 13. September 1942 berichtete er seiner Frau: „heute spiel ich Krank-sein u. lasse mich etwas von Deiner Mutter pflegen, die rührend für mich sorgt. [...] Vielleicht schadet es auch gar nichts, dass ich viel liegen soll. Ich kann dabei in Ruhe arbeiten u. vielleicht ist die Arbeit, die ich so für mich mache, wichtiger als die im Institut."[151] Neun Tage später: „Ich fühl mich manchmal hier so merkwürdig einsam, so ganz fern von der wirklichen Welt [...]. Vielleicht hängt alles auch mit der Krankheit zusammen; ich hab gelegentlich noch leichtes Fieber u. bin müde, dabei bin ich aber innerlich merkwürdig angeregt, ich arbeite den ganzen Tag, ja eigentlich schon fast eine Woche lang intensiv an meiner Physik u. komme wunderbar voran. Die Mathematik ist eine herrliche Wissenschaft; ein Problem, das mir noch vor acht Tagen fast unlösbar schwierig schien, hab ich jetzt so richtig durchgekämpft bis zur Lösung; ein paar Kleinigkeiten fehlen noch, aber vielleicht kann ich nachher noch etwas weiterkommen."[152]

---

[149] Heisenberg und Heisenberg (2011, S. 206).
[150] Heisenberg und Heisenberg (2011, S. 208).
[151] Heisenberg und Heisenberg (2011, S. 207f).
[152] Heisenberg und Heisenberg (2011, S. 208f).

Was Heisenberg in dieser Krankenzeit entwarf, war die sogenannte S-Matrix (Streu-Matrix). Mit ihr versuchte er sich – in einer
Art tabula rasa-Akt – von allen großen Problemen und Stockungen
loszumachen, die in den letzten Jahrzehnten in den Arbeiten für
eine Quantenfeld- und Elementarteilchentheorie aufgetreten waren.

Heisenberg ging – wie oben erwähnt – davon aus, dass die Natur
sich bei sehr hohen Energien (also in Regionen unterhalb der von
ihm postulierten universellen Länge bzw. der Starken Kraft) wesentlich anders verhält als in dem Bereich, der sich mit der Quantenmechanik oder der Relativitätstheorie beschreiben ließ – und
dass es dafür einer neuen Theorie bedürfe. Nun fragte er sich, welche bisherigen Konzepte für diese künftige Theorie überhaupt noch
brauchbar und übrig bleiben würden.[153] Und gedachte, „aus dem Be-
griffsgebäude der Quantentheorie der Wellenfelder diejenigen Begriffe herauszuschälen, die von der zukünftigen Änderung wahrscheinlich nicht betroffen werden und die daher einen Bestandteil
auch der zukünftigen Theorie bilden werden."[154]

Um herauszuarbeiten, was noch brauchbar und übrig bleiben
würde, schaute er auf das, was bei einer Streuung (also dem Zusam-
menprall von Elementarteilchen) passiert – und setzte die beobachtbaren Daten vor dem Zusammenstoß in Relation zu den Daten nach dem Zusammenstoß.[155] Eine S-Matrix könne, so Heisenberg später, „einfach als ein Verzeichnis für alle jene Daten

---

[153] Vgl. Oehme (1989, S. 606).

[154] Heisenberg (1943, S. 513 resp. s. 611).

[155] Oehme erklärte es so: Heisenberg konzentrierte sich auf die beobachtbaren
Quantitäten, listete die Energie-Eigenwerte des geschlossenen Systems und die
Wahrscheinlichkeiten für die Kollisionen und für die Absorption und Emission
auf. Die letzteren Quantitäten werden mit dem asymptotischen Verhalten der
Wellenfelder assoziiert und können dann durch eine Matrix charakterisiert werden, geordnet nach Impuls, Spin und den anderen Quantenzahlen der reinkom-
menden und herausgehenden nicht-wechselwirkenden Teilchenzustände. „This
is the S-matrix". Oehme (1989, S. 606).

aufgefasst werden [...], die sich bei Streuexperimenten gewinnen lassen.“[156]

Heisenberg konzentrierte sich also allein auf die beobachtbaren Daten, Quantitäten[157] – und schaute, was an Altem aufzugeben sei. Dazu gehörte die Hamilton-Funktion, die er durch eine S-Matrix ersetzen wollte.[158]

Während des Krieges besprach er sein S-Matrix-Programm mit dem Italiener Gian-Carlo Wick, der 1942 zu Besuch nach Deutschland kam, sowie mit Schweizer Kollegen bei einem Zürich-Aufenthalt, mit Kramers in Leiden und mit Christian Møller in Kopenhagen. Und er publizierte dazu mehrere Arbeiten,[159] die unter den dato überhaupt noch forschenden Physikern diskutiert wurde, so z.B. von Ernst Stückelberg und Heitler in der Schweiz, von Dirac in Cambridge und Pauli in Princeton.[160] Bei der ersten internationalen Konferenz nach dem Weltkrieg in Cambridge (Juli 1946) bildete Heisenbergs S-Matrix-Theorie ein zentrales Thema.[161] So schrieb

---

[156] Heisenberg (1965, S. 212 resp. S. 329).

[157] Vgl. Brown et al. (1989a, S. 5).

[158] Denn die Nutzung der Hamilton-Funktion (d.h. die Darstellung der Energie eines Systems aus Teilchen als Funktion der Orte und Impulse der Teilchen) hatte zu den unerwünschten Unendlichkeiten geführt. Heisenberg 1949: „Among the other purely mathematical problems that have to be solved there is still left the important question whether any relativistic Hamiltonians can be defined which contain interaction terms and still give consistent results. One may look for such Hamiltonians among the integral operators of the type used in recent field theories of the electron. But it may also turn out, as has been discussed, that such Hamiltonians do not exist." Heisenberg (1949, S. 24f resp. S. 448f).

[159] Heisenberg (1943). Heisenberg (1943a). Heisenberg (1943b).

[160] Vgl. Pauli an Dirac am 21. Dezember 1943. WP-BW 1940er, S. 204ff.

[161] Vgl. Rechenberg (1989). Darin auch ausführliches zum Inhalt und der Geschichte von Heisenbergs S-Matrix.
Zur Konferenz siehe Report (1947).

Pauli am 10. März 1946 an Ralph Kronig: „In theoretischer Physik ist sicher Heisenbergs S-Matrix das Interessanteste."[162]

Aber in den folgenden Monaten zeigten sich diverse Schwierigkeiten und Widersprüche, so dass Pauli in einem 1947 publizierten Vortrag meinte, Heisenbergs Vorschlag „is at present still an empty scheme".[163] Und als dann ab 1947 in den USA die neu entwickelte renormierbare Quantenelektrodynamik Erfolge feierte (siehe Kap. 5.4.), versank das Programm der S-Matrix Anfang der 1950er Jahre – zunächst – in der Versenkung.

1957 beurteilte Heisenberg die Güte der S-Matrix als nützliche Methode, mit der man bei Kollisionsprozessen wichtige Resultate erhalte – allerdings indem man einen Bogen um die fundamentalen Probleme mache. „But these problems must be solved some day and one will then have to look for a mathematical formalism that allows one to calculate the masses of the particles and the S matrix at the same time."[164]

5.3. Heisenberg und Pauli bei Kriegsende

Bei Kriegsende wurde Heisenberg am 3. Mai 1945 bei seiner Familie in Urfeld am Walchensee von einem Teil der Alsos-Mission gefangen genommen und nach Heidelberg gebracht. Dort verhörte ihn

---

[162] Und weiter: „Hirzel will in Zürich die Physikalische Zeitschrift weiter drucken und so ist Hoffnung, dass Heisenbergs Teil III und IV im Sommer erscheinen wird." WP-BW 1940er, 345f.

[163] Pauli (1947, S. 6 resp. S. 1098).
Die Probleme, auf die Paulis Mitarbeiter in Princeton, Ma, Paulis Assistent in Zürich, Jost, sowie Heitler und Hu hinwiesen (es ging u.a. um falsche Singularitäten) sorgten Heisenberg wenig. An Møller schrieb er im Juni 1947, er hoffe, dass ein zukünftiges Schema für die Konstruktion der S-Matrix diese spezifischen Probleme lösen werde. Vgl. Oehme (1989, S. 607). Oehme bemerkte weiter, dass die Probleme mittlerweile geklärt seien. Vgl. Heisenberg (1949, S. 20 resp. S. 447).

[164] Heisenberg (1957a. S. 270 resp. S. 553).

sein Freund, der US-niederländische Physiker Goudsmit (siehe Kap. 9.7.) über die Uranarbeiten. Im Anschluss wurde Heisenberg mit neun anderen Physikern (darunter von Weizsäcker, Hahn, von Laue) interniert – zunächst kurz in Frankreich und Belgien, anschließend, von Juli bis Anfang 1946 in „Farm Hall". Auf dem Landsitz bei Cambridge mit Bibliothek und anderen Annehmlichkeiten, erging es den Physikern körperlich gut – aber sie waren isoliert. Von ihren Angehörigen, und auch von den Kollegen und Instituten, also der Physik.

In dieser Zeit arbeitete Heisenberg über Supraleitung und über Turbulenzen. Zu letzterem verfasste Heisenberg vier Arbeiten (eine davon mit von Weizsäcker),[165] deren Inhalt einen wichtigen Einfluss auf die weiteren Entwicklungen des Gebietes nahmen.[166] An dem Thema (über das er 1923 promoviert hatte) interessierte Heisenberg nun, Mitte der 1940er, die nichtlinearen Eigenschaften von Turbulenzen. Denn Turbulenzen sind ein essentiell nichtlineares Phänomen. Und Methoden, die für dessen statistische Behandlung funktionieren, sollten sich auch anwenden lassen auf ein ganz anderes nichtlineares Problem: Das der Entstehung von Elementarteilchen in Teilchen-Explosionen.[167] Zu dieser Thematik aber kam Heisenberg erst um 1950 zurück (siehe Kap. 6.1.).

Pauli erhielt nach Kriegsende den Nobelpreis (November 1945), sowie die US-amerikanische Staatsbürgerschaft (Januar 1946). Und er erhielt Angebote in den USA, wo man ihn u.a. als Nachfolger von

---

[165] Heisenberg (1948b). Heisenberg und von Weizsäcker (1948). Heisenberg (1948c). Heisenberg (1948d).

[166] Vgl. Chandrasekhar (1985, S. 23).

[167] Vgl. „Editorial Note" zur Gruppe 1 „Hydrodynamic Stability and Turbulence (1922-1948) in WH-GW A1, S. 25-26. S. 25f. – Ein britischer Physiker, Brian Pippard, fragte Heisenberg in den 1940ern, warum dieser an Supraleitung und Turbulenzen arbeite. Heisenberg antwortete: Wegen intellektueller Erschöpfung. Nach der Arbeit an der abstrakten S-Matrix wolle er an etwas einfachem, konkretem arbeiten, das auch mehr Bezug zu experimentellen Resultaten habe. Vgl. Carson (1995, S. 425f).

Einstein am Institute for Advanced Studies in Princeton[168] wollte, und als Professor an der Columbia University in New York. Pauli blieb lange unentschieden, wo er seine Zukunft gestalten sollte. Schließlich ging er zurück nach Zürich, von wo aus er sich aber immer wieder für längere Aufenthalte in den USA verabschiedete. So versuchte er den Spagat zwischen Europa und den USA, die sich als neues Zentrum der Physik etabliert hatten.

5.4. Erste Schritte nach Kriegsende: Die renomierbare QED

Wichtige Schritte bei der Etablierung der US-Physik zum neuen Zentrum vollzogen sich auf drei Konferenzen zwischen 1947 und 1950 (in Shelter Island, Pocono und Oldstone). Dort ging es vornehmlich um die Entwicklung und Etablierung der sogenannten „renormierbaren Quantenelektrodynamik", also eine Form der Quantenfeldtheorie der Elektrodynamik, wie sie Heisenberg und Pauli Ende der 1920er angelegt hatten. Julian Schwinger und Feynman, sowie der Japaner Shin Ichirō Tomonaga, hatten Konzepte entwickelt, mittels derer man das zentrale Problem, das dritte Rätsel der Dirac-Theorie (siehe Kap. 3.3.), nämlich die auftauchenden Unendlichkeiten, endlich lösen wollte. Man versuchte dieses, in dem man gewisse Unendlichkeiten voneinander abzog, substrahierte. Und erhielt so in den Nachkriegs-USA das, was man sich lange erwünscht hatte: Die experimentell gewonnenen Daten erschienen als Lösungen aus den theoretischen Überlegungen – und das exakt bis auf viele Nachkommastellen.[169]

---

[168] Vgl. Pauli an Casimir am 11. Oktober 1945. WP-BW 1940er, S. 322.

[169] Über die Konferenzen und Etablierung der „renormierbaren Quantenelektrodynamik" siehe z.B. Schweber (1986). Über die Geschichte von renormierbaren Theorien in der Quantenphysik, siehe auch Cao und Schweber (1993).

Auch Pauli fand diese Neuerungen Ende der 1940er zunächst recht interessant und arbeitete zusammen mit seinen Mitarbeitern am Züricher Institut darüber. An Heisenberg aber war diese Entwicklung in der Physik zunächst vorbeigegangen. Nach der langen Internierung in Farm Hall war er stark in den Wiederaufbau in Deutschland eingebunden. Dazu mangelte es in diesen ersten Nachkriegsjahren in Deutschland an vielem – auch an aktuellen Physik-Journalen.[170]

Konkrete Information über die neue Quantenelektrodynamik erhielt Heisenberg erst im September 1949, als er auf Konferenzen in Basel und Como auch Tomonaga, Freeman Dyson und Schwinger traf. Zunächst war Heisenberg begeistert, schrieb z.B. an Bruno Touschek am 28. Oktober 1949: „I think it is a great success that it is possible here, within the framework of quantumelectrodynamics, to deal with all the difficulties of principle, or, more correctly, to put them off until later and derive results that are experimentally testable and do not simply follow from the correspondence to the classical theory. It seems to me to be a further success that we have learned here how to deal mathematically with relativistically invariant field theories."[171]

Von den Konferenzen zurückgekehrt nach Göttingen, brachte Heisenberg sich mit den anderen Physikern am Max-Planck-Institut für Physik (dessen Direktor er war), mittels Seminaren und Vorträgen auf den neuesten Stand der Entwicklung. Dann aber sah Heisenberg, dass die Quantenelektrodynamik sich nur deshalb renormieren ließ,[172] weil die Quantenelektrodynamik eine

---

[170] Vgl. Carson (1995, S. 411).

[171] Zitiert nach Carson (1995, 455f).

[172] Bei der Renormierung werden divergierende Terme (also Terme mit Unendlichkeiten) durch gleichartige Gegenterme kompensiert (subtrahiert), so dass sich durch diese Differenz zweier Unendlichkeiten etwas Endliches ergibt. Die Gegenterme werden postuliert.

Quantenfeldtheorie ist, die niedrige Energiebereiche behandelt (nämlich den des Elektromagnetismus). Für die Beschreibung der Elektrodynamik mittels einer Quantenfeldtheorie mochte eine Renormierung passend sein. Für die stärkeren Bereiche (also die der Starken Kraft, wie der Kernkraft) schien eine Renormierung nicht zu funktionieren. Aber eben auf eine einheitliche Theorie, die auch die Starke Kraft involvieren sollte, ja, die diese als Zentrum hatte, zielten Heisenbergs Bestrebungen.

5.5. Zusammenfassung der 1940er Jahre

In diesem Jahrzehnt kam es zu keiner engen Zusammenarbeit von Pauli und Heisenberg. Nach Ausbruch des Weltkrieges 1939 konnten die beiden erst ab April 1946 wieder brieflich in Kontakt treten – und sich erst im Juli 1948 sehen. Nach fast zehn Jahren.

Während des Krieges versuchte dennoch jeder auf dem Gebiet der Quantenfeld- und Elementarteilchentheorie weiterzukommen: Während Dirac 1942 in England einen neuen Ansatz mit einer „indefiniten Metrik" publizierte, über den Pauli im folgenden Jahr arbeitete, versuchte Heisenberg mit einer „S-Matrix" die bisherigen Schwierigkeiten mit der Quantenfeldtheorie abzuschütteln – und in Zusammenarbeit mit u.a. Kramers und Møller weiter auszuarbeiten.

Die S-Matrix stand bei den ersten internationalen Physik-Konferenzen nach Kriegsende im Mittelpunkt der Diskussionen. Bis

---

Bei der renormierbaren Quantenelektrodynamik wurden die Größen für die Masse und die Ladung des Elektrons nicht hergeleitet, sondern experimentell ermittelt und dann in die theoretischen Rechnungen eingesetzt. Bei den dann folgenden Berechnungen kamen geradezu brillante Ergebnisse heraus: So wurde ein theoretischer Wert für das magnetische Moment hergeleitet, der auf 12 Stellen mit dem Wert des Experiments übereinstimmte. Vgl. Kragh (1999, S. 332ff). Weinberg (1995, S. 117-121). Locqueneux (1989, S. 137).

immer mehr Schwierigkeiten dieser Theorie auftauchten und Pauli sie als „an empty scheme" bezeichnete.

Ab 1947 rückte die „renormierbare Quantenelektrodynamik" in den Mittelpunkt, die in den USA entwickelt wurde und große Erfolge feierte: Mit ihr vermochte man das Rätsel der Unendlichkeiten wenn auch nicht mathematisch sauber zu lösen, so doch praktisch derart in den Griff zu bekommen, dass sehr genaue Berechnungen möglich wurden.

Auch Pauli und Heisenberg setzten sich mit der neuen Theorie auseinander, befanden sie aber bald als nicht sonderlich interessant für ihre Bestrebungen.

6. Das Finale –Heisenberg und Pauli in den 1950ern

6.1. Heisenbergs Wiedereinstieg
Neue Arbeiten für eine einheitliche Theorie

Eine wichtige Erkenntnis in den Nachkriegsjahren war die Klärung, dass auf Kernebene nicht nur eine, sondern zwei neuartige Naturkräfte wirken: Die Schwache <u>und</u> die Starke Kraft. Eine weitere wichtige Neuerung war die steigende Anzahl an neu entdeckten Teilchen, wie dem Pion und den sogenannten V-Teilchen.

Davon inspiriert, wandte sich Heisenberg Anfang 1950 wieder dem Thema zu, das ihn seit den 1920ern beschäftigte: Ende 1947, auf einer Vortragsreise nach Edinburgh, Bristol und Cambridge[173] hatte Heisenberg nur allgemein über die Forschung zu einer einheitlichen Theorie, zu einer Theorie der Elementarteilchen referiert. Er malte dabei den Forschungsstand optimistisch, in hellen Farben und parierte auch Paulis o.g. Bemerkung von 1947 über seine Arbeit zur S-Matrix: Seine (Heisenbergs) These, es sei besser, für die extrem kleinen Dimensionen das Konzept der potentiellen Energie fallen zu lassen und statt dessen die S-Matrix zu nutzen, „would in the first instance seem to provide us only with an empty frame for the future theory into which the picture has still to be painted"[174] – aber diese Sichtweise zeige nicht die eigentliche Situation, nach der näm-

---

[173] Vgl. Hermann (1994, S. 89).

[174] Heisenberg (1949, S. 447). Diese Metapher nahm Pauli im Frühjahr 1958 auf. Siehe Kap. 10.10. und Abb. 4..

© Der/die Herausgeber bzw. der/die Autor(en), exklusiv lizenziert durch Springer Fachmedien Wiesbaden GmbH, ein Teil von Springer Nature 2020
A. Rettig, *Heisenbergs und Paulis Quantenfeldtheorie von 1958*, BestMasters.

lich auch die Alternative (die Nutzung der ursprünglichen Hamilton-Funktion) ein leeres Schema sei.[175]

Anfang 1950 legte Heisenberg dann mit seiner Arbeit „Zur Quantentheorie der Elementarteilchen" (vom 23. Februar 1950) ein Schema vor, „nach dem die zukünftige Theorie der Elementarteilchen möglicherweise konstruiert ist"[176] – und die die Grundlage für alle seiner weiteren Arbeiten bildete. Pauli, der gerade in Princeton weilte (von November 1949 bis April 1950), reagierte ablehnend auf Heisenbergs neuen Versuch: „Zusammenfassend kann ich mich nicht enthalten zu bemerken, dass ich Deine Fehler einigermaßen haarsträubend finde." Er riet sogar, „dass Du Deine Arbeit vom Druck zurückziehst, um eine große Konfusion zu vermeiden! Auch bei den jüngeren Leuten hier hat der über physikalische Wirklichkeiten flüchtig hinwegschwebende Stil dieser Arbeit grosses Befremden erregt!"[177]

Heisenberg nahm Paulis Bedenken amüsiert auf („Der herzerfrischende Ton Deines Briefes gibt mir die schöne Gewissheit, dass es Dir gut geht, und ich habe es um so mehr bedauert, Dich nicht in Zürich zu treffen"[178]), wollte ihm aber nicht folgen: „Alles in allem sehe ich keinen Grund für den in Deinem Brief geäußerten Pessimismus und glaube das Recht für das Sträuben der Haare und das Befremden einstweilen auf meiner Seite buchen zu dürfen."[179] Er erklärte zu seinem grundsätzlichen Denken: „Vielleicht sollte ich zur Erläuterung der Tendenz meiner Arbeit noch folgendes hinzufügen: ich finde den bisher üblichen Versuch, mit den verschiedenen Teilchensorten anzufangen und daraus eine widerspruchsfreie Theorie zusammenzustückeln, grundsätzlich verkehrt oder jedenfalls

---

[175] Heisenberg (1949, S. 447).
[176] Heisenberg (1950a, S. 251 resp. S. 142).
[177] Pauli an Heisenberg am 28. Februar 1950. WP-BW 1950-53, S. 43.
[178] Heisenberg an Pauli am 25. und 26. März 1950. WP-BW 1950-53, S. 62.
[179] Heisenberg an Pauli am 25. und 26. März 1950. WP-BW 1950-53, S. 63.

hoffnungslos kompliziert, weil man ja gar nicht alle Teilchen und ihre Eigenschaften kennt. Man muss also damit anfangen, Modelle für einheitliche Theorien zu bilden, die sozusagen erst hinterher in Theorien für einzelne Teilchensorten zerfallen; und zwar zunächst ohne jede Rücksicht auf Details der Erfahrung."[180] Heisenberg suchte also, wie üblich, erst einmal das große Ganze zu erfassen – um von dort in die Details zu gehen.

Wenig später, im Mai 1950, publizierte Heisenberg eine erste anschließende Arbeit, in der er nun Diracs Idee von 1942 folgte und eine indefinite Metrik nutzte. Dazu unterteilte Heisenberg den Zustandsraum in zwei Bereiche: Hilbert-Raum I und Hilbert-Raum II, wobei Hilbert-Raum I den bisherigen gekannten abbilden, und die in den kleinsten Zeiträumen auftretenden Ungewöhnlichkeiten durch den Hilbert-Raum II verschwinden sollten (und der Hilbert-Raum I ein Teil vom Hilbert-Raum II wäre).[181]

---

[180] Heisenberg an Pauli am 25. und 26. März 1950. WP-BW 1950-53, S. 63.

[181] Vgl. Dürr (1993, S. 135). – Zu Heisenbergs Grundgedanken bzgl. der zwei Hilbert-Räume siehe auch Heisenberg an Pauli am 19. Dezember 1953, WP-BW 1953-54, S.395: „Zur Philosophie des ganzen Verfahrens möchte ich etwa folgendes sagen: [...] Was ich versuche, ist eine ‚Glättungsannahme'. Ich teile den ganzen Hilbertraum ein in zwei Teile: Teil I umfasst alle Zustände, bei denen die Gesamtmasse des Systems kleiner als eine sehr grosse Masse M_0 ist, Teil II alle übrigen. Für die Beschreibung der pathologischen Funktionen braucht man stets den Teil II, dagegen wird das Verhalten der Funktionen ‚im Grossen' durch Teil I allein beschrieben.

Nun behalte ich die normale Quantentheorie im Raum I bei. Die Zustände im Raum II aber werden physikalisch nie angeregt; es genügt also, die Zustände des Raums II nur als virtuelle Zwischenzustände zu betrachten, und alles, was man dann wissen muss, ist im Vakuumerwartungswert der Vertauschungsfunktion enthalten; die Zustände des Teiles II tragen nur zum Verhalten dieser Funktion in der unmittelbaren Nachbarschaft des kritischen Lichtkegels bei. [...]

Aber Teil II ist eben gar kein echter Hilbertraum mehr, weil seine Zustände nicht mehr angeregt werden können (das ist prinzipiell wichtig!), und damit hat man die zugelassenen Funktionen soweit ‚geglättet', dass das mathematische Schema sinnvoll wird. Im Raum II gilt also die Quantenmechanik eigentlich nicht mehr, aber das macht nichts, weil das physikalische Kontinuum, in dem die Wellenfunktionen definiert sind, gar nicht mehr die Mächtigkeit des mathematischen

Diese Arbeiten von Heisenberg wurden auch von Paulis ehemaligen Assistenten Markus Fierz genau studiert, der noch immer mit Pauli in engem Kontakt stand. Fierz legte verschiedene starke Widersprüche dar,[182] die er in Heisenbergs Ansatz nachweisen konnte – was diesen aber nur couragierte. Denn Heisenberg ging davon aus, dass im Bereich der Extreme, d.h. bei extrem hohen Energien, die bis dahin gültigen Theorien zusammenbrechen, nicht mehr funktionieren würden.[183] Zu erforschen, was dort wo nicht mehr funktioniert und was dann wie funktionieren könnte, um die Geschehnisse der Natur zu verstehen – eben darin sah Heisenberg einen Weg, weiter zu kommen.

So blieb Heisenberg bei seinem Schema von Februar 1950 und es erschienen in den nächsten Jahren diverse Arbeiten dazu, die auch Teilaspekte behandelten wie die Frage der Kausalität, Probleme mit dem Zeitbegriff, die Nutzung des Hilbert-Raums II, die Quantisierung nicht-linearer Gleichungen oder die Tamm-Dancoff-Methode[184] (mit dieser Näherungsmethode für eine nicht-lineare Theorie hoffte Heisenberg, näherungsweise Massen-Eigenwertgleichungen für die Elementarteilchen ableiten zu können[185]).

Paulis Anteil an Heisenbergs Arbeiten zwischen 1950 bis 1957 war der übliche: Er analysierte und kritisierte Heisenbergs Vorschläge

---

Kontinuums hat. Natürlich kann man die Grenze M_0 schliesslich beliebig hoch machen, sie kommt in den Formeln nicht mehr vor.

Auch der prinzipielle Unterschied der renormierbaren Theorien mit schwacher Wechselwirkung und der anderen ist hier leicht zu verstehen. Bei den ersteren kommt es nicht sehr darauf an, wie die Funktionen sich im Kleinen verhalten, ob sie z.B. im Kleinsten sägezahnartig verlaufen oder nicht, hier kann man noch ohne ‚Glättung' auskommen; bei den Theorien mit grosser Wechselwirkung wird die Theorie erst durch die Glättung definiert."

[182] Fierz (1950).

[183] Vgl. Dürr (1993, S. 136).

[184] Heisenberg (1951). Heisenberg (1951a). Heisenberg (1951b). Heisenberg (1953). Heisenberg (1956). Heisenberg (1956a). Heisenberg (1956b).

[185] Vgl. Dürr (1993, S. 134).

mal wohlwollend und couragierend, mal bissig und scharf. Und er diskutierte sie mit anderen Physikern. Nun, in den 1950ern, unter anderem mit Gunnar Källén, Fierz, Dyson, Walter Thirring.

6.2. Diskussionen rund um V-Teilchen und Parität

Anfang der 1950er hatte Pauli für rund zwei Jahre relativ wenig Interesse für die übliche Physik.[186] Grund: Bei seinem Aufenthalt in Princeton 1949/50 hatte sich die Bekanntschaft zu dem Kunsthistoriker Erwin Panofsky in eine Freundschaft verwandelt. Und die regte Pauli mächtig an, sich in philosophische, erkenntnistheoretische, psychologische und wissenschaftshistorische Fragen zu vertiefen[187] – stets in Relation zur modernen Physik. Daraus entstanden in den folgenden Jahren Schriften wie „Theorie und Experiment",[188] „Wahrscheinlichkeit und Physik",[189] „Naturwissenschaftliche und erkenntnistheoretische Aspekte der Ideen vom Unbewussten",[190] „Die Materie",[191] „Die Wissenschaft und das abendländische Denken",[192] „Phänomen und physikalische Realität".[193]

Ab Sommer 1952, nach Diskussionen auf der Kopenhagen-Konferenz von Juni 1952, lenkte Pauli sein Augenmerk wieder der aktuellen Forschung zu. Diese drehte sich u.a. um die vielen, verschiedenen V-Teilchen, die scheinbar stets in Paaren entstanden (daher das V) und bei denen es gewisse Widersprüche gab: Bei den Zerfällen (d.h. wenn neue Teilchen aus anderen Teilchen entstehen), die

---

[186] Vgl. von Meyenn (1996, S. XXXIIIf).
[187] Vgl. von Meyenn (1996, S. XXIX).
[188] von 1952. In: Pauli (1984, S. 91-92).
[189] Von 1954. In: Pauli (1984, S. 18-23).
[190] Von 1954. In: Pauli (1984, S. 113-128).
[191] Von 1955. In: Pauli (1984, S. 1-9).
[192] Von 1956. In: Pauli (1984, S. 102-112).
[193] Von 1957. In: Pauli (1984, S. 93-101).

V-Teilchen generierten, zeigten sich Unstimmigkeiten bei ihren Lebenszeiten (d.h. die Zeiten, die sie existieren, bis sie selbst wieder in andere Teilchen zergehen): Die V-Teilchen zerfielen zu langsam, sie lebten zu lange.[194]

Durch die Diskussionen, die darüber geführt wurden, kam man auf die Vorstellung, dass sich hier das Wirken einer neuen Auswahlregel, einer neuen Quantenzahl zeige.[195] 1955 nun schlugen Gell-Mann und Kazuhiko Nishijima als neue Quantenzahl die „Strangeness" (Abkürzung „S") vor. Diese Eigenschaft Strangeness sollte in der elektromagnetischen und starken Wechselwirkung erhalten bleiben – nicht aber bei Prozessen der schwachen Kraft.[196]

Bei weiteren Diskussionen über die Entstehungs- und Zerfalls-Prozesse der V-Teilchen tauchte die Hypothese auf, dass ggf. in Prozessen der schwachen Wechselwirkung die Parität nicht erhalten sein könne.[197] (Die Parität bezieht sich auf das Geschehen bei einer Raumspiegelung: Die Parität ist erhalten, wenn auch der raumgespiegelte Prozess oder Zustand möglich, erlaubt ist.) Nachdem Chen-Ning Yang und Tsung Dao Lee dieses Szenario Ende 1956 theoretisch durchgespielt hatten,[198] wiesen Chien-Shiung Wu und andere[199] Anfang 1957 experimentell eine Asymmetrie in der Richtung der Spinachse nach. Daraus folgte: Bei gewissen Prozessen der schwachen Wechselwirkung bleibt die Parität nicht erhalten.[200]

Diese sogenannte Nichterhaltung der Parität löste in der Gemeinde der Elementarteilchen-Physiker großes Befremden und viele neue Diskussionen aus. Auch Pauli war erstaunt – und

---

[194] Vgl. Brown et al. (1989a, S. 19).

[195] Eine Quantenzahl ist eine Eigenschaft, mittels der ein Teilchen beschrieben wird. Quantenzahlen für Teilchen sind z.B. Ladung, Spin oder Isospin.

[196] Vgl. Brown et al. (1989a, S. 21).

[197] *Lee und Yang (1956)*. Vgl. Brown et al. (1989a, S. 24).

[198] Vgl. Brown et al. (1989a, S. 26).

[199] *Wu et al. (1957)*.

[200] Vgl. Brown et al. (1989a, S. 26f).

erschüttert. Grund: Eine gewichtige Grundlage seines physikalischen Wirkens bildete die Vorstellung, dass es gewisse fundamentale Größen gebe, die immer erhalten bleiben – gewisse Erhaltungsgrös-sen, wie eben Parität, Ladung, Impuls oder Energie. Deswegen hatte Pauli vehement Bohr widersprochen, als der Ende der 1920er an eine mögliche Verletzung des Energieerhaltungssatzes dachte, um so den radioaktiven Betazerfall erklären zu können. Paulis Grundüberzeugung, dass die Natur gewisse fundamentale Erhaltungssätze hat, sie also nicht verletzt, nötigte ihn (Pauli) daher um 1930 dazu, einen anderen Weg zur Erklärung des Betazerfalls zu wählen. So kam er zur Annahme, es müsse ein neutrales Teilchen, das Neutrino, geben[201] – weil sich mit einem solchen neutralen kleinen Teilchen der Betazerfall <u>mitsamt</u> der Erhaltung der Energie erklären ließ. Und diese Ansicht setzte sich durch.[202]

Daher war Pauli, als Ende 1956 die Möglichkeit einer „Verletzung des Parität" in der Physikergemeinde diskutierte wurde, felsenfest von einer Paritäts-Erhaltung überzeugt – in den Briefen jener Wochen war er sogar bereit, darauf zu wetten.[203]

---

[201] Vgl. Paulis offenen Brief an die „Gruppe der Radioaktiven bei der Gauvereins-Tagung zu Tübingen" vom 4. Dezember 1930. WP-BW 1930er, S. 39f.

[202] Bald wurde das Neutrino (auch ohne dass es experimentell nachgewiesen wurde) allgemein als existent angenommen und auch der Betazerfall in Paulis Sinne mit gültigem Energieerhaltungssatz erklärt. Fast 30 Jahre später, im Juni 1956 war es durch die Weiterentwicklung der experimentellen Technik schließlich so weit, dass Pauli ein Telegramm von Reines und Cowan aus Los Alamos erhielt und es auf einem Symposium am CERN, auf dem er gerade weilte, vorlesen konnte: „We are happy to inform you that we have definitely detected neutrinos from fission fragments by observing inverse beta-decay of protons. Observed cross-section agrees well with expected six times ten too minus for four square centimeters. Frederick Reines." WP-BW 1955-56, S. 586f. – Über Neutrinos und den Betazerfall hielt Pauli daraufhin im Herbst 1956 Vorträge, diskutierte brieflich sehr viel mit Fierz. Vgl. die Briefe in WP-BW 1955-56.

[203] Vgl. auch Pauli an Pais am 9.12.56, WP-BW 1955-56, S. 788ff. Und Pauli an Källén am 14.12.56, WP-BW 1955-56, S. 795. – Noch am 17. Januar 1957 schrieb er an Weisskopf: „Ich glaube nicht, dass der Herrgott ein schwacher Linkshänder ist und wäre bereit, hoch zu wetten, dass das Experiment symmetrische

Als die Nachricht von der Verletzung der Parität bei ihm am 19. Januar 1957 eintraf,[204] war Pauli schockiert, erregt, verdutzt, ergriffen – und verschickte eine Art Traueranzeige an diverse Physiker.[205] Was ihn so sehr an der neuen Entdeckung bewege, so Pauli, sei gar nicht, dass es zu einer Verletzung der Parität komme – sondern, dass dies nur bei Prozessen der schwachen Kraft passiere, nicht aber bei Prozessen der Starken Kraft. So sinnierte er (im Brief an Weisskopf): „Wie kann die Stärke einer Wechselwirkung Symmetriegruppen, Invarianzen, Erhaltungssätze produzieren, hervorbringen?"[206] Am 19. Januar 1957 fragte Pauli auch bei Heisenberg an, ob der etwas über den Zusammenhang der Paritätsverletzung mit der Stärke der Naturkraft wisse.[207] Heisenberg wusste etwas. Bereits am 1. Dezember 1956 hatte Heisenberg Pauli seine neueste Arbeit (die er gemeinsam mit Ascoli gemacht hatte) zugesandt. In „Zur

---

Winkelverteilung der Elektronen (Spiegelinvarianz) ergeben wird. Denn ich sehe keine logische Verbindung von Stärke einer Wechselwirkung und ihrer Spiegelinvarianz." WP-GW 1957, S. 82.

[204] „I don't know whether anyone has written to you yet about the sudden death of parity. Miss Wu has done an experiment with beta decay oriented Co nuclei which shows that parity is not conserved in ß-decay; indeed the preliminary data are best understood with a neutrino Hamiltonian of type H = $c\sigma \cdot p$; i. e., the neutrino is a right-handed screw, the anti-neutrino a left-handed screw. [...] We are all rather shaken by the death of our well beloved friend, parity." Blatt an Pauli am 15. Januar 1957, WP-BW 1957, S. 73f.

[205] Vgl. WP-GW 1957, S. 85.

[206] An Weisskopf am 27. und 28. Januar 1957: „Was mich schockiert, ist nicht der Umstand, daß ‚der Herrgott schlechthin ein Linkshänder' ist, sondern der Umstand, daß er dennoch sich links-rechts symmetrisch zeigt, wenn er sich stark äußert. Kurz: das eigentliche Problem ist mir jetzt, warum die starken Wechselwirkungen links-rechts symmetrisch sind." WP-GW 1957, S. 121f.

[207] „Ich würde es schon akzeptieren (es hat ja auch eine gewisse Schönheit in sich), aber da ist ein sehr dunkler Punkt, über den ich nicht hinwegkomme. Warum erscheint diese Einschränkung der Spiegelinvarianz nur bei den ‚schwachen', nicht auch bei den ‚starken' Wechselwirkung? Ich kann theoretisch gar keinen Zusammenhang mit der ‚Stärke' der Wechselwirkung sehen? Empirisch ist es aber so. Weisst Du etwas darüber?" WP-GW 1957, S. 87.

Quantentheorie nichtlinearer Wellengleichungen IV. Elektrodynamik"[208] wurde auch erläutert, warum eine Paritätsverletzung bei der schwachen Wechselwirkung anzunehmen sei.[209] Heisenberg hatte also die Nicht-Erhaltung antizipiert.

6.3. Januar bis April 1957 – Viele Diskussionen

In den Monaten nach dem Nachweis der Paritätsverletzung drehten sich die Diskussionen in der internationalen Gemeinde der theoretischen Physiker vornehmlich um das Wirken der Schwachen Kraft (bei der die Paritätsverletzung auftrat).[210]

Pauli nahm an diesen Diskussionen regen Anteil, korrespondierte darüber u.a. mit Fierz, Weisskopf, Abdus Salam, Touschek und Yang. Gleichzeitig setzte er sich auch mehr und mehr mit dem Weg auseinander, den Heisenberg seit 1950 eingeschlagen hatte und gerade an einem einfachen Modell (dem sogenannten Lee-Modell) erprobte. Die Diskussionen zwischen Heisenberg und Pauli darüber erfolgten wieder zum großen Teil über Briefe. Deren Intensität schwoll zeitweilig, vor allem im Frühjahr 1957, stark an.

---

[208] Heisenberg und Ascoli (1957).

[209] Sie machten auch Vorschläge, wie man Heisenbergs bisheriges Modell für höhere Symmetrien, wie den Isospin, erweitern könne. Vgl. Dürr (1993, S. 139). Heisenberg und Ascoli bemerkten: „Bei Wechselwirkungen, die den Isotopenspin um $\pm 1/2$ ändern und insofern quantenmechanisch sehr ungewöhnlich sind, ergibt sich also die merkwürdige Konsequenz, daß die bloße Addition von zwei der Symmetrien nach zulässigen Gliedern bereits einen Schraubensinn auszeichnet. Die Diskussion dieses Abschnitts sprechen also für die von Lee und Yang im Zusammenhang mit den □–Mesonen vertretene These, daß die Parität beim radioaktiven ß-Zerfall nicht allgemein erhalten bleibt." Ascoli und Heisenberg (1957, S. 186f resp. S. 268f). Vgl. WP-BW 1957, S. 94, Anm. 5.

[210] So debattierte man u.a. über die Frage, ob die sogenannte Zwei- oder Vierkomponententheorie des Neutrinos richtig sei, wie es hier mit der T-Invarianz (Zeitumkehr) und der CPT-Invarianz stehe, oder mit welcher Mischung von Transformationsformen man die Schwache Kraft richtig beschreibt (Skalar, Tensor, Vektor, Axial-Vektor und/oder Pseudoskalar).

Heisenberg affirmierte als eine seiner Schwächen die Mathematik, als er am 9. Januar 1957 Pauli die Ergebnisse einer neuesten Rechnung schickte: „Leider sind meine eigenen Fähigkeiten zu präziser Mathematik ja, wie Du weisst, sehr beschränkt, ich hoffe aber, dass Du (und Rudolf Haag u. Källén) hier helfen kannst."[211] Aber Pauli tat das zunächst nur ungern. Grund war, dass Heisenberg Diracs Konzept der indefiniten Metrik (siehe Kap. 5.1.) für seinen Ansatz nutzte. Und das lehnte er prinzipiell ab.[212]

Wiederholt suchte Pauli die Diskussion abzubrechen oder doch zumindest ruhen zu lassen.[213] Aber Heisenberg ließ nicht locker.[214] Auch als er wegen einer langwierigen grippösen Encephalitis für mehrere Wochen zur Erholung nach Ascona fuhr, antwortete er schnell und intensiv auf jedes von Paulis Gegenargumenten.[215]

---

[211] WP-BW 1957, S. 54.

[212] Vgl. Pauli an Heisenberg am 19. Januar 1957. WP-BW 1957, S. 85f. Und Heisenbergs Antwortbrief vom 21. Januar 1957. WP-BW 1957, S. 94.

[213] Am 29. Januar 1957: „Ich bin sicher, dass Dir selbst die Aufklärung der Mathematik leicht gelingen wird, bin aber der indefiniten Metrik müde." WP-BW 1957, S. 133.

[214] Am 31. Januar 1957: „Aber, wie gesagt, im Augenblick sind mir die physikalischen Glaubensbekenntnisse uninteressant, aber die Einigung über die Mathematik wäre mir sehr wichtig. Ich bitte Dich also noch um etwas Geduld, und insbesondere darum, mir die Stellen anzugeben, wo Du mit meiner mathematischen Analyse nicht einverstanden bist, falls es solche noch gibt." WP-BW 1957, S. 153.

[215] In seiner Autobiographie schrieb Heisenberg: „Der Briefwechsel, den ich dann von Ascona aus mit Wolfgang führte, ist mir auch jetzt noch in schrecklichster Erinnerung. [...] Mein Beweis ist am Anfang noch nicht in allen Punkten durchsichtig. Wolfgang kann nicht verstehen, worauf ich hinaus will. Immer wieder versuche ich, meine Überlegungen in aller Ausführlichkeit darzustellen, und immer wieder ist Wolfgang empört, dass ich seine Einwände nicht akzeptieren kann. Schliesslich verliert er beinahe die Geduld und schreibt: ‚Das war ein schlimmer Brief von Dir. Fast alles darin halte ich für hoffnungslos falsch... Du wiederholst nur Deine fixen Ideen bzw. faulen Schlüsse, so als ob ich Dir nie geschrieben hätte. Auf diese Weise habe ich nur Zeit verloren, und ich muss unsere Diskussion jetzt unterbrechen...' Aber ich kann hier nicht nachgeben." Heisenberg (1998, S. 263f). Die Zitate sind von Pauli an Heisenberg am 15. Februar 1957, WP-BW 1957, S. 228 und 24. Februar 1957, WP-BW 1957, S. 251.

Am 24. Februar 1957 wurde Pauli direkt und schrieb Heisenberg: „Nach meiner Ansicht ist Deine sogenannte Theorie der Elementarteilchen <u>im Prinzip verfehlt</u>, weil bei indefiniter Metrik die Doppelwurzeln sich nicht von ebenfalls vorhandenen einfachen Wurzeln, die zu Geistern gehören, abtrennen lassen." Und: „Nun scheinen mir die Verständigungsmittel zwischen uns erschöpft, es ist auch zwecklos, wenn Du <u>schnell</u> etwas antwortest. Seit einem Monat weichst Du ja nur meinen Einwänden systematisch aus, ohne sie überhaupt zu diskutieren. Daher ziehe ich mich zurück, vielleicht ergeben sich in Zukunft neue Gesichtspunkte (das ist überaus wahrscheinlich). Inzwischen gute Ferien und viele Grüße Dein W. Pauli".[216]

Als aber Heisenberg sogleich einen Brief aus Ascona sandte, in dem er auf „einen mathematischen Fehler" von Pauli hinwies, „(in der Definition des Erwartungswerts), der nicht unwichtig ist"[217], kippte Paulis negative Einschätzung sofort und er antwortete am 26. Februar 1957: „Über Deinen Brief vom 24. bin ich sehr froh, ich kann mich mit ihm, so scheint es mir jetzt, <u>völlig einverstanden</u> erklären. Denn gegen die Definition des Erwartungswerts in meinem Brief vom 15. hatte ich inzwischen selbst schon Bedenken bekommen. Ich hatte mir, wie ich mich nachher erinnerte, diese Sachen schon 1943 sorgfältig und richtig überlegt und zwar, so viel ich sehe, im Einklang mit Deinem Brief vom 24."[218]

Nun fragte Pauli nach einem Zusammentreffen, das Mitte März 1957 in Zürich stattfand. Dort hatte Pauli für Heisenberg auch einen Arzt-Termin bei Professor Wilhelm Löffler organisiert – in der

---

[216] „P.S. Ich möchte vorschlagen, dass wir uns jetzt <u>nicht</u> treffen. Denn ich fürchte, dabei würde sich nur eine wirklich große Verstimmung ergeben. So bleibt für unser Gespräch wenigstens die Zukunft offen. Und die Situation in der theore. Physik dürfte Veränderungen unterworfen sein." WP-BW 1957, S. 251.

[217] Heisenberg an Pauli am 24. und 25. Februar 1957, WP-BW 1957, S. 251.

[218] WP-BW 1957, S. 259.

Hoffnung, dass dieser Heisenberg besser helfen würde, als die Göttinger Ärzte es bis dato vermocht hatten.[219]

Anschließend an diese und weitere briefliche Diskussionen, an denen auch Källén teilnahm, schlug Heisenberg nun Pauli eine gemeinsame Publikation vor – was Pauli ablehnte, wie er Källén am 15. Juli 1957 und Lüders am 21. Juli 1957 mitteilte. Letzterem erläuterte Pauli: „Ende Juni war Heisenberg hier und wollte mich gern überreden, bei seiner Arbeit über das Lee-Modell[220] auch als Autor zu zeichnen. Das habe ich aber doch nicht getan, weil ich nicht unterstreichen wollte, daß eine indefinite Metrik im Hilbertraum etwas mit Physik zu tun hat. Falls aber Heisenbergs Mathematik sich im Falle des Lee-Modells als richtig bewährt – was ich eigentlich annehme – bleibt bei mir ein starker Wunsch zurück, die ganze Sache noch anders und besser zu verstehen: Ich kann mir denken, daß die Doppelwurzel wesentlich ist, und die indefinite Metrik möchte ich am liebsten ganz hinauswerfen. Darüber will ich nach den Ferien, im Herbst, weiter nachdenken; ob mir aber ein Fortschritt gelingen wird, weiß ich natürlich vorher nicht."[221]

Durch die intensive Auseinandersetzung der letzten Monate stand Pauli also Heisenbergs Ansatz interessierter, offener gegenüber – das aber noch immer gepaart mit einer großen Skepsis. Auch,

---

[219] Vgl. Pauli an Heisenberg am 1. März 1957, WP-BW 1957, S. 278. Heisenberg an Pauli am 7. März 1957, WP-BW 1957, S. 298. Pauli an Heisenberg am 8. März 1957, WP-BW 1957, S. 300.

[220] Heisenberg (1957).

[221] WP-BW 1957, S. 497f. – Zuvor schrieb Pauli in dem Brief: „Mit Heisenberg hatte ich sehr lange mündliche und schriftliche Diskussionen (seit Januar) über den besonderen Fall des Lee-Modells, der einer Doppelwurzel für den Energiewert des V-Teilchens entspricht. In diesem Fall kann Heisenberg eine Interpretation des Modells geben, für welche trotz indefiniter Metrik die S-Matrix für alle physikalischen Prozesse unitär bleibt. (Etwa ähnlich wie bei Bleuler-Gupta in der Quantenelektrodynamik.) Es scheint mir jetzt, daß die Mathematik bei ihm in Ordnung ist. (Herr Haag hat da übrigens auch mitgewirkt.)"

weil Heisenberg Diracs Konzept der indefiniten Metrik nutzte und partout nicht aufgeben wollte.

6.4. Ab Spätsommer 1957 – Paulis Interesse wächst

Im Spätsommer reiste Pauli das erste Mal nach Israel – für die Konferenz „On Nucleon Structure" – wo er u.a. die Experimentalphysikerin Wu wieder traf, von der er seit jeher beeindruckt war.[222] Von Israel fuhr Pauli via Athen zur „International Conference on mesons and recently discovered particles" in Venedig und Padua (22. bis 28. September 1957), bei der viel über die richtige physik-mathematische Beschreibung der schwachen Kraft diskutiert wurde.[223] Ebenfalls in Padua und Venedig anwesend war Heisenberg, der in einer Sitzung einen Überblick über seine Theorie gab.[224]

Die allgemeine Stimmung gegenüber Heisenbergs Ansatz war jetzt keine ablehnende. Sogar der sehr kritische Källén (siehe Kap. 10.6.) fand einiges richtig an Heisenbergs Ansatz, wie er am 15. Oktober 1957 an Pauli schrieb: „Die allgemeinen Argumente von Heisenberg über den Segen der indefiniten Metrik finde ich immer noch lächerlich. Ich glaube aber, daß seine spezielle Rechnung über die Nicht-Existenz von neuen Zuständen in den höheren Sektoren richtig ist."[225] Und Walter Thirring versuchte Heisenbergs Modell so zu modifizieren (indem er es auf eine Dimension beschränkte), dass er zu einer lösbaren relativistischen Feldtheorie käme (heute bekannt als „Thirring-Modell).[226]

---

[222] Vgl. Pauli an Rabi am 22. Juni 1957. WP-BW 1957, S. 462.

[223] Vgl. Hafner und Presswood (1965, S. 508).

[224] Vgl. WP-BW 1957, S. 550, Anm. 12.

[225] WP-BW 1957, S. 570.

[226] Vgl. Pauli an Heisenberg am 19. Oktober 1957. WP-BW 1957, S. 572. Heisenberg war wenig von dem Ansatz begeistert – er erschien ihm zu weit von der Wirklichkeit entfernt. „Man kann bei einer Dimension daher punktförmige

Schließlich entschied sich Pauli dazu, die ganze Thematik intensiver und konzentrierter anzugehen. Dazu plante er, am 25. November 1957 im Züricher Kolloquium über Heisenbergs Ansatz vorzutragen – um es besser zu verstehen. Und so war Pauli angetan, als Heisenberg ihm am 30. Oktober 1957 vorschlug: „Am 13.11. werde ich in Genf über die Lee-Modell-Sache Vortrag halten; vielleicht könnte ich auf dem Rückweg in Zürich vorbeikommen."[227] In seiner Antwort, am nächsten Tag, schickte Pauli sogleich Fragen mit, die er mit Heisenberg bei ihrer baldigen Zusammenkunft diskutieren und klären wollte.[228]

Am 15. November 1957 war es so weit und die beiden trafen sich in Zürich. Heisenbergs Zug aus Genf sollte um 19.22 Uhr ankommen – und um 21.45 Uhr musste er schon wieder weg. So blieben knappe zweieinhalb Stunden, die die beiden wohl bei einem Abendessen im oder unweit des Bahnhofs verbrachten.[229]

Wie stets seit Beginn ihrer Freundschaft, brachte das persönliche Treffen und Gespräch unter vier Augen eine gute Verständigung (siehe Kap. 2.6). Es resultierte in einer klaren Übereinstimmung. Pauli an Heisenberg: „Ich war sehr befriedigt von unserem letzten Zusammentreffen in Zürich, da ich sowohl hinsichtlich der γ_5-Invarianz, als auch hinsichtlich der allgemeinen Lage in der Theorie der Elementarteilchen eine beträchtliche Annäherung unserer Stimmung gespürt habe."[230] Außerdem hatte Pauli zwei Tage nach ihrem

---

Elementarteilchen konstruieren; aber das geht nicht bei höherer Dimensionszahl." Heisenberg an Pauli am 30. Oktober 1957, WP-BW 1957, S. 587.

[227] WP-BW 1957, S. 589.

[228] Pauli an Heisenberg am 1. November 1957, WP-BW 1957, S. 590f.

[229] Vgl. Heisenberg an Pauli am 7. November 1957, WP-BW 1957, S. 595.

[230] Und weiter: „Insbesondere war ich sehr positiv beeindruckt von Deiner Idee einer Halbierung einer mathematischen γ_5-Invarianz der Welt – einer Halbierung, die sowohl für die Paritätsverletzung im allgemeinen, als auch für die ‚Zweikomponenten'-Theorie des Neutrino im Besonderen verantwortlich sein soll. Aber das scheint mir vorläufig erst ein Aperçu zu sein – wenn auch ein verheissungsvoller – das erst noch durchgeführt werden muss. Ferner besteht immer noch

Treffen, in der Nacht auf den 18. November 1957, einen Traum, den er zu der Arbeit mit Heisenberg in Bezug setzte – und der ihn regelrecht beschwingte.[231]

Eine Woche später, am 25. November 1957, hielt Pauli im Züricher Kolloquium seinen Vortrag über Heisenbergs Ansatz. Anwesend waren u.a. Konrad Bleuler, Fierz, Vladimir Glaser und „zwei Herren aus Mailand".[232] Die Reaktion war wieder positiv. Sogar Fierz, der sonst notorisch an allem, was Heisenberg schuf, kein gutes Haar ließ (siehe Kap. 10.6.), schrieb anschließend (am 26. November 1957) an Pauli: „Ihr Referat über die Heisenbergsche Behandlung des Lee-Modells war sehr einleuchtend und ich sehe klar und deutlich, daß keine Einwendungen gegen die innere Konsistenz möglich sind."[233] Und an Josef-Maria Jauch berichtete Fierz am selben Tag: „Gestern war in Zürich Seminar. Pauli trug – in seiner bekannten Art – über Heisenbergs Arbeit vor, in der er zeigt, daß die Zustände negativer Wahrscheinlichkeit, die das Lee-Modell liefert,

---

ein Unterschied der Stimmung zwischen uns in der Frage der physikalischen Bedeutung oder Nicht-Bedeutung der indefiniten Metrik. Zu beiden Gegenständen habe ich bestimmte <u>Vorfragen</u>, von denen ich hoffe, dass sie sich bald beantworten lassen. (Je nachdem, wie die Antwort ausfällt, muss man nachher verschieden weitergehen)."Am 1. Dezember 1957. WP-BW 1957, S. 633.

[231] Pauli beschrieb den Traum im Brief an Jaffé vom 5. Januar 1958: „In unserem ehelichen Schlafzimmer entdeckte ich plötzlich zwei Kinder, einen Bub und ein Mädchen, beide blond. Sie sind einander sehr ähnlich – so wie wenn sie bis vor kurzem noch ein und dasselbe gewesen wären – und beide sagen zu mir: ‚Wir sind schon 3 Tage hier. Wir finden es hier sehr nett, es hat uns nur niemand bemerkt.' Aufgeregt rufe ich meine Frau. Ich weiß, sie kann nicht weit sein, die Kinder werden sie schnell ‚herumkriegen' (meine Frau ist tatsächlich Kindern gegenüber sehr nachgiebig), und diese werden jetzt immer dableiben." – „Soweit der Traum. Ich war über diesen Traum sehr aufgeregt, viele Tage. ‚Bei den drei Tagen' fiel mir sofort ein, daß ich genau 3 Tage vorher mit Heisenberg in Zürich zu Abend gegessen hatte, als er – nur zwischen 2 Zügen – auf der Durchreise hier war. Einige Ideen von ihm hatten mir Eindruck gemacht; mein ‚Spiegelkomplex' war mächtig angeregt durch sie." WP-BW 1958, S. 808.

[232] Pauli an Heisenberg am 1. Dezember 1957. WP-BW 1957, S. 634.

[233] WP-BW 1957, S. 629.

physikalisch unschädlich sind. Wenn man ja auch nicht weiss, ob dieses Modell nicht doch viel zu speziell ist, so fand ich die Sache doch sehr bemerkenswert und einleuchtend. (Die Arbeit ist in Nuclear Physics erschienen.)"[234]

6.5. Herbst 1957 – Die enge Zusammenarbeit beginnt

Pauli war nun nicht mehr nur kritischer Beobachter und Kommentator von Heisenbergs Bestrebungen. Er „spielte" wieder mit, wie zuletzt in den 1930ern an der Explosionstheorie: Er nahm aktiv an den Untersuchungen zu den offenen Fragen und ungeklärten Bereichen teil. Und ersann mit Heisenberg zusammen Möglichkeiten, Wege, Ideen, die sie dann ausloteten (siehe Kap. 10.8.). So schrieb er am 1. Dezember 1957 an Heisenberg: „Nun stehen wir vor einem großen Programm: Was bestimmt den Hamilton-Operator? Und was ist schliesslich ‚des Pudels Kern'?" Einige Zeilen weiter zu einer anderen Frage: „Inzwischen habe ich zu Abend gegessen. Nun habe ich ein starkes Sicherheitsgefühl. Lieber Heisenberg: es kann ja gar nicht anders sein! Aber – was nun? Hilf weiter! Inzwischen denke ich auch weiter nach. Vielleicht ist heute ein Würfel gefallen!"[235]

Dieses d'accord-gehen der beiden Physiker bedeutete dabei nicht, dass große Einmütigkeit herrschte. Diskussionen um die richtigen „Instrumente" und ihre Interpretationen gingen weiter. So schrieb Pauli am 8. Dezember 1957 „Deinen Stimmungs- und sonstigen Argumenten für die Doppelwurzel setze ich genau die entgegengesetzten Argumente für die komplexen Wurzeln gegenüber […]. Auf diese Weise können wir nicht weiterkommen; genau so wie zwei Politiker können wir uns so aus Symmetriegründen nicht verständigen. Erfreulicherweise gibt es aber eine objektive Mathematik, deren

---

[234] Am 26. November 1957. WP-BW 1957, S. 637, Anm.6.
[235] Am 1. Dezember. WP-BW 1957, S. 638.

Aufgabe es ist, uns über diesen Stand der Affäre hinwegzuhelfen." Und: „Zur Zeit sind wir also hier auf der Suche nach objektiven Methoden und Entscheidungen!"[236]

Inzwischen hatte Pauli auch seine große Abneigung gegen die Nutzung der indefiniten Metrik wieder aufgegeben und sinnierte u.a. über deren physikalische Interpretation.[237] Und der kritische Källén, der sie noch Mitte Oktober lächerlich fand, schrieb an Pauli am 13. Dezember 1957: „Seit ich Ihren Brief bekommen habe, so habe ich ein wenig über die allgemeine Idee der indefiniten Metrik nachgedacht. Bei früheren Gelegenheiten bin ich sehr skeptisch gewesen, das weiß ich, aber dann und wann darf ich mich vielleicht auch ändern. Ich weiß nicht genau, wie ernst Sie jetzt diese Sachen mit der indefiniten Metrik nehmen, aber ich meine jetzt, daß man entweder diese Sache wirklich ernst nehmen soll, oder man soll sich damit überhaupt nicht beschäftigen."[238] Källén versuchte sich im ersteren und fragte Pauli am Ende des Briefes: „Meinen Sie, daß ich hier die indefinite Metrik zu ernst genommen habe?"[239]

Derweil hatte Heisenberg weiter an einer nicht-linearen Spinorgleichung gearbeitet (ausgehend von einer Lagrangefunktion), „von der ich Dir in Zürich erzählt und damals in Genf vorgetragen habe" (Heisenberg an Pauli am 9. Dezember 1957).[240] An dieser Gleichung (die wenige Wochen später als die „Weltformel" durch die Medien wandern sollte) hatte Pauli zunächst wenig Interesse, wie er Källén am 6. Dezember 1957 mitgeteilt hatte: „Über Heisenbergs nicht lineare Spinorgleichung weiß ich nicht viel, da ich über Tamm-Dancoff-Näherungen kein ‚Gefühl' habe."[241]

---

[236] Am 8. Dezember. WP-BW 1957, S. 658f.

[237] Vgl. Pauli an Heisenberg am 12. Dezember 1957. WP-BW 1957, S. 686.

[238] WP-BW 1957, S. 695.

[239] WP-BW 1957, S. 696.

[240] WP-BW 1957, S. 663.

[241] WP-BW 1957, S. 649.

Am 8. Dezember 1957 unterstrich Pauli gegenüber Heisenberg sein Unbehagen über diese Näherungsmethode für nicht-lineare Theorien: „den Tamm-Dancoff Näherungen traue ich nicht – mit denen kann man mir alles vormachen, ich habe keinerlei Gefühl für diese."[242] Bevor er in die schwierige Mathematik hineinsteigen würde, wollte Pauli „erst wissen, was sich Leute darüber denken, die sich wie Du schon länger mit Tamm-Dancoff-Näherungen beschäftigt haben."[243]

Als Heisenberg dann Pauli am 9. Dezember 1957 weitere Rechnungen zu seiner nicht-linearen Spinorgleichung schickte, reagierte Pauli am 12. Dezember 1957 zustimmend: „Dein Brief vom 9. ist interessant und mein erster Eindruck ist <u>positiv</u>. Denn die so peinliche Frage nach der Güte der Tamm-Dancoff-Näherungen spielt dabei kaum hinein, auch nicht so sehr die spezielle Wahl Deiner Lagrange-funktion [...] sondern nur das allgemeine gruppentheoretische Schema."[244]

Dabei war auch Heisenberg von dieser Näherungsmethode alles andere als begeistert, nutzte sie nur in Ermangelung etwas besseren, wie er Pauli am 14. Dezember 1957 mitteilte: „Hinsichtlich der Tamm-Dancoffmethode bin ich nicht viel optimistischer als Du. [...] Aber mir ist bisher nichts Besseres eingefallen. Mitter schrieb mir, dass er sich an Verbesserungen der Tamm-Dancoff-Methode bemühe; aber irgendjemand müsste einmal eine ganz neue Methode erfinden."[245]

Tamm-Dancoff hin oder her – Heisenberg meinte (wie er im selben Brief feststellte), bei der weiteren Ausarbeitung der nicht-linearen Spinorgleichung große Fortschritte zu machen: „Ich bin hier inzwischen auf so überraschende Ergebnisse gestossen, dass ich

---

[242] WP-BW 1957, S. 658.
[243] WP-BW 1957, S. 659.
[244] WP-BW 1957, S. 685.
[245] WP-BW 1957, S. 701.

nicht mehr daran zweifeln kann, dass diese Gl. bereits die richtige Gleichung der Materie ist (die schwachen Wechselwirkungen sind weggelassen), aus der alle Elementarteilchen folgen!"[246] Dennoch wusste er – wie er am Ende weiterer Ausführungen bemerkte: „Natürlich ist das, was ich Dir hier geschrieben habe, bisher Programm und noch keine fertige Theorie." Und: „all das ist Zukunftsmusik, und vorher muß noch viel Mathematik getrieben werden."[247]
Pauli schätze die Lage nicht wesentlich anders ein. Auch er sah in ihren Arbeiten den Weg, der bald „die volle Klärung der Physik der Elementarteilchen bringen wird" (an Heisenberg am 25. Dezember 1957)[248] – und war sich des großen Bedarfs an Ausarbeitungen bewußt.

So eingebunden in immer neue Möglichkeiten und Ergebnisse, die sich Heisenberg und Pauli fast täglich auftaten, wanderten viele lange Briefe auf der Strecke Zürich-Göttingen hin und her: 21 allein im Dezember 1957.

6.6. Die Zusammenarbeit von Januar bis April 1958

Das neue Jahr 1958 begann wie 1957 geendet hatte: Heisenberg und Pauli korrespondierten intensiv über ihre Elementarteilchentheorie. Miteinander. Gegenüber anderen Physikern hielten sie sich noch recht bedeckt. Nur Andeutungen sehr positiver Art drangen nach außen. Und so begann das Gerücht die Runde zu machen, Heisenberg und Pauli seien einer großen Sache auf der Spur (siehe Kap. 7.4.).

Mitte Januar 1958 wollte Pauli für mehrere Monate in die USA abreisen. Um dortige Fragen nach ihren Arbeiten beantworten zu können, schlug er Heisenberg vor, einen Report zu verfassen, bzw.

---

[246] WP-BW 1957, S. 701.
[247] WP-BW 1957, S. 704.
[248] WP-BW 1957, S. 741.

eine Publikation anzugehen (siehe Kap. 10.9.). Nach einem Treffen am 11. und 12. Januar 1958, zu dem Heisenberg nach Zürich gekommen war, schrieb Pauli eine erste Fassung für einen Preprint zusammen, die er am 15. Januar 1958 nach Göttingen zu Heisenberg zur weiteren Überarbeitung sandte. Am 17. Januar reiste Pauli aus Zürich ab, um per Schiff ab Genua nach New York zu gelangen. Nach weiteren Briefen sandte Heisenberg schließlich am 26. Januar Pauli zehn Abzüge eines ersten Manuskripts zu Rabi nach New York.

Auf seiner Reise in die USA hatte Pauli in Mailand vor einer kleinen Gruppe von Physikern zum ersten Mal über den Ansatz vorgetragen. Nun, in New York sprach er am 1. Februar 1958 vor einem großen Auditorium – und war danach stark verunsichert (siehe Kap. 10.9.).

In den kommenden Wochen arbeiteten Heisenberg und Pauli brieflich das Manuskript zu einem Preprint weiter aus. Am 27. Februar 1958 wurde er an interessierte Physiker weltweit verschickt.[249]

Kurz zuvor, am 24. Februar 1958, gelangte die Nachricht vom Inhalt der Heisenberg-Paulischen Zusammenarbeit in die deutschen Medien – und entwickelte sich zu einer internationalen Presselawine (vgl. Kap. 10.10.). In den Artikeln wurde kolportiert, Heisenberg (mal unter, meist ohne Nennung von Pauli) habe die „Weltformel" gefunden – oder sei zumindest zu etwas gelangt, was sich bald als solche herausstellen würde.

6.7. Paulis Rückzug

Irritiert von Heisenbergs Rolle bei diesem weltumspannenden Blätterrauschen und kritischen Fragen seitens der US-Physiker, beschloss Pauli Ostern 1958, seine Mitarbeit aufzukündigen (siehe

---

[249] Heisenberg und Pauli 1958).

Kap. 10.11.). Der Preprint ihrer Arbeit sollte genug zu diesem Thema gewesen sein.

Heisenberg arbeitete alleine bzw. zusammen mit anderen Physikern (wie Hans-Peter Dürr, Heinrich Mitter oder Kazuo Yamazaki) an seinem Ansatz weiter, den er u.a. auf einer Konferenz anlässlich von Plancks 100. Geburtstag vom 26. bis 30. April 1958 in Berlin und Leipzig mit Physikern aus Ost und West diskutierte.

Auf der CERN-Konferenz, die vom 30. Juni bis 4. Juli 1958 in Genf stattfand, traf Heisenberg sich das erste Mal wieder persönlich mit Pauli, der sich nun explizit lautstark von Heisenbergs Ansatz distanzierte. Bei ihrem nächsten Treffen Anfang August am Comer See, wo sie beide an der Sommerschule von Varenna teilnahmen, wirkte Pauli wieder milder. In wenigen folgenden Briefen diskutierten die beiden Fragen, die Heisenberg bei seiner Arbeit beschäftigten. Aber eine konkrete Zusammenarbeit lehnte Pauli weiter ab.

Am 5. Dezember 1958, nachmittags zwischen 15 und 17 Uhr, erlitt Pauli während einer Vorlesung einen großen Schmerzanfall. Der Grund war ein inoperabler Bauchspeicheldrüsenkrebs, dem Pauli zehn Tage später, am 15. Dezember 1958, erlag.

Im März 1959 veröffentlichte Heisenberg (zusammen mit Dürr, Mitter, Schlieder und Yamazaki) eine erste ausgearbeitete Version ihrer Idee.[250] Und er verfolgte seinen Ansatz die nächsten Jahrzehnte beharrlich weiter, veröffentlichte dazu ein Buch[251] und über 30 weitere Arbeiten[252] – auch wenn die Resonanz und die Rezeption seiner Bemühungen fast gegen Null ging (siehe Kap. 7.4.). Knapp 20 Jahre nach Pauli verstarb Heisenberg am 1. Februar 1976 an Nierenkrebs.

---

[250] Heisenberg, Dürr et al. (1959).
[251] Heisenberg (1967).
[252] Vgl. Saller (1991, S. 320).

6.8. Zum Inhalt des Ansatz von Heisenberg und Pauli

Der Preprint, den Heisenberg und Pauli Ende Februar 1958 verschickten, bestand aus sieben Teilen.

In Teil 1 referierten Heisenberg und Pauli über ihren Ausgangspunkt, den eine bestimmte Lagrangefunktion bildete (eine Lagrangefunktionen fasst die Dynamiken eines Systems zusammen). Berücksichtigt für diese Lagrangefunktion wurde der Isospin (vgl. Kap. 4.2.), sowie die Erhaltungssätze der elektrischen Ladung und der Baryonenzahl (Baryonen, wie das Proton und Neutron, sind schwere Elementarteilchen mit einem halbzahligen Spin, die der starken Wechselwirkung unterliegen). Der 2. Teil behandelt die Nutzung einer indefiniten Metrik, Teil 3 ihr Konzept eines degenerierten Grundzustands (Vakuums), das Zusammenspiel von Symmetrie-Brechung und Aufhebung von Entartungen, sowie die Dependenzen der starken, elektromagnetischen und schwachen Wechselwirkungen. Im 4. Teil behandelten sie u.a. die Definition von Strangeness, sowie die Entstehung der Elektronen-Masse. In Teil 5 nahmen sie Stellung zu dem Konzept einer zweiten Welt von Yang und Lee mit (im Vergleich zu unserer Welt) vertauschter Rechts-Links-Positionierung. In Teil 6 behandelten sie die Frage des Eigenwertproblems und schlugen die Wellengleichung

$$\gamma_\mu \, \partial/\partial_{xv} \, \psi \; \pm l^2 \, \gamma_\mu \, \gamma_5 \, \psi \cdot (\psi^+ \, \gamma_\mu \, \gamma_5 \, \psi) = 0$$

vor. Mittels dieser nicht-linearen Differentialgleichung für die Wellenfunktion ψ sollten die Eigenwerte und Eigenlösungen (also die Elementarteilchen) definiert und festgelegt werden.

Teil 7 schließlich bildete den Abschluss. Hier wiesen Heisenberg und Pauli (wie bereits in den vorherigen Teilen) auf verschiedene Lücken, Unklarheiten, offene Fragen hin, die in dem Preprint nicht behandelt, offen gelassen oder nur angeschnitten worden seien.

Denn, so der abschließende Satz des Preprints: „Quite generally, the present paper is meant rather as a program than a report on what is hoped to become a ‚unified quantum field theory'."[253]

6.9.Zusammenfassung von Genese und Inhalt des Ansatzes

Zusammenfassend kann man Entstehung und Inhalt des Ansatzes von Heisenberg und Pauli so skizzieren: Heisenberg und Pauli hatten seit dem Abschluß der Quantentheorie des Atoms 1927 nach einem Verständnis jenes Bereiches gesucht, der dem des Atoms unterliegt: Mittels einer einheitlichen Quantenfeldtheorie wollten sie dahin gelangen, die Naturkräfte und die Materieteilchen (wie Elektron und Proton, später Elementarteilchen genannt) nicht mehr getrennt aufzufassen, sondern einheitlich zu beschreiben. Dabei verlief ihre Zusammenarbeit so, dass Heisenberg Ansätze, Ideen, Wege ersann und diese in der Diskussion mit Pauli ausgelotet und ausgearbeitet wurden.

Im Wechselspiel mit den großen neuen Entdeckungen (wie der Entstehung und dem Vergehen von Elementarteilchen aus/in Strahlungsenergie und der Erhöhung der fundamentalen Naturkräfte auf vier: Neben Elektromagnetismus und Gravitation noch die Starke Kraft und Schwache Kraft) entwickelte Heisenberg verschiedene Modelle, mit denen eine finale einheitliche Quantenfeldtheorie der Naturkräfte und Elementarteilchen, kurz, eine Theorie der Elementarteilchen zu schaffen wäre. So versuchten Heisenberg und Pauli in den 1930ern und 1940ern u.a. mit Diracs Löchertheorie, Heisenbergs Explosionstheorie, Diracs Konzept einer indefiniten Metrik und dem Modell einer S-Matrix weiter zu kommen.

---

[253] Heisenberg und Pauli (1958, S. 350).

1950 publizierte Heisenberg einen neuen, erweiterten Ansatz, der sukzessive in den folgenden Jahren ausgelotet, verändert, ausgearbeitet wurde – und Ende 1957 zu einer konkreten Zusammenarbeit von Heisenberg und Pauli führte, aus der heraus 1958 ein Preprint entstand. Wesentliche Elemente dieses Ansatzes, von denen sich viele in den früheren Arbeiten finden, sind:

a) Das Ziel war eine einheitliche Quantenfeldtheorie, eine Theorie der Elementarteilchen. Das heißt, dass sich aus dieser Theorie heraus erst die Existenz der verschiedenen Naturkräfte und Elementarteilchen ergeben sollte.

b) An den Beginn wurde kein ganz symmetrischer Zustand der Welt (Grundzustand, Vakuum) gesetzt, bei dem noch gar nichts vorhanden wäre (ergo auch keine Richtung, keine Bewegung). Als Ausgangspunkt setzten sie vielmehr einen asymmetrischen Grundzustand[254] (auch „entartetes Vakuum" genannt), aus dem heraus dann die Kräfte und die Elementarteilchen folgen sollten.

c) Dieser (entartete) Grundzustand sollte gewisse Eigenschaften haben, wie den Isospin, und entsprach der Starken Kraft.

d) Die Gleichungen, die die Dynamiken des Geschehens beschreiben sollten, waren nicht-linear (wegen der Wechselwirkungen).

e) Außerdem ging dieser Ansatz aus von der Gültigkeit einer indefiniten Metrik (Vgl. Kap. 5.1.), von einem erweiterten Hilbert-Raum II, in dem der gewöhnliche Hilbert-Raum enthalten wäre (vgl. Kap. 6.1.), und

f) von der Existenz einer universellen Länge. Die universelle Länge als dritte „universelle Konstante erster Art"[255] (neben der Lichtgeschwindigkeit c und dem Planckschen Wirkungsquantum h) definierte auch, dass es ein Raum-Zeit-Volumen gäbe, wo die

---

[254] Das Konzept eines asymmetrischen Grundzustands wurde das erste Mal in dem Preprint vorgeschlagen. Vgl. Dürr (1982, S. 108).

[255] Heisenberg (1938, S. 22). In WH-GW A2, S. 303.

Wechselwirkungen so stark wären, dass es gar keine einzelnen Teilchen mehr geben würde und man nur noch von einem Energie- oder Materiefeld sprechen könne.[256]

g) So sollten sich dann aus einer Gleichung, die den asymmetrischen Grundzustand mit seinen Eigenschaften beschreibt, durch Brechung von weiteren Symmetrien die anderen Naturkräfte (Elektromagnetismus und Schwache Kraft),[257] die Elementarteilchen und die weiteren Eigenschaften entwickeln, wie z.B. die Masse, die auch erst als eine Folge (der Selbstwechselwirkung) in die Welt käme.[258]

---

[256] Vgl. Dürr (1982, S. 97).

[257] Vgl. Dürr (1982, S. 109).

[258] Vgl. Dürr (1982, S. 104).

Teil IV
Die Hintergründe der Ablehnung in vier Aspekten

Das Scheitern des Heisenberg-Pauli-Ansatzes zu einer einheitlichen Quantenfeldtheorie der Elementarteilchen von 1958 steht im direkten Zusammenhang mit der generellen Ablehnung, den der Ansatz durch die Physiker-Gemeinschaft erfuhr.

Im Folgenden werden die Hintergründe dieser Ablehnung untersucht.

Dabei wird zunächst dargelegt, warum und inwiefern die inhaltliche Güte des Ansatzes selbst keine Rolle spielte (Kap. 7).

Dann werden drei andere Aspekte beleuchtet, die das Scheitern und die Ablehnung erklären:

Der Wandel in der Physik des 20. Jahrhunderts (Kap. 8).

Die Person Heisenberg (Kap. 9).

Die Person Pauli (Kap. 10).

7. Aspekt I: Warum der Ansatz weder richtig noch falsch war

Bei den heutigen Physikern herrscht ein breiter Konsens über den Grund des Scheiterns von Heisenberg und Paulis Ansatz von 1958: Er sei schlicht inhaltlich falsch gewesen.[259] Überhaupt habe Heisenberg (Pauli wird zumeist ausgespart) nach dem Zweiten Weltkrieg irrelevante Wege eingeschlagen. All seine Ansätze und Theorien aus dieser Zeit seien uninteressant, da gänzlich falsch gewesen.[260]

Nur wenige vertreten die gegenteilige Meinung, wie Heisenbergs ehemaliger Mitarbeiter Dürr. Er ging davon aus, der Ansatz sei im Prinzip richtig – nur die Zeit damals noch nicht reif gewesen.[261]

Bei einer genaueren Betrachtung der Geschehnisse um 1958 zeigt sich jedoch, dass beide Ansichten für eine Erklärung des Scheiterns wenig hilfreich sind. Denn der Ansatz von Pauli und Heisenberg war zu seiner Zeit weder richtig – noch war er falsch. Die Gründe:

7.1. Der Ansatz war keine fertige Theorie

In ihrer ersten und einzigen Veröffentlichung, dem Preprint, den Heisenberg und Pauli im Frühjahr 1958 verschickten, ging es zwar

---

[259] Vgl. Kragh (2011, S. 148).

[260] Vgl. Gell-Mann (1997). Gell-Mann (1997a). Mößbauer (1993). Burgmer (2013, Radiosendung).

[261] Dürr (1982).

bereits um die Frage, wie alle universellen Naturkräfte (außer der Gravitation) und die bekannten Elementarteilchen aus ihrem Modell resultieren könnten, wie man zu „Näherungen" gelangen könnte, die die starke, elektromagnetische und schwache Wechselwirkung berücksichtigen.[262] Aber das, was Heisenberg und Pauli im Geist hatten und was sie skizzierten, war noch keine fertige, abgeschlossene Theorie.[263] Darauf wiesen sie im Preprint denn auch an verschiedenen Stellen hin. So im 2. Teil, wo es um die Nutzung einer indefiniten Metrik geht: „We do not intend to elaborate in this preliminary paper the formalism which will be studied in detail later in connection with the calculation of the lowest eigenvalues."[264] Und: „The connection between the two formalisms – +- and ^-conjugation, on the one hand, spinor index t, on the other hand – shall not be discussed in this preliminary report."[265] Im 3. Teil, der u.a. das Konzept eines degenerierten Grundzustands, das Zusammenspiel von Symmetrie-Abnahme und das Aufheben von Entartungen behandelt, schrieben sie: „We do not attempt, in this preliminary paper, to construct the matrices U and V explicitly and to study in detail this interplay between the decrease of the symmetry by going to higher approximations and the upheaval of the degeneracy of the vacuum."[266] Im 4. Teil (wo es u.a. um die Entstehung der Masse des Elektrons geht) verwiesen sie auf den bloß „hypothetical character" einer Klassifikation.[267] Und der letzte Teil, die Konklusion, besteht fast nur aus Verweisen auf offene Fragen und noch nicht bearbeitete

---

[262] Heisenberg und Pauli (1958).

[263] Vgl. auch die Briefstellen aus Heisenberg an Zimmermann am 7. Januar 1958, zitiert in „Die Agenda einer letzten wissenschaftlichen Zusammenarbeit mit Heisenberg" – Kommentar zu Brief [2817], WP-BW 1958, S. 777-781, S. 779f. Heisenberg erläuterte darin ihre Überlegungen und Konzeptionen.

[264] Heisenberg und Pauli (1958, S. 341).

[265] Heisenberg und Pauli (1958, S. 342).

[266] Heisenberg und Pauli (1958, S. 344).

[267] Heisenberg und Pauli (1958, S. 346).

Themen: „we did not discuss the commutation relation of Q and N, nor the representation of the infinitesimal transformation of the unitary group (isospin) by operators." Und: „A precise definition of the general formalism has not been attempted". Und: „We did [...] not suggest approximation methods of the solution of the eigenvalue problem." Schließlich am Ende: „Quite generally, the present paper is meant rather as a program than a report on what is hoped to become a ‚unified quantum field theory'."[268]

Ein Programm zeigt Wege auf und Ziele, und auch viele ungeklärte, offene Fragen – aber wenig fertige Antworten. „Allgemein wird man unsere Arbeit an vielen Stellen einstweilen ziemlich unbestimmt lassen müssen", konstatierte Heisenberg denn auch noch mal gegenüber Pauli am 15. März 1958 angesichts ihrer geplanten Veröffentlichung, „da die Ausarbeitung noch ein langwieriges u. keineswegs überall triviales Geschäft sein wird."[269]

Es handelte sich also bei ihrem Ansatz um eine offene Angelegenheit, die bereits einen Rahmen hatte, aber noch wenig konkreten Inhalt.

7.2. Probleme mit dem Konzept „falsch oder richtig"

Fortschritte in der modernen Physik vollzogen sich auch in den 1950ern in einer komplexen Art, ähnlich dem Mechanismus der Evolution: Vorgeschlagene Ansätze, Modelle, Theorien wurden in Diskussionen analysiert, dann gewisse Bereiche weiterentwickelt, andere zunächst modifiziert, und wieder andere als unbrauchbar oder falsch angesehen (um ggf. später wieder hervorgeholt zu werden).[270] Beispiele dafür sind u.a. die Entstehung der Quantentheorie

---

[268] Heisenberg und Pauli (1958, S. 350).
[269] WP-BW, S. 1061.
[270] Vgl. Hafner und Presswood (1965).

des Atoms, der Kerntheorie oder auch der elektroschwachen Theorie.

Bei diesen Entwicklungsprozessen zeigt sich deutlich, dass die Vorstellung nicht trägt, Physiker würden „fertige" Theorien abliefern, die dann von anderen Physikern als richtig oder falsch befunden würden. (Planck und Einstein mit ihren Arbeiten zur Quantenhypothese bzw. Relativitätstheorie, mögen der Vorstellung noch leichter entsprechen, neue Erkenntnisse würden „fertig" aus einzelnen Menschen hervortreten.)

Und so war es auch im Falle des Ansatzes von Heisenberg und Pauli: Er bestand aus verschiedenen Teilen (Kap. 6.8.), von denen einige weiterentwickelte Ideen anderer Physiker waren, wie das Konzept der indefiniten Metrik, das von Dirac stammte (Kap. 5.1.). Und er enthielt Konzepte, die in späteren Jahren für verschiedene Bereiche relevant wurden, so z.B. das des asymmetrischen Grundzustands und der Symmetrie-Brechung für die Supraleitung, die elektroschwachen Theorie, die Vorstellung der Goldstone-Bosonen und den Higgs-Mechanismus.[271]

7.3. Das Fehlen von alternativen Theorien

Durch den Nachweis des Higgs-Teilchens im Sommer 2012 am CERN erhielt das „Standardmodell" eine weitere Bestätigung. Dieses heute am breitesten akzeptierte Modell für eine Theorie aller universellen Naturkräfte (außer der Gravitation) entstand im Laufe der 1960er Jahre.[272] 1958 aber war noch nicht einmal das Thema Starke Kraft ins Zentrum der Forschung gerückt: Nach dem Weltkrieg wurde zunächst sukzessive klar, dass es sich bei den Kräften

---

[271] Vgl. Dürr (1982, S. 108f). Marshak (1989, S. 663). Kragh (1999, S. 341).
Der Higgs-Mechanismus ist ein Sonderfall der spontanen Symmetrie-Brechung. Vgl. Gell-Mann (1996, S. 280).

[272] Vgl. Brown et al. (1997a).

auf der Atomkern-Ebene nicht nur um eine, sondern zwei neue Naturkräfte handelt. Und danach standen als erstes Fragen um die Schwache Kraft im Mittelpunkt des Interesses – auch und gerade Ende der 1950er, nachdem die Verletzung der Parität im Bereich der Schwachen Kraft bewiesen worden war (Kap. 6.3.). So berichtete Wu am 5. November 1958 an Pauli von ihrem Konferenz-Besuch in Tennessee: „It was a small, intimate and high quality meeting. Feynman, Gell-Mann, [Richard] Dalitz, [Marvin] Goldberger, [Eugen] Wigner, [Emil] Konopinski, [Jack] Steinberger and many other eminent weak interactors were present."[273]

Für die Starke Kraft, die Ausgangspunkt und Herzstück des Heisenberg-Pauli-Ansatzes bildete, gab es Ende der 1950er keine etablierte Theorie. Es gab noch nicht einmal eine zumindest andere heiß diskutierte Theorie (wie seit den frühen 1970ern die Quanten-Chromo-Dynamik), mit der das Modell von Heisenberg und Pauli hätte verglichen werden können.

So war es 1958 unmöglich, zu entscheiden, was eine richtige, was eine falsche Starke-Kraft-Theorie sein würde oder auch nur sein könnte.

7.4. Die Ablehnung erfolgte vor genauer Kenntnis

Als Heisenberg und Pauli sich an jenem Abend im November 1957 in Zürich trafen, lagen bereits Jahre der Diskussionen, Überlegungen, Fragen, Klärungen hinter ihnen. Denn der Ansatz war komplex und eigen (mit verschiedenen neuen Ideen, wie dem zweiteiligen Hilbert-Raum und der Verdoppelung des Vakuums).

Auch als sie ab Herbst 1957 begannen, zusammen zu arbeiten, herrschten für Heisenberg und Pauli selbst alles andere als Klarheit und Durchsichtigkeit. Vielmehr taten sich immer weitere Fragen

---

[273] WP-BW (1958, S. 1324).

und Erkenntnisse auf. Und so erschienen sie bei ihren Forschungen, als ob sie in etwas Neues hinein tapsten, und dieses Neue erst einmal versuchten, auszuloten, um sich eine Orientierung zu verschaffen (siehe Kap. 6.5., 6.6. und 10.8.).

Derart in ihre Versuche und Suche involviert, kommunizierten sie wenig an andere Physiker – und so kursierten nicht viel mehr als Gerüchte. Selbst Paulis Mitarbeiter David Speiser konnte am 10. Februar 1958 bloß berichten: „Wir waren alle aufs höchste gespannt, haben aber noch nichts erfahren. Wie das alles aber funktioniert, weiß ich nicht [...] nicht einmal [Charles] Enz erfuhr Näheres.“[274] Und Enz war Paulis Assistent.

Auch Källén, mit dem Pauli in den letzten Jahren stets alle physikmathematische Fragen besprochen hatte, wusste fast nichts über den Inhalt der Pauli-Heisenbergschen Zusammenarbeit. Am 3. Februar 1958 schrieb er an Pauli in die USA: „Ich bin eben aus der Schweiz zurückgekommen. Dort habe ich verstanden, daß Sie nicht nur mich, sondern die ganze Schweiz in großer Verwirrung nach Ihnen gelassen haben. [...] Die Leute in Zürich (Enz und Jost) konnten mir nicht helfen, da sie sicher nicht mehr, sondern eher weniger als ich verstanden haben, obgleich sie in einer unmittelbaren Umgebung von Ihnen gewesen sind!“[275]

Sich erklärend antwortete Pauli Källén am 6. Februar 1958: „Ich wusste nicht, wie ich einen Zustand der Verwirrung vermeiden konnte; als mir selbst noch viel mehr Sachen als jetzt unklar waren (es ist mir auch heute noch viel unklar), sagte ich natürlich möglichst wenig, was wieder Anlaß zu Gerüchten war.“[276]

---

[274] An Thellung. Zitiert in „Die Agenda einer letzten wissenschaftlichen Zusammenarbeit mit Heisenberg“ – Kommentar zu Brief [2817], WP-BW 1958, S. 777-781, S. 778f.

[275] WP-BW 1958, S. 904.

[276] WP-BW 1958, S. 907f.

Als also Pauli selbst den Ansatz noch nicht geistig durchdringen und verstehen konnte, fällten andere bei seinem Vortrag in New York am 1. Februar 1958 bereits das Urteil, der Ansatz sei nutzlos. So erinnerte sich der US-Physiker Jeremy Bernstein: „Not long after it began [der Vortrag von Pauli], Dyson said to me, ‚It is like watching the death of a noble animal.' He had seen, at once, that the new theory was hopeless."[277] Auch andere anwesende Physiker waren wenig begeistert, wie Pauli am 1. Februar 1958 an Heisenberg berichtete: „Die meisten (wie auch Yang u. Lee) waren abwartend, weil die Sache noch zu vage ist. Am skeptischsten waren Deine Schüler[278] [Harry] Lehmann, und [Wolfart] Zimmermann".[279]

Die Ablehnung des Ansatzes von Heisenberg und Pauli begann also bereits zu einem Zeitpunkt, bevor eine Auseinandersetzung, eine Rezeption überhaupt hätte stattfinden können.[280]

Dass der Ansatz auch später, in den folgenden Monaten und Jahren, kaum rezipiert wurde, zeigt sich bei Yoichiro Nambu, der 2008 den Nobelpreis für sein Konzept der spontanen Symmetriebrechung erhielt, das in der Zeit um 1960 entstand. Ende der 1980er schrieb

---

[277] Bernstein (1993, S. 38f).

[278] Heisenberg berichtete vom Inhalt seiner Zusammenarbeit mit Pauli in einem Brief vom 7. Januar 1958 an seinen Mitarbeiter Wolfhart Zimmermann nach Princeton. Ein Teil des Briefes ist abgedruckt in WP-BW 1958, S. 779f. Eine Kopie des Briefes sandte Heisenberg auch an Iwanenko nach Moskau. Vgl. Anm. 3 zum Brief von Landau an Pauli am 6. Februar 1958. WP-BW 1958, S. 911.

[279] Im selben Brief berichtete Pauli über die Reaktion von Bohr: „Bohr war anwesend (ich sah ihn nur kurz) und er hatte Bedenken, daß unsere Grundannahmen (wie indefinite Metrik) zu wenig radikale Änderungen sind, um wirklich genügend neue Elemente für die Lösung aller Probleme enthalten zu können." WP-BW 1958, S. 896.

Yang berichtete (in seinem Schreiben vom 27. August 2002 an die Herausgeber von WP-BW 1958) von dem Treffen in New York als „rather sad experience in early 1958." Pauli sei „evidently discouraged" gewesen. „Der Antritt der letzten USA-Reise und Paulis ‚New-York-talk' vom 1. Februar 1958" – Kommentar vor Brief [2841]. In: WP-BW 1958, S. 777-781.

[280] Vgl. Brown et al. (1997, S. 482).

Nambu: „It is true that the model [of the four-fermion interaction] is directly analogous to [...] Werner Heisenberg's nonlinear unified theory. But Heisenberg's theory never appealed to me, nor did I take it seriously."[281]

Auch Weinberg, der Ende der 1950er über Quantenfeldtheorie[282] und Anfang der 1960er über gebrochene Symmetrien[283] publizierte, hatte den Inhalt von Heisenberg und Paulis Ansatz offenbar nie kennengelernt – Mitte der 1990er schrieb er, Heisenberg hätte erst 1975 den Isospin als eine der fundamentalen Symmetrien der Natur anerkannt und auch erst da einen asymmetrischen, entarteten Grundzustand als Grund für die Verletzung der Isospin-Symmetrie in der schwachen und elektromagnetischen Wechselwirkung angenommen.[284] Damit datierte Weinberg die erste Publikation Heisenbergs zu diesem Thema um mehr als 15 Jahre nach hinten und somit 13 Jahre hinter seine eigene Publikation zu dem Bereich.

7.5. Aspekt I – Zusammenfassung und Fazit

Anfang 1958 war der Ansatz von Heisenberg und Pauli ein Programm, das erst noch der weiteren Ausarbeitung bedurfte. Dieses Programm bestand aus verschiedenen Konzepten, Ideen, von denen einige sich in der Physik in den folgenden Jahrzehnten als relevant

---

[281] Nambu (1989, S. 641f).

[282] Weinberg (1960).

[283] Goldstone et al. (1962).

[284] Vgl. Weinberg (1997a, S. 37f) – Weinberg verweist als Quelle auf den Vortrag „Cosmic Radiation and Fundamental Problems in Physics" vom 18. August 1975, den Heisenberg wegen seiner Erkrankung nicht mehr selbst halten konnte. (Heisenberg 1976).

Auch an anderer Stelle zeigte Weinberg, daß er sich nicht weiter mit Heisenbergs Physik beschäftigt hatte: In „Der Traum von der Einheit des Universums" (Weinberg 1995) (Originaltitel „Dreams of a Final Theory", New York 1992) nannte er Breit, Feenberg, Cassen und Condon als diejenigen, die 1936 den Isospin vorgeschlagen hätten (statt Heisenberg 1932). Vgl. Anm. 16, S. 299.

erwiesen. Das zentrale Stück des Programms war die Starke Kraft – für die es 1958 noch keine etablierte Theorie gab und es somit noch keine Kriterien geben konnte, um über die Richtigkeit des Ansatzes von Heisenberg und Pauli entscheiden zu können. Dennoch kam es bereits Anfang 1958 zu einer Ablehnung des Ansatzes und in Folge dessen zu einer schwachen Rezeption.

Und das, obwohl man zu dieser Zeit hätte erwarten dürfen, dass Physiker einen Ansatz von Heisenberg und/oder Pauli als sehr relevant oder interessant eingeschätzt hätten – denn ihre Arbeiten waren bis dato stets gewichtig und bedeutend gewesen.

Mit physik-immanenten Gründen ist also die Ablehnung ihres Ansatzes, das Scheitern ihres Versuches überhaupt nicht zu erklären. Es waren daher andere Aspekte, die zum Tragen kamen. Diese sind im historischen, kulturellen und menschlichen Bereich zu finden und werden in den folgenden Aspekten dargelegt.

8. Aspekt II: Vom Wandel in der Physik des 20. Jahrhunderts

Auf den ersten Blick scheint es, als ob heutige Physiker prinzipiell in der gleichen Art und im gleichen Denken arbeiten und wirken, wie Einstein, Planck, Heisenberg, Dirac, Pauli und Bohr. Schon weil deren Arbeiten zu Relativitätstheorie und Quantentheorie die Grundlage und den Beginn der modernen Physik bildeten – also jenes Rahmens, in dem auch heute noch geforscht und gearbeitet wird.

Aber diese Vorstellung von Kontinuität trügt.

Es gab seit den 1920ern nicht nur einen Wandel und eine Fortentwicklung in gewissen Bereichen der experimentellen und theoretischen Forschung. Es gab auch einen Bruch in der Kontinuität der modernen Physik – zwischen jener Generation, die die moderne Physik etablierte und jener neuen Generation, die seit Ende des Zweiten Weltkrieges in den USA das Zentrum der Forschung bildete. Den Beteiligten selbst war dieser Bruch wenig bewusst. In der historischen Schau aber ist er unübersehbar und es zeigt sich, dass die verschiedenen Physiker-Typen mit ihren unterschiedlichen Denkstrukturen einander schlecht verstanden – und wenig kompatibel waren. Dieser Bruch war ein wesentlicher Grund für die Ablehnung des Heisenberg-Pauli-Ansatzes.

© Der/die Herausgeber bzw. der/die Autor(en), exklusiv lizenziert durch
Springer Fachmedien Wiesbaden GmbH, ein Teil von Springer Nature 2020
A. Rettig, *Heisenbergs und Paulis Quantenfeldtheorie von 1958*, BestMasters,

8.1. Allgemeines zum Wandel in der Physik

In den 1930ern begann ein Veränderungsprozess, der nach dem Weltkrieg rasant an Fahrt zunahm und die Wissenschaft von den Naturkräften zu einer sogenannten „Big Science" verwandelte. Das bedeutete:

a) Die Gemeinde wuchs beträchtlich[285] und schnell: Von weltweit rund 1.500 akademischen Physikern im Jahre 1900 zu 150.000 im Jahre 1990.[286]

b) Die Physik wurde immer spezialisierter, splittete sich in Teilbereiche auf.[287]

c) Das Zentrum verlagerte sich von Europa in die USA.[288]

8.2. Wandel in der experimentellen Physik

Die Entwicklung zu einer „Big Science" zeigt sich besonders anschaulich bei der experimentellen Physik. In den 1930ern wurden Experimente noch oft allein oder im Team zu zweit oder dritt ausgeführt.[289] Nach dem Krieg wurden einzelne Experimente erst zu Gruppenarbeiten, dann geradewegs zu Massen-Veranstaltungen: In den 1950ern waren es rund 10 Physiker, Ende der 70er Jahre bis zu 80, Ende der 1980er bereits 100 Physiker, die für ein Experiment firmierten.[290] Für ein Experiment, das nun nicht mehr ein paar

---

[285] Vgl. Schweber (1989, S. 672).

[286] Kragh (1999, S. 441). Weitere Zahlen: 1949 gab es 275 Promotionen in Physik an den Universitäten der USA, 1955 waren es schon 500. Kevles (1971, S. 370). Die Anzahl der jährlichen Seiten der „Physical Review" stieg ab 1950 folgendermaßen: 1950: 3000. 1953: 5700. 1956: 7200. 1958: 8400. Cini (1980, S. 168).

[287] Vgl. *Weisskopf (1991, S. 368).*

[288] Vgl. Kevles (1987, S. 282). Kragh (1999, S. 441f).

[289] Vgl. Frisch (1981. S. 17-140).

[290] Pickering (1984, S. 42, Anm. 10).

Stunden oder Tage, sondern oft Monate, ja manchmal Jahre der Vorbereitung brauchte.[291]

Die vielen Mitarbeiter (zu denen noch Ingenieure und Techniker kamen) und die viele Zeit benötigte man für eine neue Generation an Instrumenten, die gemeistert werden musste: Bereits Anfang der 1930er hatten John Cockcroft und Ernest Walton in Großbritannien, und Lawrence in den USA die ersten Geräte gebaut, mit denen sich nukleare Teilchen beschleunigen ließen.[292] Mit den Jahren wurden die Instrumente zur Beschleunigung immer größer, potenter – und teurer. Und sie passten in kein Labor mehr hinein. Ab 1950 entstanden die ersten großen Teilchen-Beschleuniger im Energiebereich von 300 MeV. Bis 1960 folgten weltweit sechs Beschleuniger bis hin zu Energien von 25 GeV.[293] Nur wer Geld hatte, konnte solche Instrumente entstehen lassen.[294] Die Segelyacht „Physik" wurde durch diese Entwicklung durch einen riesigen Tanker ersetzt. So waren nach dem Weltkrieg auch jene Verhältnisse weit entrückt, in denen fundamentale Experimente in quasi jedem Universitätsinstitut in wenigen Tagen wiederholt, variiert und nachgeprüft werden konnten.

8.3. Wandel in der theoretischen Physik - Allgemeines

Die theoretische Seite der Physik veränderte sich ebenfalls: Angesichts neuer Bereiche, die sich ab den 1930ern auftaten (u.a. Kern- und Festkörperphysik), wurden die Forschungsbereiche immer

---

[291] Vgl. Heisenberg (1974, S. 6ff resp. S. 490ff).

[292] Vgl. Kragh (1999, S. 188).

[293] Cini (1980, S. 168).

[294] Die Physik in den USA wurde auf Grund ihrer Relevanz für das Militär mit immens großen Summen unterstützt. Vgl. Brown et al. (1989, S. 31). Schweber (1989, S. 670f, 680f). Heilbron (1989, S. 50f). Auch die in den USA von Glaser und Alvarez entwickelte Blasenkammer-Technik war sehr kostspielig. Vgl. Kragh (1999, S. 314).

komplexer – und spezieller. Dazu kam, dass die neue Generation von amerikanischen Physikern, die nach dem Krieg die Physik bestimmten, diese Wissenschaft mit einer wesentlich anderen, nämlich schmaleren Bildungsgrundlage[295] betraten als die europäischen Physiker Anfang des 20. Jahrhunderts. Diese Physiker lernten sich in den spezialisierten Forschungsbereichen zu etablieren[296] und dort Themen zu bearbeiten, die spezialisiert waren auf das jeweilige Forschungsgebiet. Fundamentale Fragen, die z.B. Einstein und Planck in ihren Arbeiten berührten und stellten, waren für diese Generation schier unerreichbar geworden.

Durch die neue Art an Physikern und ihre große Anzahl entstanden auch neue Strukturen: Die anderen Gruppengrößen generierten andere Gruppendynamiken. Sie machten es wichtig, die eigene Theorie auch gut verkaufen zu können. Selbstbewusstsein, Charisma, Begeisterungsfähigkeit wurden so zu noch relevanteren Hilfsmitteln bei der Überzeugung der vielen Mitstreiter – und der Etablierung einer neuen Theorie.[297]

Der Held dieser Generation konnte kein Schiller, kein Rutherford, kein Bohr oder Einstein sein – die „major scientific figure" musste jemand sein wie Richard Feynman, den Charles Snow als „Showman Feynman" erlebte: „He is a showman, and enjoys it. Since he enjoys it, he is not inclined to suppress it. He is a dashing performer." Und: „Feynman is also [like William Laurence Bragg] a splendid lecturer, but in a distinctly different tone, rather as though Groucho Marx was suddenly standing in for a great scientist."[298]

---

[295] Vgl. Heilbron (1989, S. 53). Kragh (1999, S. 441). Gleick (1993). Feynman (2003) - das Buch beinhaltet Vorträge, die Feynman im April 1963 an der University of Washington (Seattle) hielt und seine erstaunlich geringe Allgemeinbildung zeigen.

[296] Vgl. Pickering (1984, S. 239-247). Schweber (1989, S. 671).

[297] Vgl. Schweber (1989, S. 685). Sudarshan (1989, S. 492). Weisskopf (1991, S. 368).

[298] Snow (1981, S. 143).

8.4. Wandel in der theoretischen Physik – Karrieredruck

Der Bruch der Kontinuität zeigt sich deutlich in den verschiedenartigen Einstellungen und Umgangsformen bei Angelegenheiten, die mit dem persönlichen Vorankommen, mit der Karriere zu tun hatten. Der Physiker-Kreis vor dem Zweiten Weltkrieg, vornehmlich der um das Zentrum in Kopenhagen, behandelte Ehrungen, Auszeichnungen, Stellenangebote und Mitstreiter wesentlich anders als die Generation nach dem Zweiten Weltkrieg.

So lehnte Heisenberg, als er im Frühjahr 1926 einen Ruf an die Universität von Leipzig (es ging um das Extraordinariat für mathematische Physik) erhielt, nach einigem Nachsinnen ab. Der da 24-jährige wollte lieber als Dozent und Assistent von Bohr in Kopenhagen wirken. Gegenüber seinen Eltern erläuterte er am 29. April 1926: „Das pensionsberechtigte Angebot in Leipzig ist besser, wenn es mir auf ein ‚Otium cum dignitate‘ ankäme und es befriedigte vorerst nur die lächerlichsten Instinkte der Eitelkeit, sich Professor nennen zu lassen. In Kopenhagen hab ich die Hoffnung, wissenschaftlich noch viel arbeiten zu können. Pekunär bin ich dort reichlich versorgt, selbst wenn ich heiraten wollte. Wenn ich noch gute Arbeiten zu Wege bringe, werd ich immer noch mal berufen, sonst verdien ichs auch nicht. Ausserdem wärs kümmerlich genug von mir, immer auf die materialistische Seite der Welt zu schimpfen und dann im ersten Fall, wo es drauf ankommt, das zu tun, was jeder Spiesser täte. – Erst zwei Jahre in Kop. zu bleiben und dann nach Leipzig zu gehen, wär auch ein schlechter Dienst für die Leipziger. Also; man muss eben leichtsinnig sein."[299]

Nachdem Heisenberg am 5. Mai 1926 den Ruf endgültig abgelehnt hatte,[300] sandte er Pauli (der nun auf der Berufungsliste an die erste Stelle gerückt war) eine gezeichnete Postkarte:

---

[299] Heisenberg (2003, S. 103).
[300] Vgl. Brief an die Eltern am 5. Mai 1926. Heisenberg (2003, S. 103).

Abb. 1 – Zur Beschriftung: Auf dem H-Haus: „O Heiliger St Florian Behüt mein Haus, zünd andre an". Auf dem Schild: „Halt, wenn die Karriere geschl. ist". Neben dem P-Haus: „Minimax ist auch ein Mist wenn man nicht zuhause ist." (Bereits damals war Minimax eine bekannte Feuerlöscher-Marke.)

Hund deutete die Zeichnung so: „Ein Blitz aus der Wolke Leipzig trifft das Haus P (Pauli) und verschont das Haus H (Heisenberg). Von K (Kopenhagen) aus sieht man zu. Gewarnt wird vor der Gefahr, daß bei geschlossener Karriere die Anstrengungen der Forschung versiegen."[301]

---

[301] Erläuterung zur Postkarte [132]. WP-BW 1920er, S. 320.

Pauli sah die Angelegenheit (es ging immerhin um das Angebot einer Professur) auch nicht mit mehr Interesse an. Am 8. Mai 1926 schrieb er an Wentzel, der nach ihm auf der Liste stand: „Heisenberg hat nun abgelehnt. Falls mich das Schicksal jetzt ereilen sollte, wäre es nicht ganz ausgeschlossen, daß man mir in Hamburg so viel bieten wird, daß ich auch ablehnen kann. Also sehen Sie sich vor!" Pauli blieb in der Tat weiterhin auf seinem Posten als wissenschaftlicher Mitarbeiter an der Universität Hamburg und Gregor Wentzel nahm die Professur an. Aber wenige Monate später wurde, durch den Tod von Theodor Des Coudres, wieder ein Posten in Leipzig frei. Nun die ordentliche Professur für theoretische Physik. Pauli an Heisenberg am 19. Oktober 1926: „Haben Sie schon gehört, daß Des Coudres plötzlich gestorben ist? Dieses verdammte Leipzig ist eine ständige Quelle der Beunruhigung!"[302] Ein Merkmal eines Karriereschrittes, nämlich eine gesicherte Stellung im akademischen Betrieb mitsamt ihren auch finanziellen und prestigefördernden Vorzügen, war also für diese Wissenschaftler nicht ausgesprochen attraktiv.

Und auch mit Ehrungen hatten sie es nicht sonderlich. Pauli ließ Fierz wissen, dass er für fünf Tage nach Italien reise und bemerkte in Klammern gesetzt: „wo man mir eine Medaille anhängen will" (es handelte sich um die Carlo Matteucci-Medaille, verliehen von der Accademia Nazionale). [303]

Dirac lehnte gleich den ersten „honorary degree" ab, den ihm die Universität, an der er studiert hatte, 1934 verleihen wollte. Als Grund schrieb er nach Bristol: „I would like to think that my main work lies in the future and that I have still to earn any honours that may eventually be conferred upon me." Und danach beantwortete Dirac alle Anfragen ähnlicher Natur mit dem Hinweis: Da er einmal

---

[302] WP-BW 1920er, S. 349.
[303] am 2. Juni 1956. WP-BW 1955-56, S. 579.

die Ehrung seitens seiner Alma mater, der Universität von Bristol, abgelehnt habe, könne er unmöglich eine andere akzeptieren.[304] Selbst den Nobelpreis (1933) wollte Dirac nicht annehmen. Als Rutherford ihm nach dem Grund fragte, gab Dirac an, er möge die damit einhergehende Publizität nicht. Rutherford staunte und erklärte Dirac: „A refusal will get you much more publicity".[305] Dirac überlegte – und akzeptierte den Nobelpreis.

Und bei Bohr häuften sich die Ehrungen schon seit Jahren so immens, dass ein dänischer Cartoonist eine US-Reise Bohrs für die Zeitung „Politiken" zusammenfasste (Abb.2).

In den USA dagegen etablierte sich nach dem Zweiten Weltkrieg eine andersartige Beziehung der Physiker zu ihrer Karriere, ihrer Stellung, zu Posten, Tätigkeiten und Ehrungen. Nach dem Erfolg beim Atombombenbau war das Ansehen der Physiker (speziell der Kern- und Atomphysiker) in den USA immens angestiegen - ihr Ansehen in der Gesellschaft[306] und als Partner des Militärs.[307] Vor allem zu letztem hielten die Physiker der USA auch in der Zeit nach dem Weltkrieg eine Beziehung, in der Gelder zur Physik und Knowhow zum Militär flossen.[308]

---

[304] Zitiert nach Dalitz und Peierls (1986, S. 176f).

[305] Zitiert nach Dalitz und Peierls 1986, S. 150.

[306] Anfang der 1960er war in den USA Kernphysiker der angesehenste Beruf nach Richter am Supreme Court und Mediziner. Kevles (1987, S. 391).

[307] Vgl. Cini (1980, S. 169). Kevles (1987, S. 369, 376). Brown et al (1997a, S. 7). Vgl. Schweber (1997, S. 648f).
Wie eng die Beziehung zum Militär geworden war und wie schmeichelnd sich das auf das Gemüt von Physikern auswirken konnte, illustriert ein jubilierender Goudsmit: „We brief the President ...on the nation's nuclear stockpile. We're at Eniwetok in Las Vegas, or we're talking with troop commanders in Europe or Japan.... Air force generals used to be just newsreel figures to us, but now they're fellows [with whom] we have to talk over atomic-driven planes and plan offensive and defensive tactics." Zitiert nach Kevles 1987, S. 376, der es wiederum zitierte nach Lang (1959, S. 217).

[308] Vgl. Seidel (1989, S. 497-507). Kevles (1987, S. 369, 376, 386, 402).

Atomenergi

Paa sin USA-færd er professor Niels Bohr blevet udnævnt til æresdoktor ved en half snes universiteter.

— og nu vil vor høje gæst gentage sin berømte forelæsning om kædereaktioner ...

Abb. 2 – Text in deutscher Übersetzung: „Auf seiner US-Reise ist Professor Niels Bohr bei rund ein Dutzend Universitäten die Ehrendoktorwürde zugesprochen worden

– Und jetzt wird unser hoher Gast seine berühmte Vorlesung über Kettenreaktionen wiederholen.“[309]

Gleichwohl zeigten sich bei den Physikern karriereorientiertes Denken und Handeln, Erfolgsdruck und Rivalität – beeinflusst durch den Utilitarismus und Pragmatismus, der in der US-amerikanischen Gesellschaft vorherrscht(e).[310] So wurde im Mai 1951 über den neuen Typus des akademischen Physikers in der „Physics

---

[309] Ich danke Professorin Lis Brack-Bernsen für die Übersetzung vom Dänischen ins Deutsche. – Cartoon von Bo Boyesen, abgedruckt in „Politiken“, 1958. – Wiederabgedruckt in Dam (1985, S. 37).

[310] Vgl. Schweber (1989, S. 671ff). Kaiser (2002, S. 233).

Today" konstatiert, er sei „caught up in the big business of research and finds himself the administrator of a training program under all the pressures of a production line. He is more concerned with the negotiation of contracts than with the solution of experimental difficulties".[311]

Auch die Atmosphäre unter den Physikern war eine frappierend andere geworden. So entsprachen Gell-Mann und Feynman, zentrale und berühmte Elementarteilchen-Physiker dieser Generation, nicht ganz dem Bild von freundlichen und konstruktiven Kollegen.[312] Gell-Mann[313] galt als intellektueller Tyrann, der es liebte, mit seinem Wissen anzugeben.[314] Er war überaus „competitive", konnte leicht gehässig und in seinem Gehabe überbordend werden. Manche junge Physiker unterstützte Gell-Mann (z.B. durch Empfehlungsschreiben). Hatte er es aber mit möglichen Konkurrenten zu tun, suchte er sie nicht selten herunter zu setzen.[315] Ging es um die Wahrung der eigenen Interessen, übermannten Gell-Mann leicht die Aggressionen[316] oder er ließ andere hängen.[317] Es war dann auch ein

---

[311] Harnwell (1951, S. 4) – Zitiert nach Kevles (1987, S. 373).

[312] Vgl. Rettig (2018, S. 3:14f).

[313] Gell-Mann hatte sich seit seiner Jugend für viele Bereiche, wie klassische Geschichte, Sprachen oder Ornithologie interessiert. Vgl. Johnson (2000, S. 9).

[314] Weisskopf, der Gell-Manns Doktorvater war, hielt Gell-Mann für einen Angeber. Vgl. Johnson (2000, S. 68 und 304).

[315] Vgl. Johnson (2000, S. 4, 11, 221). So erlebte es Norton, als er im Frühling 1957 als Post-doc zu Gell-Mann kam. Vgl. Johnson (2000, S. 168f). Lederman fand es unmöglich, mit Gell-Mann zu diskutieren und gab es auf. Vgl. Johnson (2000).

[316] Anfang 1956 hatten Lee und Yang einen möglichen Weg für die Behandlung der Parität publiziert (eine verdoppelte Parität). Gell-Mann meinte aber, diese Idee stamme von ihm (er hatte aber nicht darüber publiziert) und bezichtigte allerorten Yang und Lee des Ideen-Diebstahls. Solange, bis Yang und Lee ihm einen warnenden Brief schrieben. Vgl. Johnson (2000, S. 141f).

[317] So hatte er Ende der 1950er bei einem Treffen in Santa Monica Marshak und Sudarshan zugesichert, daß er nicht mit ihnen über die V-A-Theorie in Konkurrenz treten und darüber publizieren würde. Was er aber dann ohne Rücksprache doch tat, nachdem er erfahren hatte, dass Feynman auch darüber arbeitete. Vgl. Johnson (2000, S. 153ff).

ganz eigener Stil, als Gell-Mann sein Buch „Das Quark und der Jaguar" schrieb – und darin den Mitbegründer des „Quark"-Konzepts,
den weit aus weniger bekannten George Zweig, nicht mit einem
Wort erwähnte.[318]

Feynman scheint ebenfalls kein angenehmer Zeitgenosse gewesen zu sein. Er konnte eitel und von sich eingenommen wirken. Er
mochte es, wenn andere sich unter seinen Fragen zu winden begannen.[319] Und er mochte es, wenn seine Kontrahenten als Dummer-
jane dastanden, die so seine eigene Brillanz unterstrichen.[320]

Im Team verliehen Feynman und Gell-Mann dem CalTech den
Ruf, der Ort zu sein, wo es mit physikalischen Ideen geradezu brutal
und bösartig zugehen konnte.[321]

Auch was ethische Fragen anging, taten sich Welten auf zwischen
der Gründungsgeneration der modernen Physik in Europa und der
neuen Physikergeneration in den USA.

So brüstete sich Feynman geradezu mit seiner „ausgeprägte[n]
Verantwortungslosigkeit in gesellschaftlicher Hinsicht", durch die
er viel fröhlicher leben könnte.[322] Und ein Jahr, nachdem Bohr am
9. Juni 1950 seinen „Open Letter to the United Nations" publizierte,
sprach einer der zentralen Persönlichkeiten der US-Physiker, Ernest Lawrence, im US-amerikanischen Congress über militärische
Möglichkeiten, die sich durch die Beschleuniger-Technik auftun
könnten. Bohr hatte in dem „Open Letter to the United Nations" angesichts der weltweiten atomaren Bedrohung vehement auf die Notwendigkeit einer Kultur der Offenheit, Kommunikation und

---

[318] Gell-Mann (1996).

[319] So erlebte es Weinberg, der Anfang der 1960er für einen Vortrag ans CalTech
kam. Vgl. Johnson (2000, S. 222f).

[320] Vgl. Feynman (1991). Vgl. Johnson (2000, S. 314).

[321] Vgl. Johnson (2000, S. 223).

[322] Feynman (2001, S. 117).

Freiheit zwischen den Nationen hingewiesen.[323] Lawrence dagegen skizzierte den Abgeordneten des Congress', dass man bald große Mengen an radioaktivem Material in einem sehr kurzen Zeitraum herstellen könne. Das wäre, so Lawrence, „a great thing. If we had a hundred grams of neutrons a day, we could kill all the people we want to without causing physical destruction; we can disrupt great populations of Europe; we can avoid destroying Paris or London if they were occupied."[324]

„How it all changed!", resümierte Bethe, der beide Physik-Zeiten, vor und nach dem Zweiten Weltkrieg, in Europa und den USA aktiv miterlebt hatte, 1958. „[Today we] fly many times every year across the country or across the Atlantic to hold mammoth conferences in which it is difficult to find our friends. The life of physicists has changed completely, [...]. The pace is hectic. Yet the progress of fundamental discovery is not faster, and perhaps slower, than in the thirties." In Europa vor dem Weltkrieg dagegen „[t]he physicists in all countries knew each other well and were friends. And the life at the centers of the development of quantum theory, Copenhagen and Göttingen, was idyllic and leisurely, in spite of the enormous amount of work accomplished."[325]

---

[323] Denn so ließe sich effektiv Vertrauen aufbauen, das Bohr als wesentliches Element zur Friedens- und Existenzsicherung der Menschheit ansah. Bohr (1950). Rozental (1967, S. 340–352). Dam (1985, S. 80-97).
Online: http://www.atomicarchive.com/Docs/Deterrence/BohrUN.shtml – Zugriff am 26. Januar 2020.

[324] Der Abgeordnete John Bricker schwärmte daraufhin: „We could move in and take it over." Lawrence in Congress-Anhörung. „Production Particle Accelerators", Transkript der Anhörung der „Joint Committee on Atomic Energy, United States Congress, 11. April 1951. Lawrence (1951) – Zitiert nach Seidel (1989, S. 505).

[325] Bethe (1958, S. 426).

8.5. Wandel in der theoretischen Physik – Tabu-Themen

Auch in der Weite und Breite der Kommunikation zeigt sich der Bruch der Kontinuität: Nach dem Weltkrieg vollzog sie sich quasi nur noch über die Ebenen I und II – wobei die Ebenen III und IV mehr als ausgespart wurden.[326] Im Gegenteil ist bei dieser neuen Generation an theoretischen Physiker geradezu eine Angst vor allem auszumachen, was jenseits der Ebenen I und II liegt. Dies führte zu einem Tabu, Fragen und Themen der Ebenen III und IV anzusprechen und in den Diskurs einzubeziehen.[327] (So wurde z.B. Bohr beim Solvay-Kongress 1961 gebeten, keinen philosophischen und epistemologischen Vortrag zu halten.[328]) Metaphysische und philosophische Aussagen wurden irritiert diskreditiert, als belanglos, unwissenschaftlich oder gar lächerlich dargestellt. In Feynmans Band „Vom Wesen physikalischer Gesetze", das Vorträge an der Cornell Universität aus dem Jahre 1964 umfaßt, findet sich nichts zu den für die moderne Physik charakteristischen und zentralen Themen „Objektivität-Subjektivität" oder „Beobachtung". Die Unschärferelation wurde zwar erwähnt, nicht aber erklärt oder in ihrer Implikation erläutert. Stattdessen warnte Feynman seine Leser, sich überhaupt die Frage zu stellen, wie etwas so sein kann, wie es ist. Das würde zur Verwirrung führen, in eine Sackgasse, aus der bis dato niemand herausgekommen sei.[329]

---

[326] Vgl. Rettig (2018, S. 3:13f).

[327] Vgl. Cini (1980, S. 170). Passend für die Einstellung der neueren Physiker-Generation zu Fragen der Ebenen III und IV ist auch die unterschiedliche Bedeutung des Begriffs „Humanist": In Europa wird darunter ein Anhänger des Humanismus (Bildung zur Menschlichkeit) oder Kenner der alten Sprachen verstanden (vgl. „Humanismus" und „Humanist" in dtv-Lexikon (dtv 1966, Band 9, S. 81). In den USA dagegen steht der Begriff für konservative, die Entwicklung bremsende Personen, die nahe dem religiösen Fanatismus sind. Kevles (1987, S. 170f).

[328] Vgl. Schweber (1989, S. 668ff).

[329] Vgl. Gleick (1993, S. 13). Feynman (1993).

Weinberg übersprang das Thema „Unschärferelation" in seiner Vorlesungssammlung „Teile des Unteilbaren – Entdeckungen im Atom" gänzlich – obwohl er mit diesen Vorlesungen intendierte, so Weinberg im Vorwort, die Studenten „an die großen Errungenschaften der Physik des 20. Jahrhunderts heranzuführen und sie zu begeistern".[330] In einem anderen weit verbreiteten Buch legte Weinberg seine Meinung zur erkenntnistheoretischen Seite der Quantentheorie des Atoms explizit dar: Zwar sei die Quantenmechanik die tiefgreifendste Umwälzung seit Geburt der modernen Physik im 17. Jahrhunderts und bestimme seitdem alles – dennoch sollte man nicht versuchen, die Quantenmechanik zu verstehen. Ansonsten käme man in der Physik nicht mehr voran.[331] Warnend schrieb er weiter: „ich kenne niemanden, der in der Nachkriegszeit aktiv am Fortschritt der Physik beteiligt war und dessen Forschungsarbeit durch das Wirken der Philosophen nennenswert gefördert worden wäre."[332]

Feynman verschmähte die Philosophie als weich und unbeweisbar.[333] Als Physiker gehe es einem nicht um Philosophie, sondern um das Verhalten der echten Dinge.[334] 1979 erzählte Feynman einem Reporter der Zeitschrift „Omni" von seiner jüngsten Begegnung mit der Philosophie, die ihm in Form von Spinoza begegnet war – dem Philosophen, den Einstein sehr favorisiert hatte: „Mein Sohn macht gerade ein Seminar in Philosophie; gestern abend haben wir uns etwas von Spinoza angesehen – eine ausgesprochen kindische Art des Argumentierens! Da ging es um all diese Attribute und Substanzen, all dieses bedeutungslose Geschwafel." Er und sein

---

330 Weinberg (1984). Die Vorlesungen hielt Weinberg 1980 an der Havard University und 1981 an der University of Texas.

331 Weinberg (1995, S. 73f und 92).

332 Weinberg (1995, S. 175).

333 Vgl. Gleick (1993, S. 13).

334 Vgl. Gleick (1993, S. 232).

Sohn hätten lachen müssen. „Wie konnten wir das? Da haben wir diesen großen holländischen Philosophen – und wir lachen über ihn. Und das allein deshalb, weil es dafür keine Entschuldigung gibt! Zur gleichen Zeit lebte Newton, Harvey untersuchte den Blutkreislauf, es gab Leute, die Verfahren der Analyse beherrschten, mit deren Hilfe man Fortschritte erzielte!" Etwas später erläuterte er, die (derzeitigen) Philosophen würden „die Gelegenheit beim Schopf [packen], daß es möglicherweise kein letztes, endgültiges Elementarteilchen gibt, und erklären dir, du sollst zu arbeiten aufhören und lieber ernsthaft und tiefsinnig nachgrübeln." Er aber wolle sich nicht beeinflussen lassen. Feynman: „Nun, ich habe vor, [die Welt] zu erforschen, <u>ohne</u> sie zu definieren!"[335]

Sehr anders war dagegen die Art gewesen, mit der vor dem Krieg die moderne Physik betrieben wurde. Vor allem in Kopenhagen. Zwar vollzogen sich viele Publikationen und Diskussionen auch auf den Ebenen I und II, aber auch auf Ebene III. Ebene IV wirkte dazu im Hintergrund stark mit hinein,[336] denn das geistige Fundaments dieser Akteure bildete – neben den physiktheoretischen Begriffen – der erstaunliche Bildungskanon dieses kulturellen Zeitraums: Von den Philosophien der griechischen Antike über die Weimarer Klassik, dem deutschen Idealismus, skandinavischen Sagen und Märchen bis hin zu den dato neuesten Kinofilmen. Die letzten Zeilen aus Schillers „Sprüche des Konfuzius"[337], die kursierten (weil Bohr sie oft zitierte[338]), charakterisieren den Forschungsstil dieser Zeit: „Nur Beharrung führt zum Ziel, / Nur die Fülle führt zur Klarheit, / Und im Abgrund wohnt die Wahrheit."

So entsprangen die erstaunlichen Forschungsergebnisse in den 1920er Jahren aus einer kleinen, nahezu intimen Gruppe mit

---

[335] Feynman (2001, S. 207f).
[336] Vgl. WP-BW 1920er. Heisenberg (1927). Bohr (1928). Bohr (1964).
[337] von 1796.
[338] Vgl. WP-BW 1930er, Anm. j, S. 5.

andauernder Kommunikation auf allen Ebenen (auch III und IV). Es ging voran durch den Austausch von Ideen, den intensiven Diskussionen sowie einem gehörigen Schuss Selbstironie über alle Ebenen hinweg.[339]

8.6. Wandel in der theoretischen Physik – Ansprüche

Desweiteren ist der Bruch der Kontinuität ersichtlich in den unterschiedlichen Ansprüchen an eine physikalische Theorie und in der Bewertung von Erfolgen.

Welche Ansprüche vor dem Zweiten Weltkrieg gestellt wurden, läßt sich an der Quantentheorie des Atoms (mit u.a. Quantenmechanik, Unschärferelation, Ausschließungsprinzip, Komplementarität). Hier reichte eine quantitative Beschreibung von Phänomenen – wie sie die Quantenmechanik für das Atom bedeutete – nicht aus. Genauso wenig Modelle zur Erläuterung von Phänomenen, wie es Bohrs Atommodell von 1913 war. Ein echter Erfolg war erst dann geschafft, wenn die zu Grunde liegenden Zusammenhänge herausgearbeitet und das Wesen der Sache verstanden war. Dies war vollbracht, wenn alle Phänomene von einem Verständnis her erklärbar waren – ohne prinzipielle Widersprüche.[340]

Im Kontrast dazu[341] standen die Zielsetzungen und Bewertungen der neuen Generation nach dem Zweiten Weltkrieg, wie es sich z.B. bei der Einführung der Quantenzahl „Strangeness" 1955 (vgl. Kap. 6.2.) zeigt. Dieser Quantenzahl entsprach – im Gegensatz zu allen vorherigen, wie Spin, Ladung, Isospin – kein Konzept, sondern sie war rein deskriptiv erdacht. Sie wurde gesetzt – und verblieb ohne weitere Erklärung, Bedeutung, Relation.

---

339 Vgl. die Quellen dieser Zeit, wie Erinnerungen (z.B. Rozental 1967), Interviews und die Briefe (z.B. in WP-BW 1920er).

340 Vgl. Heisenberg (1948a). Heisenberg (1969). Bokulich (2004).

341 Vgl. Cini (1980, S. 170f).

Ein anderes Beispiel ist die Bewertung der in den 1940ern entwickelten renormierbaren Quantenelektrodynamik (siehe Kap. 5.4.). Viele, vor allem US-Physiker, schätzten den Wert, Erfolg und Fortschritt der renormierbaren Quantenelektrodynamik ungemein hoch ein. In den USA wurde sie als großer Fortschritt und Erfolg gefeiert, geradezu als Revolution. Ihre Wertigkeit wurde quasi mit der Entdeckung der Relativitätstheorie gleichgesetzt. So nannte z.B. Feynman sie „das Juwel der Physik – unser stolzestes Eigentum“.[342]

Diese Einschätzung teilten die Protagonisten der Vorkriegs-Zeit nicht in Gänze: „Recent work by Lamb, Schwinger and Feynman and others has been very successful [......] but the resulting theory is an ugly and incomplete one“, beurteilte sie der sonst so wortkarge Dirac 1951.[343] Er lehnte die Art, wie die Massen und Ladungen in dem Renormalisierungsprogramm manipuliert wurden (siehe Kap. 5.4., Fn. 171), kategorisch und vehement ab.[344] Die renormierbare Quantenelektrodynamik involviere, so Dirac im März 1965 „a drastic departure from logic. It changes the whole character of the theory, from logical deductions to a mere setting up of working rules.“[345]

---

[342] Feynman (1985) – Zitiert nach Pais (2000, S. 65). Dyson jubilierte 1953: „It is the only field in which we can choose a hypothetical experiment and predict the result to five places of decimals confident that the theory takes into account all the factors that are involved. Quantumelectrodynamics gives us a complete description of what an electron is. It is only in quantumelectrodynamics that our knowledge is so exact that we can feel we have some grasp of the nature of an elementary particle.“ – Zitiert nach Kragh (1999, S. 336) und Schweber (1994, S. 568).

[343] Dirac (1951, S. 291). – Zitiert nach Pais (1998, S. 25).

[344] Vgl. Pais (1998, S. 1-45, S. 25f).

[345] Dirac (1965, S. 685). – Zitiert nach Kragh (1990, S. 184). Und 1975: „Most physicists are very satisfied with the situation. They say: ‚Quantumelectrodynamics is a good theory, and we do not have to worry about it any more.' I must say that I am very dissatisfied with the situation, because this so-called ‚good theory' does involve neglecting infinities which appear in its equations, neglecting them in an arbitrary way. This is just not sensible mathematics. Sensible mathematics involves neglecting a quantity when it is small – not

Auch Pauli war, nachdem er sich mit der renormierbaren Quantenelektrodynamik auseinandergesetzt hatte, nicht beeindruckt. Als eine der Gründe seiner Ablehnung schrieb er: „die Renormalisation halte ich für ein noch unverstandenes ‚Palliativ'-Mittel."[346] Und an Jordan am 7. Juni 1955: „Nächste Woche bin ich in Pisa (um dort Vergleiche der Lage der Feld-Renormalisation mit der des schiefen Turmes anzustellen – in dem Sinne, daß ich die letztere für die stabilere halte)".[347]

Max Born stellte 1949 in einer Rezension fest: „the majority of theoretical physicists, [...] have spent a great amount of ingenuity and mathematical skill in an endeavour not to solve, but to eliminate, the difficulties of atomic theory arising from the appearance of infinite terms."[348]

Heisenberg schätzte die renormierbare Quantenelektrodynamik so ein wie zuvor, in den 1930ern, die Kaskaden-Theorie, von der er meinte, sie sei gut, gelte aber eben nur in Bereichen niedriger Energie. Da er sich aber vor allem für die Bereiche der starken Energie interessierte, konstatierte er 1949 gegenüber Touschek: „one does not yet learn anything from this new quantumelectrodynamics about the fundamental difficulties, and so one will not be able to derive much benefit for meson theory either."[349] Und 1957 meinte er gegenüber Haag: „Die Renormierung der Quantenelektrodynamik ist ein taktischer Fortschritt, aber eine strategische Katastrophe."[350]

Kurzum: Dieselbe Theorie, die der neuen Physiker-Generation der Nachkriegszeit als wichtiger Schritt, als großer Erfolg erschien,

---

neglecting it just because it is infinitely great and you do not want it!" Dirac (1978, S. 36) – Zitiert nach Kragh (1990, S. 184).

[346] Am 29. September 1953 an Heisenberg. WP-BW 1953-54, S. 269.

[347] WP-BW 1955-56, S. 250.

[348] Born (1949) – Zitiert nach WP-BW 1950-52, S. 12.

[349] am 28. Oktober 1949. – Zitiert nach Carson (1995, 455f).

[350] Zitiert nach Haag (1993, S. 267).

empfanden die der Vorkriegszeit als eine unwesentliche kleine Neuerung – nichts, angesichts dessen ihr Atem gestockt, ihre Augen geleuchtet, ihre Phantasie und Begeisterung losgebrochen wäre. Es gab also eine deutliche Diskrepanz.

8.7. Wandel in der theoretischen Physik – Zielsetzung

Einen wesentlichen Hintergrund für die verschiedenartige Bewertung von ein und derselben Theorie bildeten die unterschiedlichen Intentionen, mit denen geforscht wurde.

Die jüngeren Physiker der Nachkriegszeit wurden – wie oben erwähnt – konfrontiert mit einer Zersplitterung ihrer Wissenschaft in immer weitere Teilbereiche, sowie einer steigenden Anzahl an Kollegen. Dazu trat der kulturelle Hintergrund des Nachkriegs-Zentrums der Physik: Die USA waren geprägt durch einen starken Pragmatismus, ja Utilitarismus. Da war wenig Platz, wenig Zeit und wenig Sinn für Diskussionen in der Manier der 1920er. Es galt, zu Potte zu kommen. Und das hieß: Erfolge und Ergebnisse präsentieren zu können.[351] So ist erklärlich, dass in der Nachkriegszeit eine andere Definition von Erfolg geschaffen wurde, ja geschaffen werden musste: Nun reichte es bereits, Phänomene beschreiben, Berechnungen machen und Modelle aufstellen zu können.[352]

Diese Definition war mit den Ansprüchen der Vorkriegs-Generation (vgl. Kap. 2.5.) nicht kompatibel. Heisenberg verwies darauf, dass die Resultate von naturwissenschaftlichen Arbeiten "can be quite different if you either try to find out the plan according to which nature is constructed, or you just want to observe, to describe and to predict the phenomena." Von dieser Entscheidung könne das letztendliche Verstehen abhängen. „The purely phenomenological

---

[351] Vgl. Schweber (1989, S. 671ff). Cini (1980, S. 157, 171).
[352] Vgl. Cini (1980, S. 157-172). Kragh (1999, S. 441ff). Schweber (1989, S. 668-693, S. 680f und 685ff). Pickering (1984, S. 297-302, 309).

description of the phenomena involves the danger of perpetuating old prejudices and of missing the decisive new concepts."[353] Gegenüber seinen Mitarbeitern äußerte Heisenberg denn auch den Standpunkt, man könne „mit einer schlechten Philosophie keine gute Physik machen".[354]

Dirac meinte, es sei eine schlechte Methode, nur auf die neuesten Informationen zu hören, die die Experimentatoren erhalten haben, um dann schnell eine Theorie aufzubauen, die diese darstelle. Das sei wie ein „rat race".[355] Dirac: „Some physicists may be happy to have a set of working rules leading to results in agreement with observation. They may think that this is the goal of physics. But it is not enough. One wants to understand how Nature works."[356]

Dirac zog die Konsequenz und sich aus dem weiteren Diskurs heraus. So landete er, wie sein Biograph Helge Kragh es formulierte, auf der Position eines Außenseiters.[357]

Auch Pauli war ernüchtert. Im Herbst 1954, wieder einmal auf einem Solvay-Kongress weilend, schrieb er an Fierz: „Noch ein kleines Stimmungsbild: ich habe hier so stark das Gefühl, dass wir so etwas wie ‚unsere eigenen Epigonen' sind, wenn ich an die Solvay-Kongresse von 1911 (diesen kenne ich natürlich nur vom gedruckten Report) und 1927 (wo ich zum ersten Mal hier war) zurückdenke. Damals war es ‚das Quantenrätsel' und seine schliessliche Lösung, das vor den Physikern stand. Jetzt aber scheint das Motiv des ‚geistigen Abenteuers' aus der Physik gewichen. (Dass die anwesenden Experten hier meistens ausgezeichnet sind, verstärkt nur diesen

---

353 Heisenberg (1974a, S. 135 resp. S. 499).

354 Vgl. Haag (1993, S. 268).

355 Allerdings wie eines, bei dem intelligente Ratten teilnehmen würden. Dirac (1972). – Zitiert nach Kragh (1990, S. 284).

356 Dirac (1981, S. 129).

357 Kragh (1990, S. 167).

Eindruck.) Es scheint mir ein unentrinnbares Schicksal, dass die Physik technisch-ingenieurmässig wird".[358]

8.8. Wandel in der theoretischen Physik – Das Pflaster der Kommunikation

Trotz dieses Bruchs in der Kontinuität der theoretischen Physik führten Pauli und Heisenberg ihre Arbeiten auf ihre Art inmitten der aktuellen Forschung und Physikergemeinde weiter – fast ohne sich um die verschiedenartigen Intentionen und Erfolgsdefinitionen zu scheren.

Möglich war das auf Grund der Kommunikationsform mit ihrer Beschränkung auf die Ebenen I und II. Auf diesen Ebenen spielten (und spielen) Unterschiede zwischen Physikern selbst keine Rolle. Ganz gleich ob es sich um Unterschiede in Alter, Herkunft, Weltsicht, Block-Zugehörigkeit im Kalten Krieg oder eben der Kultur handelte. Indem sich also der Austausch auf die Ebene I und II beschränkte, wurden die Differenzen und Diskrepanzen zwischen den Generationen verwischt, verschmiert.

8.9. Wandel in der Physik – Zusammenfassung und Fazit

Durch die Entwicklung der Naturwissenschaft in ihrem historischen Rahmen (dem 20. Jahrhundert mit seinen Diktaturen und Weltkriegen) verwandelte sich auch die Physik. Sie wurde zu einer „Big Science" mit einer wachsenden Gemeinschaft, mit steigendem Spezialistentum, einer immer potenteren, größeren und teureren Technik und einem neuen Zentrum in den USA.

Dabei bildete sich eine neue Physiker-Generation aus, die die vorherige zurücktreten ließ. Diese neue Generation etablierte sich nach

---

[358] 14. September 1954. WP-BW 1953-54, S. 756f.

dem Zweiten Weltkrieg, von den USA ausgehend. Sie unterschied sich von jener vor dem Krieg in Europa so sehr, dass es auch zu einer Abänderung bei dem kam, was „Physik machen" bedeutete, was man unter guter Physik-Forschung verstand.[359]

Das zeigte sich an den äußeren Faktoren, wie die neuartige hohe gesellschaftliche Stellung der Physiker und ihre Verbundenheit zum Militär in den USA - sowie in der Art, wie man sich durchsetzen, wie man sich einen Namen, wie man Karriere machen konnte. Und es zeigte sich an der Gedanken- und Sprachwelt, dem geistigen Horizont, innerhalb dessen kommuniziert wurde, sowie schließlich in einer neuen, andersartigen Bewertung von Forschungsergebnissen und in den andersartigen Ansprüchen an das, was eine physikalische Theorie zu leisten hat.

Da eine Kommunikation zwischen den Physikergenerationen durch die Beschränkung auf Themen der Ebene I und II weiterhin möglich war, trat die Diskrepanz zwischen den Generationen kaum ins Bewusstsein der Physiker und wurde nicht thematisiert. Dennoch gab es diese Kluft und sie führte dazu, dass die beiden unterschiedlichen Physikergenerationen nicht mehr kompatibel waren. Gerade weil sie sich in ihrer Verschiedenheit nicht erkannten, gab es Schwierigkeiten, voneinander zu lernen, sich gegenseitig zu befruchten und eine gute gemeinsame Grundlage zu schaffen – mit gemeinsamer Sprache, gemeinsamer Methodik, gemeinsamen Zielen. Statt dessen musste jede Physikergeneration das Bestreben der anderen als wenig interessant ansehen.

Und als solches, als wenig interessant, als jenseits dessen, wohin man gelangen wolle, wurde auch der Ansatz von Heisenberg und Pauli von 1958 betrachtet. Dabei hatten sich Heisenberg und Paulis Art und Zielsetzung in der Physik seit den 1920ern kaum verändert. Aber die Zeit hatte sich geändert. In der neuen Physiker-Gemeinde

---

359 Vgl. Schweber (1989, S. 680f).

mussten Heisenberg und Pauli mit ihren Ansprüchen, Anforderungen und Zielen wie ein Affront, eine Anmaßung wirken. Die neue Generation war mit ihnen überfordert.

9. Aspekt III: Die Person Heisenberg

Das Scheitern des 1958-Ansatzes von Heisenberg und Pauli hing zu einem wesentlichen Teil mit der Person Heisenberg zusammen. Mit Heisenbergs Stil einerseits – und mit seinem Ansehen nach dem Zweiten Weltkrieg andererseits.

Zu Heisenbergs Stil
Heisenbergs Stil zeigt sich in seiner Methode und seinem Eigensinn. Beides zusammen brachte ihn in der Zeit nach dem Zweiten Weltkrieg in eine Außenseiter-Position:

9.1. Zu Heisenbergs Stil – Die Methode
So d'accord man in einer Forschungsgemeinschaft über Ziele, Bewertung und Ansprüche sein mag – letztendlich verfolgt jeder Forscher die Ziele mit seiner individuellen Methodik. Wie in Teil II ersichtlich, entsprach Heisenberg nicht dem Typus, der sukzessive eine Detailfrage nach der anderen klärt, um nach genügend langer Arbeit schließlich zur Lösung eines größeren Problems zu kommen oder dazu beizutragen. Vielmehr nahm Heisenberg gleich zu Beginn das Gesamte in Augenschein und suchte nach einem Ansatz, der den grundlegenden Zusammenhängen, dem Ganzen gerecht werden könnte. Er suchte einen Ansatz, mittels dem sich möglichst der gesamte Bereich verstehen und somit gleich ein ganzes Bündel an

Fragen beantworten ließe – um sich von dort aus den Detailfragen zu wenden zu können.

Hatte Heisenberg einmal einen für ihn interessanten Ansatz gefunden, so verfolgte er diesen ausdauernd, über Jahre hinweg. Auch in dem er ihn immer wieder modifizierte, so dass neu gewonnene Einsichten einbezogen werden konnten. Er änderte und wechselte dabei großzügig, wie es gerade passte – das gehörte zum Prozess, zu seinem Forschungsstil (vgl. Kap. 4.2. über Diracs Löchertheorie und Kap. 4.3. über die Explosionstheorie).

Daher differenzierte Heisenberg zwischen einer „offenen Theorie" und einer „geschlossenen Theorie". Eine „geschlossene Theorie" der Quantenelektrodynamik z.B. wäre eine Theorie, in der man die ganze Quantenelektrodynamik in einem konsistenten mathematischen Schema definieren könne, ohne dabei auf andersartige Teilchen Bezug zu nehmen (also Teilchen, die auch der schwachen oder starken Kraft unterliegen, wie Mesonen oder Protonen). „Offen" dagegen würde bedeuten, dass man auch die anderen Teilchen (Mesonen, Protonen etc.) einbeziehen müsste, um die Theorie konsistent zu machen.[360] Man nimmt also das Ganze, um einen Teilbereich (hier die Quantenelektrodynamik) zu klären. Und eben auf eine solch offene Theorie zielte er. Denn, so Heisenberg: „Man kann nie nur eine einzige Schwierigkeit lösen, man wird immer gezwungen sein, mehrere auf einmal zu lösen."[361]

Dementsprechend war es auch bei dem Ansatz für eine Elementarteilchentheorie, den Heisenberg 1950 entwickelte und aus dem der Heisenberg-Paulische Ansatz von 1958 erwuchs.

---

[360] Heisenberg (1953a, S. 901 resp. S. 513).
[361] Heisenberg (1998, S. 124). Vgl. Heisenberg (1998, Kapitel 8). Heisenberg (1948a). Bokulich (2004).

9.2. Zu Heisenbergs Stil – Der Eigensinn

Selbst heftige Kritiken (u.a. von Pauli und Fierz) nahm Heisenberg nicht als Grund, seinen Ansatz von 1950 zu verwerfen (vgl. Kap. 6.1.). Vielmehr nahm er sie als willkommene Fingerzeige für Weiterentwicklungen und Fortschritte. Denn Anfeindungen und Zweifel anderer waren für Heisenberg nie Grund, seinen Weg aufzugeben. So zurückhaltend und geradezu weich er im zwischenmenschlichen Umgang war (siehe Kap. 9.9.), so eigensinnig und stur und dickköpfig verhielt er sich bei Fragen der Physik. Darin war er Bohr ähnlich.[362] Beide waren, so Kramers, bei Fragen der Physik „tough, hard nosed, uncompromising and indefatigable".[363]

Heisenberg hatte von Studienbeginn an erlebt, dass seine Ideen und Vorstellungen kontrovers aufgenommen wurden – sich aber später als richtig erwiesen, oder zumindest als richtungweisend: Schon in seinem ersten Semester entwickelte Heisenberg aus einer Aufgabe, die Sommerfeld ihm gestellt hatte, eine Lösung, die zunächst schockierte.[364] Und ähnlich ging es weiter mit u.a. der Turbulenztheorie (Kap. 5.3.), Quantenmechanik und Unschärferelation. Ebenso war es mit seiner Idee der Teilchenexplosionen (Kap. 4.3.) oder der S-Matrix-Theorie, die zwar bald nach Kriegsende

---

[362] Was bei den beiden Männern zu einer engen Freundschaft, bei den Diskussionen um die Unschärferelation 1927 aber auch zu einigen Spannungen geführt hatte. Vgl. Heisenberg (1998, S. 96). Heisenberg an seine Eltern am 16. Mai und 30. Mai 1927, Heisenberg (2003, S. 121f). Pais (1991, S. 263, 273f, 309). Hermann (1994, S. 38ff).

[363] Kramers an Oskar Klein. Zitiert nach Dresden (1987, S. 481).

[364] Es ging bei der Aufgabe um den anomalen Zeemaneffekt. Heisenberg hatte, um eine Lösung zu erhalten, halbe Quantenzahlen genutzt. Sommerfeld nahm zunächst an, das sei absolut unmöglich. Heisenberg (1962a, S. 5f).

Pauli bemerkte, so Heisenberg in seinen Erinnerungen, zu dem Versuch mit halben Quantenzahlen, „ich würde wohl auch noch Viertel- und Achtel-Zahlen einführen, und schließlich würde sich die ganze Quantentheorie unter meinen Händen verkrümeln." Heisenberg (1998, S. 48). Vgl. van der Waerden (1992, S. 11f). Hermann (1994, S. 15). Cassidy (1992, S. 152ff).

aufgegeben worden war, sich aber ab Ende der 1950er zu einem zentralen Forschungsgebiet formierte.[365]

9.3. Zu Heisenbergs Stil – Die Situation nach dem Zweiten Weltkrieg

Mit seiner Fähigkeit, sich über Kritiken, Zweifel, Anfeindungen hinwegzusetzen, war Heisenberg in der Lage, eigensinnig seiner Intuition, seinen Ideen und Vorstellungen zu folgen. So war er in einem gewissen Maße „immun" gegenüber veränderten Ansprüchen, Sichtweisen, Strömungen, wie sie sich im o.g. Wandel in der Physik zeigten. Er reagierte kaum darauf, was zu einer Distanz zwischen Heisenberg und der sich neu formierenden Physikergeneration in den USA führte. Diese wurde noch verstärkt durch Heisenbergs Verbleiben in Deutschland nach 1933. All jene sich daraus ergebenden äußeren Umstände (Abwanderung und Verlust von Physikern, Probleme mit staatlichen Stellen, Probleme zu internationalen Konferenzen zu reisen, Mangel an Fachpublikationen, Krieg, Wiederaufbau) machten es für Heisenberg immer schwieriger, aktiv an den aktuellen Diskussionen teilzunehmen. Was auch bedeutete, dass Heisenbergs Ideen, Ansprüche und Sichtweisen in den USA keine Rolle spielen, keine Diskussionen auslösen, also keine Wirkung entfalten konnten. Jedenfalls nicht in vollem Maße.[366]

Dieses führte dazu, dass Heisenbergs Ziele und Wege in der Physik, die er ab 1950 mit seiner Elementarteilchentheorie verfolgte, nach dem Zweiten Weltkrieg in den USA kein Interesse mehr hervorriefen. So bemerkte Pauli gegenüber Heisenberg in der hitzigen Diskussion von Anfang 1957: „Ich weiß, dass praktisch niemand Deine Arbeiten liest".[367]

---

[365] Vgl. Haag (1993, S. 267). Pickering (1984, S. 73). Brown et al. (1989a, S. 30).

[366] Vgl. Carson (1995, S. 406, 411, 454f, 464).

[367] Am 2. Februar 1957, WP-BW 1957, S. 167.

Zu Heisenbergs Ansehen

Das Desinteresse an Heisenbergs Ideen und Wegen wurde noch durch einen anderen, einen starken Aspekt begründet: Durch die Ablehnung der Person Heisenberg seitens der US-amerikanischen Physiker-Gemeinde. Und diese Ablehnung erlebte gerade Ende der 1950er einen Höhepunkt.

9.4. Zu Heisenbergs Ansehen – In Deutschland

In Deutschland war Heisenbergs Ansehen seit den 1920ern stetig gestiegen, so dass er nach dem Zweiten Weltkrieg auch außerhalb des wissenschaftlichen Bereichs zu einer Berühmtheit wurde. Seine Reputation, auch seine moralische, war immens hoch. Das äußerte sich u.a. darin, dass man versuchte, Heisenberg für verschiedenste Anliegen jenseits der Physik einzuspannen.[368] Eine der vielen Anfragen kam z.B. aus Bayern mit der Bitte, im Juni 1958 die Festrede zur 800-Jahr-Feier der Stadt München zu halten.

Der Feuilletonist Joachim Kaiser charakterisierte Heisenberg so: „Es gibt Menschen, die von ihrem Ruhm, ihrer Bedeutung, den Folgen ihres Tuns gestempelt scheinen: Genies, die sich ihrer Größe bewusst sind und immerfort bewusst-unbewußt darauf anspielen. Werner Heisenberg ist das ungeheure – fast unheimliche – Gegenteil davon. Wenn man mit ihm zu tun hat, wenn er redet, musiziert; man kommt nicht andeutungsweise darauf, daß er zu den wenigen gehört, deren Existenz die Welt veränderte.“[369]

Heisenbergs Popularität in der BRD wurde so groß, dass bei ihm der Einsteinsche Midas-Effekt zur Wirkung kam: Da wird alles, was

---

[368] Vgl. Carson (1995, S. 19-40, 236). Hermann (1994, S. 97-109).

[369] In der „Süddeutschen Zeitung" unter der Überschrift „Der berühmteste Bürger Münchens – Zum 70. Geburtstag von Werner Heisenberg". Kaiser (1971)

man sagt, zu Zeitungs-Geschrei.[370] Wobei auch bei Heisenberg galt: Umso mehr er versuchte, sich der allgemeinen Aufmerksamkeit zu entziehen, desto interessanter wurde er für sie. Wie ungern er sich für die Öffentlichkeit vereinnahmen und photographieren ließ, illustriert die Bemerkung im Spiegel von 1967, dass „Photographen lieber an den Ucayali-Fluss zu den gefährlichen Eingeborenen, den Kampas [fahren], als zu Professor Heisenberg ins Max-Planck-Institut".[371]

9.5. Zu Heisenbergs Ansehen – In den USA

In den USA war Heisenberg zunächst unter den Wissenschaftlern, allen voran den Physikern, ebenfalls bekannt – und sehr geschätzt. Daran hatte sich noch nichts geändert, als er ab 1933 wiederholt Angebote aus den USA ablehnte und in Nazi-Deutschland, auf seiner Leipziger Professorenstelle, verblieb. Auch unter den zahlreichen Emigranten hatte Heisenberg einen guten Ruf. So schrieb Goudsmit am 1. Mai 1933 an Ehrenfest in einem donnernden Brief über die Deutschen: „Es wird sich bald zeigen, dass alles, was die deutsche Kultur gross und einflussreich gemacht hat, wenigstens 50% jüdischen Ursprungs war. Ich habe die Deutschen und ihre Kultur, inklusive Deutsch-Juden, immer sehr gehasst." Zu Heisenberg aber bemerkte er: „Er ist dann wirklich ein grosser Geist und auch als Mensch hervorragend. Aber was ist der Preis, den das deutsche Erziehungssystem für einen Heisenberg bezahlen muss?"[372]

---

[370] Einstein an Born am 9. September 1920: „Wie bei dem Mann im Märchen alles zu Gold wurde, was er berührte, so wird bei mir alles zum Zeitungsgeschrei: suum cuique." Born und Einstein (1969, S. 45).

[371] „Spiegel-Verlag/Hausmitteilung". „Der Spiegel" vom 13. November 1967, Nr. 47, S. 3.

[372] Zitiert nach WP-BW, 1940er, S. 291.

Noch Anfang der 1940ern scheint Heisenbergs Ansehen in den USA gut gewesen zu sein. So schrieb Pauli am 20. Juli 1942 in die Schweiz an Wentzel: „Ist Dein Brief vielleicht wegen Deinen Mitteilungen über H[eisenberg] von der Zensur zurückgehalten worden? Bitte schreib' aber trotzdem, sowie Du etwas Neues über Heisenberg erfährst. Er hat hier viele Freunde, speziell an der Purdue-University, wo er zuletzt war".[373]

Nach dem Weltkrieg aber verlor Heisenberg unter den amerikanischen Physikern stark an Ansehen. Und 1958 war seine Reputation als Physiker so gering, dass man seine Physik als „a bit over the hill" (Bernstein)[374] ansah. Als passé.

Diese Geringschätzung war weniger wissenschaftlich als durch eine Diskreditierung der Person Heisenberg begründet. Diese Diskreditierung vollzog sich nicht öffentlich – und war (und ist) somit schwer fassbar. Aber einige deutliche Hinweise über das, was man in den USA über Heisenberg dachte, finden sich in einem Brief, den Pauli am 5. März 1958 aus Berkeley an Paul Rosbaud schrieb. Da wurden Heisenbergs Versuche, zu einer einheitlichen Quantenfeldtheorie zu gelangen, mit einem „unersättlichen" „Ruhmbedürfnis" Heisenbergs in Zusammenhang gesetzt, das durch „Minderwertigkeitskomplexe" gespeist worden wäre, hinter dem ein Trauma stünde. Pauli: „Die Hypothese der amerikanischen Physiker ist, sein [Heisenbergs] Trauma rühre daher, daß ihm während des Krieges nicht eingefallen ist, daß man Plutonium herstellen könne. Übrigens ist ihm auch die Theorie der Supraleitung schiefgegangen. Überall höre ich hier: ‚Nobody would believe Heisenberg, if you were not in. So he is of course interested in you.' Ich helfe ihm also zur <u>Kreditfähigkeit</u>."[375]

---

[373] WP-BW, 1940er, S. 150.
[374] Bernstein (1993, S. 38).
[375] WP-BW 1958, S. 1008.

Und Dürr, der in den USA arbeitete, bis er 1958 zu Heisenberg wechselte, erläuterte, dass Heisenberg von den US-Physikern angesehen wurde als ein „teutonischer Paranoiker". Als ein „Ehrgeizling, der alle Dinge besser und schneller machen wollte, um seine Überlegenheit zu beweisen".[376]

9.6. Zur Diskreditierung in den USA – Die Mythen

Die Ablehnung Heisenbergs in den USA basierte vor allem auf zwei Mythen unter amerikanischen Physikern. Diese wirkten weit bis in die Nachkriegszeit hinein – und niemand vermochte zu klären, dass sie falsch waren. Auch und vor allem Heisenberg selbst nicht.

Der erste Mythos, während des Krieges, lautete: Die USA und England sind die guten Mächte und müssen eine Atombombe bauen, weil die Nazis unter der Führung des genialen Physikers Heisenberg bereits dabei sind, die Bombe zu konstruieren. „In Angriff genommen wurde das [Atombomben-] Projekt, weil die Deutschen eine Gefahr darstellten", fasste Feynman die Meinung vieler, die am Bombenbau beschäftigt waren, zusammen.[377] Goudsmit berichtete 1947 in „Alsos": „we knew that no one but Professor Heisenberg could be the brains of a German uranium project and every physicist throughout the world knew that."[378] Diese Sicht bestätigte Paulis ehemaliger Assistent Weisskopf, der mittlerweile Professor in den USA, in Rochester war. Weisskopf glaubte, die Entstehung einer deutschen Atombombe könne verhindert oder zumindest merklich verzögert werden, wenn man nur Heisenberg aus dem Verkehr ziehen würde. Deswegen verfasste er im Oktober 1942, nach einer

---

[376] Dürr (1992, S. 38).

[377] Feynman (2001a, S. 28). – Diese Sicht teilten 1958 auch Bethe und Condon. Bethe (1958, S. 426). Condon (1958, S. 1619).

[378] Goudsmit (1947).

dezidierten Erörterung mit Bethe, einen Brief an Oppenheimer[379] und schlug vor, „Heisenberg bei seinem Besuch in der Schweiz [zu] entführen, und erbot mich sogar, an der Durchführung dieses Planes mitzuwirken.“[380] (Als Heisenberg im Dezember 1944 Zürich besuchte, war ihm dorthin wirklich ein OSS-Agent gesandt worden, der ihn ggf. erschießen sollte.)[381]

Der zweite Mythos lautete: Die Nazis hatten es unter der Führung des „angenaziten“ Heisenbergs nicht vermocht, eine Atombombe zu bauen. Sie hatten es versucht, aber sie haben versagt. Die Entstehung dieses Mythos nach dem Zweiten Weltkrieg wird im folgenden genauer beleuchtet:

9.7. Zur Diskreditierung in den USA – Ausgangspunkte

Im August 1947 veröffentlichte Heisenberg in „Nature“ den Artikel „Research in Germany on the technical application of atomic energy“. In diesem Report, der 1946 bereits in etwas längerer Form auf deutsch erschienen war,[382] legte Heisenberg die Entwicklung der Uranarbeiten während des Krieges in Deutschland zusammenfassend dar. Mit Nennung der beteiligten Physiker, den verschiedenen Entdeckungen, Versuchen, Theorien, sowie auch administrativen Aspekten. So schrieb er über ein Treffen im Juni 1942, auf dem u.a. Rüstungsminister Albert Speer von ihm und anderen Physikern über den Forschungsstand informiert wurde: „The facts reported were as follows: definite proof had been obtained that the technical

---

[379] Am 18. Oktober 1942, WP-BW 1940er, S. 166. Vgl. Powers (1993, S. 262ff). Cassidy (1992, S. 597-600).

[380] Weisskopf weiter: „Heute fällt es mir schwer zu verstehen, wie ich jemals eine solche Schnapsidee unterbreiten konnte“. Weisskopf (1991, S. 142).

[381] Vgl. E. Heisenberg (1980., S. 120f). Cassidy (1992, S. 598ff). Powers (1993, S. 533-550).

[382] Heisenberg (1946). Zur Entstehung dieses Artikels und Analyse seines Inhaltes siehe auch Walker (1990, S. 245-250).

utilization of atomic energy in a uranium pile [also einem Atomreaktor] was possible. Moreover, it was to be expected on theoretical grounds that an explosive for atomic bombs could be produced in such a pile. Investigation of the technical sides of the atomic bomb problem – for example, of the so-called critical size – was, however, not undertaken. More weight was given to the fact that the energy developed in a uranium pile could be used as a prime mover, since this aim appeared to be capable of achievement more easily and with less outlay."[383] Nach diesem Treffen sei von Albert Speer entschieden worden, das Projekt in dem recht kleinen Rahmen weiterzuführen. In diesem kleinen Rahmen sei es, so Heisenberg in dem Report, nur möglich gewesen, einen Atomreaktor als Energielieferant zu entwickeln. Und „in fact, future work was directed entirely towards this one aim."[384]

Heisenberg schrieb also, dass a) die deutschen Physiker aus theoretischen Überlegungen im Sommer 1942 wussten, dass und wie atomarer Sprengstoff aus einem Atomreaktor produzierbar sei. Dass sie aber b) mehr Wert auf die Energiegewinnung aus dem Atomreaktor gelegt hätten. Und dass c) durch Speers Entscheidung die weitere Entwicklung „nur" auf den Bau eines Reaktors zur Energiegewinnung zielte.

In den letzten Absätzen des Artikels berührte Heisenberg dann die Frage der Verantwortung: „We have often been asked, not only by Germans but also by Britons and Americans, why Germany made no attempt to produce atomic bombs. The simplest answer one can give to this question is this: because the project could not have succeeded under German war conditions."[385] Nun beließ Heisenberg es nicht bei dem Verweis auf die hinderlichen Verhältnisse. Er erläuterte weiter: „From the very beginning, German physicists had

---

[383] Heisenberg (1947, S. 213 resp. S. 416).
[384] Heisenberg (1947, S. 213 resp. 416).
[385] Heisenberg (1947, S. 214 resp. 417).

consciously striven to keep control of the project, and had used their influence as experts to direct the work into the channels which have been mapped in the foregoing report. In the upshot they were spared the decision as to whether or not they should aim at producing atomic bombs. The circumstances shaping policy in the critical year of 1942 guided their work automatically towards the problem of the utilization of nuclear energy in prime movers."[386]

Laut Heisenberg hatten die deutschen Physiker also bewusst versucht, a) Kontrolle zu erhalten und b) das Projekt auf die bloße Entwicklung eines Atomreaktors zu begrenzen. Allerdings sei ihnen c) erspart geblieben, eine konkrete, echte Entscheidung für oder wider den Bau der Atombombe treffen zu müssen.

Diese Sichtweise führte in den USA zu Animositäten. Vor allem wegen etwas, was nicht darin stand. Was manch einer aber dort hineinlas. „What I resent most in his article", so Goudsmit in einem Brief vom 29. Oktober 1947, „is the implication that our scientists decided to make bombs while the German colleagues deliberately refrained from making such a barbaric weapon."[387]

Als eine Art Antwort auf Heisenbergs Artikel erschien im selben Jahr 1947 Goudsmits Buch „Alsos". Heisenbergs (ehemaliger?) Freund war im Krieg auch wissenschaftlicher Leiter der „Alsos-Mission" gewesen. Diese war ein geheimdienstliches Teilprojekt des Manhattan-Projekts, das sich ab Ende 1943 um Informationen des deutschen Atomprojekts, sowie dessen mögliche Behinderung und Beendigung kümmern sollte. In diesem Rahmen war Goudsmit am Kriegsende in Deutschland gewesen, hatte die beschlagnahmten Akten eingesehen und die verschiedenen deutschen Physiker,

---

[386] Heisenberg (1947, S. 214 resp. 417).
[387] an Kaempffert. Samuel Goudsmit Papers, AIP, AR 30260, 12/121. – Zitiert nach Carson (2010, S. 386).

darunter Heisenberg, verhört.[388] Er kannte sich also aus in der Thematik. Und das war bekannt.

In dem Buch „Alsos" stellte Goudsmit die Geschehnisse so dar, als ob es ein Wettrennen zwischen den Alliierten und Nazi-Deutschland um die Bombe gegeben habe – den die Deutschen verloren hätten.[389] Plus: Goudsmit zeichnete Heisenberg als die zentrale Hauptperson des deutschen Projektes – und somit als Gegenspieler der englischen und US-amerikanischen Physiker. Heisenberg sei derjenige gewesen, der das Projekt bestimmte und beherrschte: „Heisenberg remained the leading spirit in Germany's uranium project. Its policies regarding scientific research were entirely dominated by him; his word was not be doubted."[390] Dabei beschrieb Goudsmit Heisenberg einerseits als Genie: „He is still the greatest German theoretical physicist and among the greatest in the world. His contributions to modern physics rank with those of Einstein"[391] – andererseits als einen extremen Nationalisten: „Heisenberg is a man of ideals, but ideals distorted by extreme nationalism and a fanatical belief in his own mission for Germany."[392] Und zwar einen Nationalisten mit Tendenz zum Größenwahn: „Although he fought courageously against Nazi excesses and especially Nazi stupidities, his motives were not as nobel as one might have hoped from such a great man. He fought the Nazis not because they were bad, but because they were bad for Germany".[393] „He was always convinced that Germany needed great leadership and that he could be one of the

---

[388] Cassidy (1992, S. 598, 611). Hermann (1994, S. 79).

[389] Goudsmit (1947, S. IXff).

[390] Goudsmit (1947, S. 167f).

[391] Goudsmit (1947, S. 113).

[392] Goudsmit (1947, S. 166f).

[393] Goudsmit (1947, S. 115).

great leaders. ‚One day', he said, ‚the Hitler regime will collapse and that is when people like myself will have to step in.'"[394]

Heisenberg sei zwar selbst kein Nazi gewesen, sei aber doch von diesen verwirrt worden (was im Empfinden der Leser einer Nazi-Identität gleich gekommen sein dürfte), so dass ihm schließlich auch die Nazi-Gräueltaten unwichtig gewesen seien: „His extreme nationalism led him astray, however, during the war. He was so convinced of the greatness of Germany, that he considered the Nazis' efforts to make Germany powerful of more importance than their excesses."[395]

Laut Goudsmit hatte Heisenberg am Rennen teilgenommen und versagt (also das Rennen mit dem Manhattan-Projekt verloren), weil er sich auf seine geistige Überlegenheit verlassen hatte und gegenüber Mitarbeitern autoritär war: „But the Führer principle does not work very well in scientific projects, which are essentially collective endeavors and depend on the critical give and take of many minds and viewpoints."[396] Im großen Ganzen hätte ein fanatisches, kontrollierendes Staatssystem (Nazi-Deutschland) die Wissenschaft niedergemacht und so eine fruchtbare, siegreiche Forschung verhindert. „Had Heisenberg considered himself, had he been considered by his colleagues, as less the leader and more the co-worker, the German uranium project might have fared better."[397] Dass Heisenberg und seine engeren Kollegen letzteres nicht intendiert hatten, erwähnte Goudsmit nicht – denn er glaubte Heisenberg offensichtlich nicht.

Als einen Beweis für all diese Behauptungen verwies Goudsmit u.a. darauf, dass Heisenberg und seine Mitarbeiter nichts von der sogenannten Plutonium-Alternative gewusst hätten (also der

---

[394] Goudsmit (1947, S. 114).
[395] Goudsmit (1947, S. 114).
[396] Goudsmit (1947, S. 167f).
[397] Goudsmit (1947, S. 167f).

Entstehung dieses leicht spaltbaren Transurans, das sich ebenfalls für die Konstruktion einer Atombombe eignet. Die Bombe, die über Nagasaki am 9. August 1945 abgeworfen wurde, war eine Plutonium-Bombe): „Heisenberg never hit on the idea of using plutonium".[398] Und: „It is true that the German scientists were working on a uranium machine and not the bomb, *but it is true only because they failed to understand the difference between the machine and the bomb*. The bomb is what they were after. And what the whole world knows now about plutonium, *the German scientists did not know – until they were told about it after Hiroshima*."[399]

Heisenberg widersprach vor allem letzterer Behauptung Goudsmits (und kaum den ungeheuerlichen menschlichen Vorwürfen, siehe oben) – und zwar zunächst im nicht-öffentlichen, sondern direkten Kontakt: In einem Brief vom 5. Januar 1948 schrieb Heisenberg, er (Goudsmit) sei wohl „durch Zufall bisher nicht auf die Berichte gestoßen", die ihm „das richtige Bild vermitteln" würden.[400] Nämlich jene Berichte, die belegten, dass die deutschen Physiker wussten, wie eine Atombombe funktioniere. Sowohl durch eine Kettenreaktion mit schnellen Neutronen wie auch mit Plutonium.[401]

Die Diskussion zwischen Goudsmit und Heisenberg ging weiter – und verlief im Winter 1948/49 auch über Interviews und Artikel in der „New York Times".[402] Dabei gab Goudsmit zu, in „Alsos" die Situation sehr vereinfacht dargestellt zu haben und meinte, die

---

[398] Goudsmit (1947, S. 243).

[399] Goudsmit (1947, S. 139).

[400] IMC (Sammlung historischer Dokumente auf Mikrofilm, Niels Bohr Library und Deutsches Museum) Nr. 29-1185. – Zitiert nach Walker (1990, S. 257).

[401] Vgl. Walker (1990, S. 256f). Pais (1991, S. 482).

[402] Interview mit Heisenberg in der New York Times vom 28. Dezember 1948. Heisenberg (1948, S. 10). Eine Reaktion von Goudsmit war ein Leserbrief, Goudsmit (1949) Heisenbergs Reaktion darauf war wiederum auch ein Leserbrief, Heisenberg (1949a). Vgl. Walker (1990, S. 261 und Anm. 117, S. 310).

Deutschen hätten vage gewusst, wie eine Atombombe funktioniert.[403] Weiter aber ging Goudsmit nicht. Er blieb bei seiner Darstellung von einem Wettrennen zwischen den Physikern, das die
deutschen verloren hätten.[404] Er revidierte sein Bild nicht – und so
auch nicht das von Heisenberg als nationalistischen, ehrgeizigen,
inkompetenten Physiker. Und so wirkte es in den USA weiter – gestützt von der Meinung vieler Physiker in den USA, die Goudsmits
Sichtweise zustimmten.[405]

9.8. Zur Diskreditierung in den USA – Ende der 1950er
Oder: Die Diskussionen nach dem Erscheinen von Jungks „Heller als tausend Sonnen"

Anfang 1949 kam die Diskussion zwischen Heisenberg und Goudsmit zu einem Ende, nachdem Goudsmit dieses Heisenberg vorgeschlagen hatte. Man einigte sich darauf, sich auf Physik zu be-
schränken, und Goudsmit lud Heisenberg ein, ihn am Brookhaven
Laboratory zu besuchen.[406]

Damals dürfte Heisenberg gehofft haben, das Thema „Deutsche
Atombombe für Hitler" hinter sich gelassen zu haben. Und als ihn
im Februar 1950 ein Reporter der „Welt" fragte, was er über die
Wasserstoffbombe denke, war seine offenbar entnervte Antwort:
„Darf ich Sie bitten, mir keine Fragen über Atombomben mehr zu
stellen. Im Kriege haben sich die Verhältnisse ohne unser Zutun so
entwickelt, daß wir das Glück hatten, keine Atombomben produzieren zu müssen, und nach dem Kriege haben wir Physiker erst recht
keine Lust, uns mit Atombomben zu beschäftigen."[407]

---

[403] Vgl. Walker (1990, S. 261).
[404] Vgl. Walker (1990, S. 258).
[405] Hermann (1993, S. 52f).
[406] Vgl. Carson (2010, S. 390).
[407] Heisenberg (1950).

Aber es half nichts. Das Thema blieb an Heisenberg haften. Und rückte gerade da erneut ins Zentrum des Interesses, als Heisenberg und Pauli Anfang 1958 die ersten Schritte zu einer Veröffentlichung ihrer Arbeit machten. Auslöser dafür war die Publikation von „Heller als tausend Sonnen" von Robert Jungk im Ausland.

In dem Buch, das zuerst 1956 in Deutschland erschien, zeichnete der Berliner Jungk die Geschichte der Atombomben nach, bis in die 1950er hinein. Ein Teil des Buches behandelte auch das deutsche Uranprojekt. Jungk (der die NS-Zeit in der Emigration verbrachte) schrieb über die Einstellungen und Taten von Heisenberg und anderen deutschen Physikern. Und er schrieb nicht viel Negatives. Die Physiker um Heisenberg hätten versucht, die Entwicklung an den Uranarbeiten so zu bestimmen, dass die nationalsozialistischen Entscheidungsträger sich gegen den Bau einer Atombombe entscheiden würden. Desweiteren hätte Heisenberg im Herbst 1941 in Kopenhagen (erfolglos) versucht, mit Niels Bohr über die Möglichkeiten zu reden, den Bau einer Atombombe während des Krieges zu umgehen.[408]

Der Tenor dieser Darstellung lautete also: Die deutschen Physiker um Heisenberg haben dafür gesorgt, dass Hitler die Bombe nicht bekam.

In einem gewissen, auch moralischen Gegensatz dazu standen in dem Buch die Physiker, die am Bau der Atombombe in den USA mitgearbeitet hatten. Zwar erläuterte Jungk, das Motiv der Physiker in England und den USA sei die Angst gewesen, dass Hitler vor ihnen die Atombombe in die Hand bekäme. Aber dann fanden sich auch Sätze, wie jener, mit dem das 7. Kapitel („Das Laboratorium wird Kaserne") beginnt: „Es erscheint paradox, daß die in einer säbelrasselnden Diktatur lebenden deutschen Kernphysiker, der Stimme ihres Gewissens folgend, den Bau von Atombomben

---

[408] Vor allem im 6. Kapitel „Die Furcht vor Hitlers Atombombe" in Jungk (1956, S. 97-117).

verhindern wollten, während ihre Berufskollegen in den Demokratien, die keinen Zwang zu befürchten hatten, mit ganz wenigen Ausnahmen sich mit aller Energie für die neue Waffe einsetzten."[409]

Die Reaktion in Deutschland auf das Buch (wo es bis dato erschien), war interessiert, aber nicht explosiv. Und die beteiligten deutschen Physiker waren verhalten. Heisenberg schrieb Jungk am 17. November 1956 einen langen Brief, in dem er ihn auch auf verschiedene Fehler hinwies: „Regarding p.100, you speak here towards the end of the second paragraph about active resistance [Widerstand] to Hitler, and I believe – pardon my frankness – that this passage is determined by a total misunderstanding of a totalitarian dictatorship. In a dictatorship active resistance can only be practiced by people who seemingly take part in the system."[410] Jungk druckte Heisenbergs Brief in den folgenden Ausgaben in einer Fußnote, ließ dabei aber Teile weg. Darunter Heisenbergs Hinweis, er möchte nicht dahingehend missverstanden werden, als „daß ich selbst einen Widerstand gegen Hitler ausgeübt hätte."[411] Das daran anschließende druckte Jungk: „Ich habe mich immer sehr geschämt vor den Leuten des zwanzigsten Juli (mit einigen von ihnen war ich befreundet), die damals unter Aufopferung ihres Lebens wirklich ernsthaften Widerstand geleistet haben. Aber auch ihr Beispiel zeigt, daß wirklicher Widerstand nur von Leuten kommen kann, die scheinbar mitspielen."[412]

Ebenfalls in gekürzter Version gab Jungk einen Brief Heisenberg vom 18. Januar 1957 wieder, in dem der (auf Bitte Jungks) über sein Treffen mit Bohr im Herbst 1941 berichtete.[413]

---

[409] Jungk (1956, S. 118).

[410] Der Brief befindet sich im Werner-Heisenberg-Archiv. – Zitiert nach Carson (2010, S. 402).

[411] Vgl. Carson (2001, S. 155).

[412] Jungk (1956, 1964, S. 97).

[413] Vgl. Carson (2001, S. 155f). – Der gekürzte Brief ist als Anmerkung abgedruckt. Jungk (1956, S. 377f).

Aber 1957 gab es nicht viel weitere Diskussionen um das Jungk-Buch.[414] Die deutschen Atomphysiker hatten nun mit aktuellen deutschen Atomwaffen-Projekten zu tun: Kanzler Adenauer und Verteidigungsminister Strauß strebten danach, die Bundeswehr mit solchen auszustatten. Dagegen wandten sich verschiedene Naturwissenschaftler am 12. April 1957 mit der „Erklärung von achtzehn Atomforschern", die auch Heisenberg unterzeichnete.[415]

Zu dieser Zeit war Heisenberg körperlich stark geschwächt – und dazu vertieft in seine Arbeiten zur Elementarteilchentheorie mit indefiniter Metrik, die sich im Laufe des Jahres gut entwickelte (siehe Kap. 6.4.). Aber gerade da, als Heisenberg und Pauli um die Jahreswende 1957/58 intensiv an den Entwicklungen ihrer gemeinsamen Arbeit saßen, wurde Jungks Buch im Ausland veröffentlicht – und provozierte Kritik.

So erschien in der Kopenhagener „Politiken" am 10. Januar 1958 der Artikel „Om tusind tyske sole og andet blændværk", in dem nicht nur Jungks negative Darstellung von Oppenheimer kritisiert wurde, sondern auch dessen Sichtweise auf das Treffen von Bohr und Heisenberg im Herbst 1941 in Kopenhagen (wonach Heisenberg mit Bohr über Möglichkeiten sprechen wollte, den Bau von Atombomben im Krieg weit genug hinaus zu zögern).[416]

Zu diesem Treffen versuchte man nun eine Stellungnahme von Niels Bohr zu erlangen. Bohr war gerade in Princeton, von wo aus er zu Paulis Vortrag am 1. Februar 1958 in New York reiste. Auf das Kopenhagener Treffen von 1941 mit Heisenberg angesprochen,

---

[414] Der 1933 nach Groß-Britannien emigrierte Max Born schrieb am 12. Februar 1957 an Pauli u.a. über Jungks Buch, dass es „meine Auffassung von Oppenheimer und Teller ganz bestätigt" hat. Die Frage nach der Stellung der deutschen Physiker erwähnte er nicht. WP-BW 1957, S. 214.

[415] Bopp et al. (1957).

[416] Blædel „Om tusind tyske sole og andet blændværk". „Politiken" vom 10. Januar 1958, S. 11.

antwortete Bohr mit „Kein Kommentar".[417] Bei dieser Haltung beließ Bohr es zunächst gegenüber der Öffentlichkeit und gegenüber
Historikern. Gleichwohl, so die Heisenberg-Biographin Cathryn
Carson, erzählte man sich, Bohr sei der Meinung, „Heisenberg habe
den deutschen Sieg bevorstehen sehen und Bohr vorgeschlagen, mit
den Nazis zu kooperieren." (Carson)[418] (Und genau diese Sichtweise
vertrat Bohr auch in verschiedenen Briefen an Heisenberg, die er ab
1957 entwarf, aber nie abschickte.[419])

Diese Meinung, sowie das Bild von Goudsmits „Alsos" spiegelte
sich in den US-amerikanischen Rezensionen von Jungks Buch wider, die 1958 erschienen. So hob der US-Physiker Edward Condon
in „Science" Heisenberg auf eine Ebene mit den Verantwortlichen
für Auschwitz und Buchenwald, als er über das Treffen in Kopenhagen konstatierte: „If in fact Heisenberg did intend to ask Bohr to get
the Allies to refrain from developing an atom bomb, the available
data are equally capable of being interpreted as having a pro-Nazi
motivation: knowing that the means required for making an atomic
bomb exceeded available German capability, then the next best
thing in a strictly military sense would be to strike a moral pose and
con the Allies into not making the bomb either. Such moral poses
were commonly used by the Nazis who said they operated their
slaughter-houses for Jews in an effort to purify the race."[420]

Bei den Diskussionen um Jungks Buch wurde oft nicht zwischen
Jungk und Heisenberg differenziert. Vielmehr sah man Jungk als

---

[417] Vgl. Carson (2001, S. 158), sowie Carson (2010, S. 408). Leider gibt Carson keine
Quelle an.

[418] Vgl. Carson (2001, S. 159).

[419] Vgl. In diesen Briefentwürfen versuchte Bohr, seine Sicht auf das 1941-Treffen
in Kopenhagen darzulegen. Sie wurden 2002 veröffentlicht – und sind auch online abrufbar. Bohr (1957).
Vgl. Feinberg (1992, S. 57-60). Vgl. Rudolf Ladenburg an Goudsmit am 23. Oktober
1948. Abgedruckt in: Walker (2006, S. 122).

[420] Condon (1958, S. 1619).

Heisenbergs Sprachrohr.[421] (Dabei half es wenig, dass Heisenberg in Briefen darauf hinwies, dass es sei nicht seine, sondern Jungks Darstellung sei.[422]) So dürfte vornehmlich Heisenberg gemeint gewesen sein, als Condon in der Buchbesprechung in „Science" schrieb von „those Germans who now are constructing a legend that their very real collaboration with Hitler was only a pretense."[423]

Auch in der „New York Times" ging der Rezensent, William L. Laurence, auf Jungks Darstellung der deutschen Physiker ein: „Mr. Jungk presents the German atomic scientists as, indeed, placing their loyalty to mankind above their loyalty to the state." Das nun entspräche genau demjenigen Eindruck, den die deutschen Atomphysiker seit Ende des Krieges versuchten, zu schaffen. „Unfortunately, this represents a distortion of well-established facts."[424] Für die „well-established facts" nannte der Rezensent als eine zuverlässige Quelle: „Alsos" von Samuel Goudsmit. Ebenfalls mit Verweisen auf „Alsos" als (einzigen) Beleg, hielten es die Rezensenten des „The Christian Science Monitor"[425] und der „Chicago Daily Tribune" und stellten fest, die deutschen Wissenschaftler Heisenberg und von Weizsäcker „tried [to built the bomb] and failed."[426]

Der Physiker Snow bemerkte in seiner Besprechung von Jungks Buch in der „New Republic", es sei nur fair sich daran zu erinnern, dass Heisenberg (und von Weizsäcker) nach 1933 „not Nazis, but

---

[421] Vgl. Carson (2001, S. 158).

[422] So am 19. April 1958 an Niels Arley in Kopenhagen – Carson (2001, S. 158).

[423] Condon (1958, S. 1619).

[424] Laurence „An Indictment of the Men Who Made the Bomb". „New York Times", 12. Oktober 1958, S. BR3. Der Autor gab Goudsmits „Alsos" als seine zuverlässige Quelle in einem Schreiben an, das am 9. November 1958 in der „New York Times" als Antwortbrief auf einen Brief von Jungk erschien. Jungk (1958). Laurence „A Reply". „New York Times", 9. Oktober 1958, S. BR52.

[425] Cowen „The Bomb and Its Makers". „The Christian Science Monitor", 9. Januar 1959, S. 13.

[426] Goodwin „Provocative History of Atom Bomb". „Chicago Daily Tribune", 12. Oktober 1958, S. B2.

something like Nazi fellow-travellers"[427] gewesen seien. Keine Nazis, aber doch so etwas in der Art. Was das genau meinte und implizierte, wurde nirgends erläutert. Jeder sollte sich so seine eigenen Bilder machen.

9.9. Zur Diskreditierung in den USA – Zu einem Unvermögen

Die harten Bilder, die zuerst Goudsmit in „Alsos" von dem Menschen Heisenberg zeichnete (siehe Kap. 9.7.) waren ohne Belege, und lassen sich auch aus den vorliegenden Quellen durch nichts bestätigen. Dennoch hat Heisenberg in der öffentlichen Auseinandersetzung diese menschlichen Verunglimpfungen ignoriert und nur die sachlichen, physikalischen, technischen Inhalte besprochen (wie die Frage nach der Kenntnis vom Plutonium, siehe Kap. 9.7.). Heisenberg hatte sich also öffentlich nicht verwahrt gegen eine solche Darstellung. Damit ließ er sie so stehen. Und so wirkte sie.

Ein Grund für Heisenbergs Schweigen angesichts der ersten Anschuldigungen in „Alsos" erklärt sich durch die Ermordung von Goudsmits Eltern im Februar 1943 in Auschwitz.[428] Diese Tragödie sah Heisenberg als eigentliche Motivation von Goudsmits Aggression gegen ihn – und fand es „understandable und pardonable".[429]

---

[427] Snow (1958, S. 18).

[428] Heisenberg hatte auf Bitten des niederländischen Physikers Dirk Coster versucht, zu helfen – und am 16. Februar 1943 zur Vorlage bei den Behörden einen Brief verfasst. Darin sprach er von Goudsmits liebenswürdiger Gastfreundschaft gegenüber Besuchern aus Deutschland und von seinen eigenen Befürchtungen bzgl. der Sicherheit von Goudsmits Eltern. Aber bereits fünf Tage zuvor waren Goudsmits Eltern in Auschwitz vergast worden. Vgl. Cassidy (1992, S. 591).

[429] Zitiert nach Carson (2010, S. 390). Es ist unklar aus welchem Brief Carson zitiert. Sie nennt Heisenberg an Escales am 9. Dezember 1947, an Kuby am 12. Mai 1958, an Köhler am 20. Oktober 1970.

Ein anderer Grund war Heisenbergs prinzipielle Unfähigkeit in eigener Sache zu sprechen.[430] So draufgängerisch und dickköpfig, abenteuerlustig und dreist Heisenberg in der Physik agierte und hantierte, so schüchtern, scheu und zurückhaltend war er in allem, was persönliche, emotionale Dinge anging. Heisenberg war jemand, der auch in einem überaus brutalen Charakter den letztendlich nur sehr verwirrten Mitmenschen sah. So schrieb er nach langen, harten Verhören bei der Gestapo (die ihn lebenslang psychisch weiterverfolgten[431]) an seine Mutter: „so ungern ich es mir zugebe, im Grunde vergiftet so ein Kampf doch das ganze Denken, und der Hass gegen die im Grunde wohl kranken Menschen, die einen quälen, frisst sich etwas in die Seele ein."[432] Eine Woche später: „Es ist wohl so, daß wir immer genauer lernen müssen, das Wichtige vom Unwichtigen zu trennen. Dass die unruhigen politischen Wellen unserer Zeit manchmal krankhaft-böse Menschen hochtreiben, ist wohl nicht allzu wichtig. Dafür erleben wir immer wieder, wie wichtig das Zusammenleben mit guten Menschen sein kann. Du weißt das von den vielen Jahren des Zusammenseins mit Papa, und ich fange jetzt langsam an zu lernen, dass man sich auf manche Menschen ganz verlassen kann."[433]

Fünf Jahre später, mitten im Krieg, sinnierte Heisenberg 1942 in einem umfangreichen Aufsatz darüber, wie „jenes Ganze zusammenhängt, das wir Welt oder Leben nennen"[434] und schrieb zur Frage der Ethik: „Wir müssen uns immer wieder klar machen, daß es wichtiger ist, dem Anderen gegenüber menschlich zu handeln, als irgendwelche Berufspflichten, oder nationale Pflichten oder politische Pflichten zu erfüllen. Auch das lauteste Getöse großer Ideale

---

[430] Vgl. Feinberg (1992, S. 91).
[431] Vgl. Cassidy (1992, S. 474-478).
[432] Am 14. November 1937, Heisenberg (2003, S. 267f).
[433] Am 21. November 1937, Heisenberg (2003, S. 268).
[434] Heisenberg (1942, S. 218).

darf uns nicht verwirren und nicht hindern, den einen leisen Ton zu hören, auf den alles ankommt."[435]

Sicher wurden die o.g. Briefe unter dem Vorzeichen formuliert, dass sie „mitgelesen" werden würden. Und der Aufsatz mitten im Krieg war nur für den privaten Kreis verfasst. Aber auch unter freien Umständen war Heisenberg kaum fähig, andere mit einem gehörigen Donnerwetter à la Rutherford[436] oder einem gepfefferten Spruch wie Einstein[437] ob infamer Anschuldigungen entgegenzutreten. Und verächtliche Bemerkungen im Stile Thomas Manns[438] waren Heisenberg gänzlich fremd. Auch in dieser Hinsicht war Heisenberg Pauli diametral entgegen gesetzt, der schon für Kleinigkeiten andere vor versammelter Mannschaft als inkompetente Idioten beschimpfen konnte.[439]

Dazu kam, dass es ganz allgemein kurz nach Kriegsende noch keine Sprache gab, in der die Deutschen das Erlebte der letzten zwölf Jahre hätten kommunizieren können. Diese Unfähigkeit sorgte für Missverständnisse. Auch mit dem Ausland, wo viele sich von ihren deutschen Kollegen klare, deutliche Worte wünschten.[440]

---

[435] Heisenberg (1942, S. 305).

[436] Vgl. Eve (1939, S. 362f und 434f).

[437] Z.B. riet Einstein, als Oppenheimer in der McCarthy-Ära in Verfahren über seine Loyalität verwickelt wurde, Oppenheimer solle den Anklägern in Washington nur sagen, sie seien Idioten. Pais (2000a, S. 8).

[438] So besprach Mann beim familiären Abendessen schon mal die Frage, welche der Kollegen besonders minderwertig seien: Zweig, Ludwig, Feuchtwanger oder Remarque. Vgl. Hermann (1996, S. 445).

[439] Vgl. Frisch (1981, S. 69).

[440] Was z.B. Rudolf Smend, Präsident der Akademie der Wissenschaften in Göttingen, nicht zu liefern vermochte, wie er James Franck in einem Brief am 25. März 1947 erläuterte: Es gäbe einen „tiefe[n] Widerwillen, der bei uns [in Deutschland] gegen alle großen Worte herrscht der scheusslichen Inflation des Wortes im Dritten Reich. Dazu kam auch die Abneigung gegen starke Worte über das Dritte Reich, die heute billig sind und in denen sich die Mitläufer des Dritten Reiches nun wieder als Mitläufer der Gegenwart gegenseitig überschreiend melden, wo es ungefährlich und vorteilhaft geworden ist, dem toten Ungeheuer nachträglich Fusstritte zu versetzen." Franck Papers B 3 F 8. University of

Die Frage der Verantwortung und Verstrickung in das NS-Regime ging Heisenberg möglichst sachlich an, in dem er versuchte, sein Verbleiben und persönliches Wirken in Nazi-Deutschland zu erläutern und zu erklären. So schrieb er in dem o.g. Brief an Goudsmit vom 5. Januar 1948 auch seine (Nachkriegs-)Meinung über sein Verbleiben in Deutschland nach 1933: „Ich würde auch jetzt noch glauben, meine Pflicht sträflich versäumt zu haben, wenn ich nicht wenigstens in meinem kleinen Kreise das Äusserste versucht hätte, eine Bresche in die Verblendung zu schlagen, in der Hoffnung, dass andere an anderen Stellen dann das Gleiche tun."[441] Und: „Ich habe niemals das leiseste Verständnis aufbringen können für die Menschen, die sich von aller Verantwortung zurückzogen und einem dann in einer ungefährlichen Tischunterhaltung versicherten: ‚Sie sehen, Deutschland und Europa werden zugrunde gehen, ich habe es ja immer gesagt.'"[442]

In einem – unveröffentlichten – Manuskript vom 12. November 1947 erläuterte Heisenberg betont sachlich die Möglichkeiten für „Die aktive und die passive Opposition im Dritten Reich" (so der Titel des Manuskripts): „Nachdem [...] die Macht in der Hand Hitlers war, hatte die relativ dünne Schicht der Menschen, denen ihr sicherer Instinkt sagte, dass das neue System von Grund auf schlecht sei, nur noch die Möglichkeit zu passiver oder aktiver Opposition." Zu denen, die in aktive Opposition gingen, schrieb Heisenberg: „Viele der Leute, die so dachten, aber die Stabilität einer modernen Diktatur nicht kannten, haben in den ersten Jahren den Weg des offenen, unmittelbaren Widerstandes versucht und im Konzentrationslager beendet. Den anderen, die die Aussichtslosigkeit des direkten Angriffs auf die Diktatur erkannt hatten, blieb als einziger Weg die

---

Chicago Joseph Regenstein Library, Special Collections. – Zitiert nach Lemmerich (2007, S. 267).

[441] Zitiert nach Hermann (1994, S. 49).

[442] Zitiert nach Cassidy (1992, S. 391).

Erwerbung und Bewahrung eines gewissen Maßes an Einfluss, also eine Haltung, die nach außen als ein Mittun erscheinen muss." Dieses Verhalten sei der einzige Weg gewesen, um etwas zu ändern. „Ich möchte diese Haltung, die ja allein Aussichten bot, den Nationalsozialismus ohne enorme Opfer durch etwas Besseres zu ersetzten, als die Haltung der aktiven Opposition bezeichnen."[443]

Aber all diese Erläuterungen und Erklärungen Heisenbergs hatten einen Aspekt, der ihren Wirkungsgrad gering machte: Sie waren vornehmlich im engeren persönlichen Rahmen gemacht worden. Unter den US-Physikern blieben diese Erklärungen und Erläuterungen weitgehend unbekannt. Oder aber sie wurden ihm nicht abgenommen. Dort blieb es dabei, dass, wie Mark Walker es formulierte, „Heisenberg und von Weizsäcker ungerechterweise als Sündenböcke für die Exzesse von Wissenschaftlern im Nationalsozialismus herausgegriffen"[444] wurden.

Was man sich in den USA von so jemandem wie Heisenberg erwünschte und erhoffte, war zumindest eine Art von Rechtfertigung oder Entschuldigung.[445] Indem Heisenberg aber dieses „mea culpa" gegenüber den alliierten Kollegen nicht leistete, wurde das verzerrte Bild, das Goudsmit in „Alsos" von Heisenberg gezeichnet hatte, noch um eine Nuance reicher: Da war Heisenberg nicht nur ein Verlierer. Er war auch ein schlechter Verlierer.

---

[443] unveröffentlichtes Manuskript im Heisenberg-Nachlass. – Zitiert nach Walker (2006, S. 123f).

[444] Walker (1990, S. 74).

[445] Vgl. Carson (2010, S. 387) und die Darstellung von Goudsmits Brief an Heisenberg vom 1. Dezember 1947.

9.10. Zu Heisenbergs Ansehen – Über die Reaktion von Pauli und Bohr auf Heisenbergs Ansehen in der Nachkriegszeit

Im Pauli-Briefwechsel finden sich keine Anzeichen dafür, dass Pauli Goudsmits Buch „Alsos" überhaupt gelesen hat. Es gibt auch sonst kaum Stellen, in denen Pauli Bezug nahm auf Heisenbergs Diskreditierung oder auf dessen Rolle und Verhalten in der NS-Zeit. Schon gar nicht in den Briefen an Heisenberg selbst. Nur einmal, nachdem Heisenberg ihm den o.g. Bericht über die deutschen Uranarbeiten zugesandt hatte, konstatierte Pauli (am 25. Dezember 1946): „Deine Annahme, ich würde mich für ‚Deutsche Atombomben' (bzw. für Artikel über dieses oder ähnliche Themen) interessieren, hat mich sehr erstaunt."[446] Erst 1958, als Pauli in die USA reiste und dort über den Ansatz von ihm und Heisenberg diskutierte, trat die Thematik in Paulis Briefen auf (siehe Kap.10.10.).

Auch von Bohr finden sich im Pauli Briefwechsel keine Äußerungen zu Heisenbergs Geschick zwischen 1933 und 1945 und seine Stellung in der internationalen Physikergemeinschaft der Nachkriegszeit.

Zwischen Bohr und Heisenberg herrschte, wie auch Bohrs Briefentwürfe[447] an Heisenberg nach 1957 vermuten lassen, eine Art Verstummung, ein großes Unvermögen, sich über die Geschehnisse ausreichend auszutauschen. Solch eine Sprachlosigkeit war in jener Zeit kein Einzelphänomen.[448]

---

[446] WP-BW 1940er, S. 403.

[447] Bohr (1957).

[448] Die Sprachschwierigkeiten dieser und der folgenden Jahre zeigen sich auch bei dem sonst wortgewaltigen Erich Kästner, der seinen geplanten Roman über die Zeit nie vollbrachte. „Ich kapitulierte", schrieb Kästner 1961. „Das Tausendjährige Reich hat nicht das Zeug zum großen Roman [...]. Man kann eine zwölf Jahre lang anschwellende Millionenliste von Opfern und Henkern architektonisch nicht gliedern." Dennoch mahnte Kästner, die unbewältigte Vergangenheit anzusehen, anzureden und anzuhören. „Das Ziel liegt hinter unserem Rükken wie Sodom und Gomorrha, als Lots Weib sich umwandte. Wir müssen

9.11. Die Person Heisenberg – Zusammenfassung und Fazit

Die Ablehnung des Ansatzes von Heisenberg und Pauli durch die US-amerikanische Physikergemeinschaft war zu einem wesentlichen Teil motiviert durch eine Ablehnung des Physikers und des Menschen Heisenberg in den USA:

Die Ablehnung des Physikers Heisenberg hatte damit zu tun, dass Heisenberg wenig mit der neuen, gewandelten Physiker-Gemeinschaft nach dem Zweiten Weltkrieg kompatibel war: Erstens stand seine Forschungsmethode im Gegensatz dazu. Und dann war Heisenberg ein eigensinniger Forschungstyp, der sich durch Kontroversen zu seinen Arbeiten wenig beeindrucken, durch geänderte Ansprüche wenig beirren ließ – was an sich einer Anpassung an z.B. neuartige Maßstäbe entgegen steht und stand. Und schließlich war Heisenberg durch sein Verbleiben in Nazi-Deutschland in eine Ferne zum neuen Zentrum der Physiker-Gemeinschaft in den USA gekommen, die zeitweise zu einer Isolation wurde. Durch diese Distanz hatten Heisenbergs physikalische Arbeiten nur noch wenig Einfluss, nur geringe Wirkungen auf die stattfindenden Diskurse. So kam es, dass viele Physiker der neuen Generation seine Art der Forschung als passé, als veraltet ansahen.

Die Ablehnung des Menschen Heisenberg hatte ihre Ursache in der Diskreditierung seiner Person in den USA. Diese begann 1947, nachdem Heisenberg in einem Artikel in „Nature" das Verhalten der deutschen Physiker während des Zweiten Weltkrieges dargelegt hatte und darin schrieb, dass sie zwar wussten, wie eine Atombombe zu konstruieren sei, aber versucht hatten, das Projekt auf die Entwicklung eines Atomreaktors zu begrenzen. Dagegen stellte Goudsmit 1947 mit dem Buch „Alsos" die Behauptung auf, es sei zwischen den USA (sowie Groß-Britannien) und Hitler-Deutschland zu einem

---

zurückblicken, ohne zu erstarren. Wir müssen der Vergangenheit ins Gesicht sehen." Kästner (1961, S. 11ff).

Wettrennen um die Atombombe gekommen – mit Heisenberg auf deutscher Seite als deren Hauptprotagonist, Quasi-Nazi und letztendlichem Verlierer, da er die Plutonium-Alternative nicht kannte.

In der daran anschließenden Debatte zwischen Heisenberg und Goudsmit vermochte Heisenberg weder, Goudsmit zu einer öffentlichen Korrektur seiner (sachlich falschen) Aussagen zu bewegen noch dessen menschlichen Anfeindungen zu parieren. So blieb das von Goudsmit gezeichnete Bild von Heisenberg in den USA bestehen.

Knapp ein Jahrzehnt später kam dieses Bild wieder stark zum Tragen, als „Heller als tausend Sonnen" von Robert Jungk erschien. Dieses Buch erzählte die Geschichte vom Bau der Atombombe wesentlich anders als Goudsmit, indem es Heisenbergs Sicht auf die Geschehnisse favorisierte –was die Gemüter der Physiker-Gemeinschaft erregte, als es im Ausland erschien. Dies geschah ausgerechnet 1958 und sorgte so, fast zeitgleich mit der medialen Furore um den Heisenberg-Pauli-Ansatz, für Diskussionen innerhalb der Physiker-Gemeinschaft über Heisenbergs Verhalten während des Zweiten Weltkriegs: Über seine Arbeiten, seine Handlungen – und seine moralische Integrität. Gerade letztere wurde oft in Frage gestellt und ihm auch abgesprochen.

Heisenberg, der bei sachlichen Auseinandersetzungen Wagemut und Ausdauer zeigte, war bei Fragen dieser menschlichen Dimensionen zurückhaltend, sensibel, und äußerst schüchtern. So vermochte er nicht, die Vorwürfe zu klären und aus dem Weg zu räumen, was dazu führte, dass das von Goudsmit in „Alsos" skizzierte Bild von Heisenberg weiterwirkte und sich weiterentwickelte.

1958 trafen die zwei Aspekte, die der Physik und des Menschlichen zusammen: Heisenberg galt als schlechter Verlierer und Lügner – u.a. weil er bestritt, gewollt zu haben, die Bombe zu bauen. Und er galt als Aufschneider und Angeber – u.a. weil er mit seinem Forschungsstil   unbeirrbar   auf   die   Klärung   von   großen

Zusammenhängen drängte, während die neue Physiker-Generation bereits die Klärung von Detailfragen als Erfolg empfand.

So war Heisenberg Ende der 1950er in den Augen vieler US-Physiker jener unverbesserliche Ehrgeizling, vor dem man Dürr warnte. So war sein (Heisenberg) Streben, eine einheitliche Feldtheorie zu finden, bloß ein Zeichen für seine wissenschaftliche Überheblichkeit.[449] Für sein „unersättliches Ruhmbedürfnis". Für seinen „Minderwertigkeitskomplex".

Er war ein Physiker und Mann, dem keiner mehr zu glauben, den niemand mehr ernst zu nehmen brauchte. Ja, den man nicht ernst nehmen konnte.

Daher hörte Pauli in den USA überall über den Physiker, der so wesentlich all das mitbegründet hatte, woran die Physiker dato arbeiteten: „Nobody would believe Heisenberg, if you were not in." Deswegen musste Pauli ihm „zur Kreditfähigkeit" helfen.[450]

Mit Heisenbergs eigentlichen physikalischen und wissenschaftlichen Können, seinen wissenschaftlichen Arbeiten hatte das nichts zu tun.

Der Stil, die Methodik, die Zielsetzung, die umstrittenen Wege bei seiner Elementarteilchentheorie waren typisch für ihn. (Und gerade in dieser Zeit, um 1958, begann Heisenbergs S-Matrix in Form der sogenannten „Dispersions Relations" in das Zentrum der internationalen Physik-Forschung zu rücken, wo sie für die nächsten Jahre zu einer „major industry" auswuchs.[451])

Wie anders, nämlich hoch, Heisenbergs Reputation als Physiker zur selben Zeit in Europa war, zeigt sich daran, dass man ihn zum ersten Chairman des „Scientific Policy Committee" (SPC) des CERNs wählte (1954) – also zum Leiter jenes zentralen Organs, das

---

[449] Vgl. Saller (1993. S. 320).
[450] WP-BW 1958, S. 1008.
[451] Vgl. Brown et al. (1989a, S. 30). Haag (1993, S. 267). Pickering (1984, S. 73).

für die Bestimmung der zukünftigen Forschung verantwortlich war.[452]

Ende der 1950er war Heisenbergs Bild also unterschiedlich: In Europa hoch angesehen, in Deutschland nahe dem Kultstatus – in den USA ein Popanz.

---

[452] Vgl. Hermann (1987, S. 416). – Heisenberg blieb bis Oktober 1957 in der Position, die nun im 2-Jahres-Tournus gewechselt wird. http://council.web.cern.ch – Zugriff am 27. Januar 2020.

10. Aspekt IV: Die Person Pauli

Ein weiterer Faktor für das Scheitern von Heisenbergs und Paulis Ansatz lag in der Person von Wolfgang Pauli. Wie in Teil II und III dargelegt, hatte Pauli seit 1920 mit Heisenberg zusammen gearbeitet. Mal aktiver als Mitstreiter auf der Suche nach Wegen und Lösungen. Mal passiver als Ratgeber, Prüfer, Kritiker. Das wechselte in beide Richtungen (von aktiv zu passiv, von passiv zu aktiv) – ganz ohne, dass sich deswegen Dramen abgespielt oder Animositäten aufgebaut hätten.

Bei ihrer Zusammenarbeit 1957/58 änderte sich die Beziehung: Sie nahm neuartige Konstellationen an und spitzte sich zu. Bis sie kollabierte. Was nicht nur zu Paulis Ausstieg aus dieser Zusammenarbeit führte, sondern auch die Freundschaft der Männer zerriss. Wie die Quellen zeigen, finden sich die Hintergründe für diese Geschehnisse vornehmlich in Paulis Persönlichkeit und seiner Entwicklung in der Nachkriegszeit: Vom unbestechlichen, freien Geist hin in einen Zustand der Verunsicherung, Zerrissenheit und Angst.

Im Folgenden wird zuerst Paulis Physiker-Persönlichkeit anhand seiner Kritik, Kommunikation und Zielsetzung beleuchtet und im zweiten Schritt Paulis Probleme mit der neuen Situation nach dem Zweiten Weltkrieg. Nach dieser Erweiterung des Blickfeldes wird abschließend – vornehmlich von Pauli ausgehend – das Geschehen zwischen Herbst 1957 und Paulis Tod im Dezember 1958 dargelegt und analysiert.

Pauli – Die Physiker-Persönlichkeit

10.1. Pauli – Die Kritik: Art, Gebrauch, Nutzen

Bis heute gilt Pauli als Kritikerpapst der Physik des 20. Jahrhunderts. Von Beginn seiner Laufbahn an hatte er sich mit treffsicheren Anmerkungen in der Physik-Gemeinde einen Namen gemacht. „Pauli war abwesend", berichtete Paul Ehrenfest von einer Konferenz. „Also ertrank die Diskussion in einem Sumpf an Höflichkeit."[453] Und 1931 hatte derselbe in einer Laudatio auf Pauli konstatiert: „Die enorme Schärfe seiner Kritik, seine außerordentliche Klarheit und vor allem die rücksichtslose Ehrlichkeit mit der er stets den Nachdruck auf die ungelösten Schwierigkeiten legt (ganz besonders, wenn es sich um seine eigenen Arbeiten handelt!), bewirkt, dass er als unschätzbare Treibkraft innerhalb der neueren theoretischen Forschung gelten muß".[454] Ehrenfest hatte Pauli bereits 1926 den Titel „Geißel Gottes" verliehen, worauf dieser „sehr stolz" war.[455]

Paulis Form der Kritik war oft gewitzt, treffend – aber nicht bloßes Bewerten und Aburteilen. Seine Kraft lag in seinem Vermögen, Thematiken, Problematiken, Ansätze oder Theorien intensiv zu durchdringen und zu verstehen – und so die Schwachstellen aufzuzeigen. „Was man ablehnt, kann man nämlich nicht einordnen", bemerkte Pauli 1957 in einem Brief „und es ist nur die Liebe, welche

---

[453] Aus Kopenhagen in dem Brief an Epstein vom 26. April 1932. – Zitiert nach von Meyenn (2005, S. XV).

[454] Anlässlich der Verleihung der Lorentzmedaille durch die Amsterdamer Akademie der Wissenschaften am 31. Oktober 1931. - Zitiert nach von Meyenn (2005, S. IX).

[455] Pauli an Kramers am 8. März 1926. WP-BW 1920er, S. 307.

die Mängel und die Grenzen des geliebten Objektes richtig sehen
kann (eine altbekannte Paradoxie!)"[456]

Paulis klärende Kraft wurde geschätzt und genutzt. Heisenberg
1962: „Pauli was simply, also, a very strong personality, you know.
He would talk to me, and he was extremely critical. I don't know how
frequently he told me, ‚You are a complete fool', and so on. That
helped a lot".[457]

Auch Bohr konsultierte Pauli oft und gern. Da er dazu die Harmo-
nie liebte, schloss er einen Brief (vom 8. Dezember 1931) an Pauli
mit den Worten: „mit vielen Grüssen von uns allen, Dein Bohr, der
sich nach dem Durchlesen dieses Briefes noch dümmer und leicht-
sinniger fühlt, als Du Dir vorstellen kannst; in Deiner hoffentlich
belehrenden Kritik daran brauchst Du deshalb nicht mehr Schimpf-
worte als absolut notwendig verwenden, sondern kannst gleich zur
Sache kommen."[458]

Im Briefwechsel finden sich selten Stellen, in denen Pauli einen
Physiker auf der persönlichen Ebene kritisierte.[459] An der

---

[456] 13. Juli 1957 an Huber. WP-BW 1957, S. 484. – In dem Brief unterstrich Pauli
mit dieser Bemerkung seinen Wunsch, die Philosophie möge sich der Naturwissenschaft annehmen.

[457] Heisenberg (1962a, S. 8).

[458] WP-BW 1930er, S. 102.

[459] Wie sich das dann las, ist aus dem Brief vom 5. Februar 1955 an Meier über
Oppenheimer ersichtlich. Wohl dem Adressaten geschuldet (Meier war Professor für Psychologie an der ETH), betrieb Pauli eine Art Studie über die Charak-
tereigenschaften Oppenheimers „die mir seit jeher wohlbekannt sind: ein starkes Auseinanderfallen in Hybris und Feigheit, in unmäßige Ambition und
Wunsch nach Selbstopfer (‚Christus-Komplex'), in der Wissenschaft: in geistigen Anspruch und tatsächliche Grenzen durch (bei aller Raschheit der Auffassung) nur mittlere Begabung. [...] starkes Schwanken und Weltschmerz-Neu-
rose. Man will (vom Standpunkt des Gelehrten aus gesehen) durch die Hinter-
türe zum Ruhm kommen und kommt durch die Vordertüre zu einem Sitz zwischen allen Stühlen auf der Erde. Das Jammern nach ‚brotherhood' ist auch eine
gewisse Schwäche des Geistes. Eine tragische Figur! – Arrogant und gefühlvoll
zugleich." WP-BW, S. 84. Dabei war das Ehepaar Pauli mit Oppenheimer und
dessen Frau befreundet.

Tagesordnung dagegen war, auch in der Nachkriegszeit, Kritik an ihren physikalischen Arbeiten und Vorstellungen. So am 25. Februar 1955 an Källén: „Dyson hat mir gleich geantwortet, er war sehr freundlich und lustig und – völliger Unsinn. Er versteht einfach nichts von Physik, und speziell nichts von Renormalisation der Felder."[460] Oder über Landau am 11. Mai 1955 (an Léon van Hove): „Landau has still a fine ‚nose' what physics concerns but he was always unable to formulate rigorous mathematical proofs for anything."[461]

Solch' Urteile ließ Pauli den Adressaten auch gern direkt und auch öffentlich angedeihen. So kommentierte er auf einer Konferenz in Como (Italien) Bohrs Vortrag mit den Worten: „Es ist doch unglaublich, daß man uns so weit reisen läßt, um solchen Unsinn anhören zu müssen". Bohr darauf: „Alle haben Angst vor Pauli, ich habe auch Angst vor Pauli, aber ich habe nicht so große Angst vor ihm, daß ich es nicht einzugestehen wage."[462]

Durch seine kritische Kraft, die sich über die Jahrzehnte hinweg in der Physik-Gemeinde als fruchtbar erwies, wurde Pauli zum allseits anerkannten „Gewissen der Physik". Rudolf Peierls: „In kritischen Zeiten in der Physik, wenn es nicht klar war, ob gewisse Ideen ernst genommen werden sollten, neigte man natürlicherweise dazu zu fragen: ‚Was sagt Pauli darüber?'"[463]

Ende der 1980er beschrieb Weisskopf Paulis (mittlerweile) historisches Gewicht: „Er personifizierte das Streben nach größtmöglicher Klarheit und Reinheit in der Wissenschaft und in menschlichen Beziehungen. Wir verdanken es zum Teil Pauli, daß es in der Gemeinde der Physiker immer noch eine gewisse Menge von gesunder Einfachheit, Ehrlichkeit und Direktheit gibt trotz all dem

---

[460] WP-BW, S. 127.
[461] WP-BW, S. 231.
[462] Zitiert nach Rozental (1991, S. 150).
[463] Zitiert nach von Meyenn (2005, S. VIII).

Politisieren, der Reklame und dem Ehrgeiz – Verhaltensweisen, die Pauli so fremd waren."[464]

Mit seiner Stellung in der Physik des 20. Jahrhunderts glich Pauli also Zeus: Gewaltig, auch physisch, stand er (scheinbar) über allem und allen. Und schleuderte blitzartige Kommentare. Das war auch Ende der 1950er noch so. Sein Ansehen als einer der Gründungsväter der modernen Physik – und als Kritiker, Gewissen, Instanz hatte durch den Wandel in der Physik keinen Schaden genommen.

10.2. Pauli – Die Kommunikation: Themen, Adressaten, Stil

Anfang des 21. Jahrhunderts ist „Wahrheit" ein schwieriger Begriff. Wesentlich für das Verständnis der Geschehnisse aber ist, dass dies für frühere Generationen anders war. So ging Paulis ganzes Streben darauf, zu erkennen, wie die Dinge wirklich sind, wie die Wahrheit aussieht (vgl. Kap. 2.5.) – mit der Vorstellung, dass dieses auch möglich sei. In den 1920ern hatte Pauli die neuen Einsichten in die Natur mitentdeckt, wie jene, dass der Beobachter durch den Akt seiner Beobachtung (Messung) den jeweiligen Zustand der Natur mitbestimmt (Unschärferelation, Komplementarität, siehe Kap. 3.2.). Dies' zentrale Resultat der Quantentheorie des Atoms[465] wurde unter den Physiker nach dem Zweiten Weltkrieg nur wenig beachtet und diskutiert (siehe Kap. 8.6. und 8.7.).[466] Auf der Bühne der

---

[464] Weisskopf (1989, S.166).

[465] Vgl. Bohr: „die Wechselwirkung zwischen den atomaren Objekten und den Messgeräten [ist] ein nicht abtrennbarer Teil der Quantenphänomene. Unter verschiedenen Versuchsbedingungen gewonnene Erfahrungen können deshalb nicht in der üblichen Weise zusammengefaßt werden, und die Notwendigkeit, die Bedingungen zu berücksichtigen, unter denen die Erfahrungen gemacht werden, weist unmittelbar auf die komplementäre Beschreibungsform hin." Bohr (1964, S. 2).

[466] Ein Grund: Betrachtet man Systeme (also viele Teilchen auf einmal) kann man z.B. die Subjekt-Objekt-Relation unbeachtet lassen. Man kommt ganz gut ohne

„offiziellen Physik" (wie sie sich in den Fachzeitschriften und auf den Konferenzen zeigte) wurde die Beobachterrolle nur selten thematisiert. Die Kommunikation verblieb auf den Ebenen I und II.

Zwischen Pauli und seinen Korrespondenzpartnern aber war das anders. Wie der Briefwechsel zeigt, kommunizierte er auch nach dem Zweiten Weltkrieg intensiv auf allen Stufen, inklusive III und IV. Fragen und Themen, die immer wieder auftauchten, waren: Die statische Natur der Natur, die Rolle des Beobachters,[467] die Subjekt-Objekt-Beziehung, Raum und Zeit,[468] der Akt der Messung, die Überwindung von Gegensätzen, Einwirkende psychologische Aspekte,[469] Argumente von Gegnern der „Kopenhagener Interpretation" (wie Einstein, David Bohm, sowjetische Physiker), die Entstehung des Aktualen aus dem Potentiellen beim Handeln,[470] die Entstehung von wissenschaftlichen Ideen, die Möglichkeit eines finalen, umfassenden Ordnungsprinzips oder auch die Definition von naturwissenschaftlicher Objektivität.[471]

---

voran – weil sich dort das jeweilige Gebaren einer Vielzahl ähnlicher Teilchen zu einem statistischen Mittel summiert, das einer Wahrscheinlichkeit entspricht, mittels der man das Geschehen durch die Quantenmechanik berechnen kann.

[467] Z.B. am 10. August 1954 an Fierz: „In der Quantenmechanik wird sich der Physiker zum ersten Mal bewusst, dass er nunmehr auch ‚natura naturans' spielt – kein Wunder, dass es erst einmal schiefgeht – denn ‚aller Anfang ist schwer'." WP-BW, 1953-54, S. 744f.

[468] Z.B. an Fierz am 19. Dezember 1947: „Raum und Zeit sind für mich – im Gegensatz zum Göttlichen – etwas typisch Menschliches." WP-BW 1940er, S. 483.

[469] Z.B. am 15. November 1956 an Kröner: „Es wird immer Menschen geben, denen Ideen eine mindestens ebenso starke oder sogar stärkere Wirklichkeit bedeuten als Sinneseindrücke (äußere Wahrnehmungen). Ich zähle mich ja selbst zu ihnen, habe deshalb auch auf jenem Philosophenkongreß in Zürich [im August 1954] betont, dass auch Gedanken ‚Phänomene' sind." WP-BW 1955-56, S. 770.

[470] Z.B. „Als Handelnder bewirkt er [der Beobachter] den Übergang vom Potentiellen zum Aktualen". 25. Februar 1955 an Heisenberg, Anm. zum Appendix. WP-BW 1955-56, S. 126.

[471] Z.B. am 11. März 1955 an Bohr: „Although the first step to ‚objectivity' is sometimes a kind of ‚separation', this task excites in myself the vivid picture of a superior common order to which all subjects are subjugated, mathematically

Quellen für Ideen, Standpunkte und Sichtweisen bei diesen Diskussion bildeten neben naturwissenschaftlichen Forschungsergebnissen und Modellen Buddhismus, Hinduismus, Alchemie, Psychologie, antike griechische Philosophien, Mystiker, Laotse, Schopenhauer, Kant, sowie wissenschaftshistorische Erkenntnisse. Dabei wurde pragmatisch und undogmatisch alles genutzt, was interessant erschien. Egal aus welcher Richtung oder welchem Zeitalter es kam.[472]

Korrespondenzpartner dieser Kommunikation waren verschiedene europäische Physiker (u.a. Fierz, Bohr, Heisenberg, Abraham Pais, Klein, Léon Rosenfeld, Weisskopf, Weyl) und Gelehrte aus anderen Gebieten, wie der Professor der Philosophie an der ETH Franz Kröner, der Kunsthistoriker Erwin Panofsky, der Schriftsteller Aldous Huxley, der Orientalist Emil Abegg, der Professor der Psychologie an der ETH Carl Alfred Meier, der Psychologe Jung oder die Jung-Mitarbeiterinnen Jaffé und Marie-Louise von Franz.

Abhängig vom Adressaten schwankten die jeweiligen Themenbereiche, deren Intensität und der Umfang, den sie im Brief einnahmen: Mal findet sich nur ein Absatz, dann wieder ziehen sich Ausführungen über viele Seiten.

In dem freien Denken, Sinnieren, Assoziieren wechselte Pauli auch in andere Formen. So entstand im Oktober 1954 – während er gerade mit Källén über das Lee-Modell arbeitete[473] – die poetische Skizze an das „dunkle Mädchen". Dort spielte Pauli u.a. mit Referenzen an Relativitätstheorie, Gotik, Monet, Schiller und politische

---

represented by the ‚laws of transformations' as the key of the ‚map', of which all subjects are ‚elements'." WP-BW 1955-56, S. 148f.

472 Pauli an Bohr am 11. März 1955: „Hoping that you will in future (just as I do myself) enjoy the enrichment coming from the different kind of access to science by different scientists, expressed in different, but not contradicting terminologies, I am sending [...] all good wishes [...] as yours complementary old W. Pauli." WP-BW 1955-56, S. 149.

473 Källén und Pauli (1955).

Macht: „Wissen ist Macht, die Macht ist böse, das drohende Unheil rückt näher. Aber diese Raum-Zeit-Welt und ihr Fürst sind nicht alles, sie sind nur <u>ein</u> Aspekt des Kosmos. Darüber steht die Ganzheit, so unanschaulich wie die Gottheit des gotischen Meisters. Raum-Zeit ist nicht die Gottheit, nur ihr Schleier, hinter dem du dich befindest, dunkles Mädchen [in etwa: Seele], näher als ich der Gottheit, die manchmal das Kleid zerreißend durchbricht.

Im 19. Jahrhundert, nachdem der Osten erreicht war, malte ein großer Meister (<u>Monet</u>) wieder die gotischen Kathedralen. Er ging nach Rouen und sah dort – Nebel. Du bist immer paradox, verehrte Dunkle; als er Nebel sah, da sah er <u>mehr</u> als der, der nur die Konvention sah. Der Nebel ist der Raum, nicht als göttlich, sondern als Schleier einer unanschaulichen Ganzheit gesehen wie in der Gotik; der Nebel ist auch das begrenzte naturwissenschaftliche Wissen seiner Zeit, das ihr Unbewusstes zudeckt. Und was schimmert aus diesem noch und schon durch: die ewige Sehnsucht des Menschen nach Kathedralen, die ihn auch dann nicht verläßt, wenn er keine bauen kann. [...] Unsere Sehnsucht nach Ganzheit nimmt wieder die Form des <u>Kindes</u> an: ‚Was kein Verstand der Verständigen sieht, das übet in Einfalt ein kindlich Gemüt'".[474]

Der geistige Hintergrund, aus dem heraus Pauli Wissenschaft verstand und betrieb, umfasste also alle vier Kommunikationsebenen, verschiedene Bereiche (Literatur, Kunst, Musik, Politik) und diverse Kulturen.

10.3. Pauli – Die Zielsetzung

Wesentliche Motivation, stetiger Motor für seine Arbeiten war auch für Pauli die Klärung der großen Zusammenhänge, das Streben hin zur Erkenntnis des griechischen „Einen". Für den Bereich der

---

[474] WP-BW 1955-56, S. 152f. – Der Aufsatz wurde im Nachlass von Jaffé gefunden, vgl. WP-BW 1955-56, Anm. 3, S. 154.

Physik bedeutete dies (seit den 1920ern), zu einer einheitlichen Theorie zu gelangen, in der die grundlegenden Strukturen der subatomaren Welt erfasst würden. Diesbezüglich sprach Pauli nach dem Zweiten Weltkrieg immer wieder zwei Themen an, deren Klärung ihm als zentral erschien, um zu einem wirklichen Fortschritt zu kommen: Die Bestimmung a) der Massen (der Elementarteilchen) und b) der Sommerfeldschen Feinstrukturkonstante.[475] Verweise auf diese ungelösten Probleme finden sich auch in Paulis Briefen und Arbeiten zu allgemeineren physikalischen Fragen.[476] So schrieb er 1948 in einem Vorwort der Zeitschrift „Dialectica", die derzeitige Quantentheorie reiche nicht aus, um diese beiden Fragen zu klären – und also stünde man erst am Anfang „of a new development of physics, which will certainly lead to still further generalizing revisions of the ideals underlying the particular description of nature which we today call the classical one."[477] Es müsse, so Pauli 1954, zu einer „erheblichen Weiterentwicklung" kommen. „In welche Richtung aber wird diese Weiterentwicklung erfolgen? Meiner Überzeugung nach jedenfalls in der einer noch größeren Entfernung von den Idealen der klassischen Physik."[478]

---

[475] So beendete er seine Nobelpreisrede mit dem Wunsch nach einer Theorie „which will determine the value of the fine-structure constant and will thus explain the atomistic structure of electricity, which is such an essential quality of all atomic sources of electric field actually occurring in Nature." Pauli (1946, S. 42).

Im April 1950, auf einer Konferenz in Paris, schloß Pauli seinen Vortrag mit: „A further progress can only be reached by quite new ideas sufficient to determine theoretically the masses of the particles occurring in nature and presumably also the value of the fine structure constant, as the lower bound of the space-time regions occurring in the discussed averaging can only be discussed in connection with these mass values and is therefore a problem beyond the range of the present ideas." „Present State of the Quantum Theory of Fields. The Renormalization". In: Pauli (1950, S. 89). – Zitiert nach Enz (2002, S. 446).

[476] Vgl. das Ende von „Phänomen und physikalische Realität", abgedruckt in Pauli (1984, S. 101). Pauli an Schrödinger am 9. August 1957. WP-BW 1957, S. 519.

[477] Pauli (1948, S. 311).

[478] Pauli (1954).

Letzteren aber würden die meisten Physiker – bewusst oder unbewusst –immer noch folgen. Pauli an Erwin Schrödinger am 9. August 1957: „es erscheint mir [...] als die Wurzel der Schwierigkeit,
daß wir alle, Alte und Junge, noch viel zu sehr in alten, überlieferten
Denkgewohnheiten stecken."[479]
Um voran zu kommen, suchte Pauli nach einer relevanteren Physik, in der Physik und Psychologie die gleiche Gewichtung zukom-
men würde.[480] „Für die unsichtbare Realität, von der wir sowohl in
der Quantenphysik wie in der Psychologie des Unbewussten ein
kleines Stück bereits vor uns haben, muß letzten Endes eine symbo-
lische psycho-physische Einheits-Sprache das Adäquate sein und
das ist das ferne Ziel, dem ich eigentlich zustrebe", schrieb Pauli am
1. April 1952 an Rosenfeld. „Ich habe volle Zuversicht, daß man zum
Schluß zum gleichen Ziel kommen muß, ob man nun von der Psyche
(den Ideen) oder von der Physis (der Materie) seinen Ausgangspunkt nimmt – weshalb ich die alte Unterscheidung Materialismus
contra Idealismus für überholt halte."[481]
Das „Ordnende und Regulierende muss jenseits der Unterscheidung von physisch und psychisch gestellt werden", schrieb Pauli am
7. Januar 1948 an Fierz, „so wie Platos Ideen etwas von ‚Begriffen'
und auch etwas von ‚Naturkräften' haben (sie erzeugen von sich aus
Wirkungen)."[482]
Zu dem Ordnenden und Regulierenden gehöre auch viel „Ge-
heimnisvolles in der Relation zwischen ‚innen' und ‚aussen'. Man

---

[479] WP-BW 1957, S. 519.
[480] Vgl. Enz (2002, S. 463). Am 17. August 1950 schrieb er an Pais: „Es ist heute so,
daß sich sowohl die (Mikro)-Physik als auch die Psychologie (des Unbewussten)
mit einer unsichtbaren Realität beschäftigt (bzw. eine solche ‚setzt' wie die Philosophen sagen)." WP-BW 1950-52, S. 153.
[481] WP-BW 1950-52, S. 593.
[482] WP-BW 1940er, S. 496.

wird aber nur dahinter kommen, wenn man mit der Nase schön komplementär in der Mitte bleibt" (an Fierz am 2. März 1948).[483]

Im Schreiben an den Schriftsteller Huxley erklärte sich Pauli am 10. August 1956: „my real problem was and still is the relation between Mysticism and Science. What is different between them and what is common? I can assure you that for me, as a modern scientist the difference is less obvious than for the layman. Both, mystics and science have the same aim to become aware of the unity of knowledge, of man and the universe and to forget our own small ego."[484]

Paulis Ziele waren also einerseits die Herleitung und Erklärung von konkreten physiktheoretischen Fragen, wie der Massen der Elementarteilchen, andererseits Fragen nach dem Zusammengehen von Psychologie und Physik. Pauli wusste, dass für manche Physiker diese beiden Arten von Zielen nichts miteinander zu tun hatten. Er aber war der Meinung, dass mit einer Trennung kein echter Fortschritt möglich sei. Nicht einmal ein kleiner.[485]

---

[483] WP-BW 1940er, S. 512.

[484] WP-BW 1955-56, S. 632.

[485] Pauli am 17. Mai 1958 an Jauch: „Mathematische Virtuosität, Funktionentheorie [...] etc. scheinen mir zwar gut bei der Herleitung von Folgerungen (Integration) aus logisch abgeschlossenen Theorien. Wenn es sich jedoch darum handelt, neue Naturgesetze mit neuen Grundbegriffen zu finden, braucht es eine andere Art der Intuition und der Einfühlung. Ich glaube nicht, daß der Forschertypus wie Lehmann, Wightman, Källén [mathematisch sehr versierte Physiker] etc. dabei von großem Nutzen sein kann." WP-BW 1958, S. 1186. Am 16. Januar 1955 an Kröner: „Was ist die Herkunft der wissenschaftlichen Ideen? [...] [Dazu] ist meine Stellungnahme bekannt, daß diese Ideen oft spontan, als Inspiration kommen und aus dem empirischen Material nicht logisch ableitbar sind." WP-BW 1955-56, S. 39. An anderer Stelle: „Alle folgerichtigen Denker kamen zu dem Resultat, daß die reine Logik grundsätzlich nicht imstande ist, eine solche Verbindung [zwischen Sinneswahrnehmung und Begriffen] zu konstruieren. Es scheint am meisten befriedigend, an dieser Stelle das Postulat einer unserer Willkür entzogenen Ordnung des Kosmos einzuführen, die von der Welt der Erscheinungen verschieden ist. Ob man vom ‚Teilhaben der Naturdinge an den Idee' oder von einem ‚Verhalten der metaphysischen, d.h. an sich realen Dinge' spricht, die Beziehung zwischen Sinneswahrnehmung und Idee bleibt eine Folge

An Weisskopf schrieb Pauli am 8. Februar 1954, wie man es halten müsse: „Nun, nach meiner Ansicht ist es nur ein <u>schmaler</u> Weg zur Wahrheit (sei es eine wissenschaftliche oder eine sonstige Wahrheit), der zwischen der Scylla eines blauen Dunstes von Mystik und der Charybdis[486] eines sterilen Rationalismus hindurchführt. Dieser Weg wird immer voller Fallen sein, und man kann nach <u>beiden</u> Seiten abstürzen. Leute, die sich als <u>reine</u> Rationalisten ausgeben und gerne die anderen ‚Mystiker' nennen, sind mir daher immer verdächtig, irgendwo einem recht primitiven Aberglauben verfallen zu sein. Ich bin daher nicht sonderlich überrascht, wenn Leute, welche mit der Verleihung des Titels ‚Mystiker' an andere besonders freigiebig sind und den Rationalismus allein gepachtet zu haben vorgeben, sich als einem primitiven Tyche-Kultus[487] erlegen herausstellen."[488]

---

der Tatsache, daß sowohl die Seele als auch das in der Wahrnehmung Erkannte einer objektiv gedachten Ordnung unterworfen sind." Pauli (1952a, S. 111). Echtes Naturverständnis, so meinte Pauli, wäre ohne Einbindung des Gefühlsmäßigen schwer möglich: „In unserer Zeit pflegt man die Liebe als etwas persönlich-subjektives zu betrachten, im Gegensatz zur objektiven wissenschaftlichen Naturerkenntnis. Aber in Wirklichkeit ist das Gefühl ebenso allgemein wie das Denken und die Wurzeln des ersteren gehen ebenso tief. Die Liebe als Naturkraft ist eine alte Idee […] Sollte es nicht Einsichten über die Natur geben, die ohne Gefühl nicht gewonnen werden können?" An Kronig am 22. Dezember 1949. WP-BW 1940er, S. 725.

[486] Nach der griechischen Mythologie ist die Charybdis ein gefährlicher Felsenschlund, dem gegenüber die Scylla, ein Meeresungeheuer lebt. Ein – für Latein-Kenner – geflügeltes Wort heißt: Incidit in Scyllam qui vult vitare Charybdim (Es verfällt der Scylla, wer die Charybdis vermeiden will). Artikel „Charybdis" in dtv (1966, Band 3, S. 106).

[487] Tyche: griechische Göttin des Glücks und des Zufalls. Artikel „Tyche" in dtv (1966, Band 19, S. 52).

[488] WP-BW 1953-54, S. 466.

15.2. Pauli – Probleme mit der Situation nach dem Zweiten Weltkrieg

„Im Spagat" ist ein passender Begriff für Paulis Situation in der Nachkriegszeit. Er war im Spagat zwischen Europa und den USA. Zwischen den alten und den neuen Kollegen. Zwischen den alten Ansprüchen und der neuen Physik. Zwischen seinen Wünschen und seiner Angst. Und so suchte er sich eine Absicherung – durch gewisse Physiker, die er zu Gewährsleuten erkor.

10.4. Pauli – Im Spagat zwischen den USA und Europa

Pauli nahm wesentlich stärker als Bohr, Dirac oder Heisenberg Anteil an der Entwicklung der US-Physik. Durch seinen Aufenthalt während der Kriegsjahre war er in die US-Physik eingebunden und blieb dies auch nachdem er 1946 zurück nach Zürich gegangen war: Er wurde zu Konferenzen eingeladen, von neuesten experimentellen Resultaten unterrichtet, bei strittigen Fragen konsultiert. Vor allem mit der Gruppe um Oppenheimer in Princeton hatte Pauli engen Kontakt – durch eigene längere Aufenthalte, und durch die seiner Schüler und Mitarbeiter an der ETH-Zürich.[489]

Den USA an sich stand Pauli kritisch gegenüber: „Inzwischen finden wir uns von einer lärmenden, ungebildeten, überall hineinredenden, über Menschen und Kanonen gebietenden, proselyten-machenden Ignoranz umgeben – die uns in merkwürdiger Weise in einer in zwei Teile geteilten, je durch rote und durch weiße Sterne symbolisierten Form entgegentritt, mit dem unverschämten Anspruch, wir hätten zwischen beiden zu wählen", schrieb er an Bohr. „Es ist dort [in den USA] dieselbe Überbewertung des Technischen und Materiellen vorhanden [wie in der UDSSR]; in allen praktischen Fragen ist die materialistische Einstellung auch dort ‚die'

---

[489] Vgl. von Meyenn (1996, S. XXIII-XXX). Kommentar zu Brief [1072] in WP-BW 1950-52, S. 3.

Ausschlaggebende, sie ist nur verdeckt durch eine mit Bibelsprü-
chen um sich werfende, die Weltbruderschaft in der rechten, A-
Bomben und FBI in der linken Hand haltende gigantische Heu-
chelei."[490]

Den persönlichen Begegnungen und Beziehungen tat das zumeist
keinen Abbruch.[491] Der Briefwechsel zeigt, dass Pauli sowohl mit
den europäischen Kollegen der Vorkriegsgeneration sowie mit den
Physikern der neuen Generation in Kontakt und Austausch stand.
Unter den US-Physikern waren das u.a. Yang, Lee, Wu, Schwinger,
Feynman, Gell-Mann, Oppenheimer, Dyson – unter den jungen europäischen Physikern u.a. Jost, Gerhart Lüders, Haag, Thirring,
Källen, Lehmann, Kurt Symanzik und Zimmermann. Mit ihnen
kommunizierte Pauli vornehmlich auf den Ebenen I und II. Themen
der anderen Ebenen wurden bei ihnen fast gänzlich ausgespart.

Dabei missfiel Pauli die Tendenz der neuen Physikergeneration,
metaphysische und philosophische Bereiche weitgehend auszu-
klammern und ab Mitte der 1950er hatte er eine neue Sorte von Physikern ausgemacht, die er „Experten" nannte. Sie hätten „die typi-
sche Expertendeformation im Gehirn". „Diese Leute machen immer
dann einen Fehler, wenn sie ‚streng' sagen."[492] Sie würden einen
Standpunkt erreichen, „bei dem ‚Strenge' mit geistigem Nihilismus
identisch wird!"[493] Besonders in dem Augenblick, in dem er seine

---

[490] 3. Oktober 1950. WP-BW 1950-52, S. 171.

[491] Eine Ausnahme bildete z.B. Wheeler. Vgl. Pauli an Bohr am 3. Oktober 1950.
WP-BW 1950-52, S. 171f.

[492] an Weisskopf am 13. März 1958. WP-BW 1958, S. 1052.

[493] an Touschek am 14. April 1958. WP-BW 1958, S. 1147. Den „Experten" warf Pauli
vor „daß sie keine eigene Initiative bzw. keinen eigenen Weg haben" - am 6. April
1958 an Fierz. WP-BW 1958, S. 1117. Sie hätten einen „Wahn", der sich „in den
Voraussetzungen [äußert], die zur Camouflage der Physik dienen: man nennt
ein System von Annahmen ‚Axiome', von denen selbst gescheite und kompetente Leute nach einigen Jahren nicht feststellen können, ob es leer (d.h. inkon-
sistent) ist oder nicht. Man verschiebt alle ‚Existenzfragen'" - am 6. April 1958
an Fierz. WP-BW 1958, S. 1118. Bei gewissen Herren „gehört die sogenannte
‚Verschiebung der Diskussion der Existenzfragen' zur bereits erwähnten

Zusammenarbeit mit Heisenberg aufgab, kochte Pauli geradezu vor Wut über die Experten über: Während Heisenberg mit seiner Art die Mathematik verraten hätte, hätten diese die Physik verraten.[494] „Sie sind außerstande, Antworten auf irgendwelche für die Physik wichtigen Fragen geben zu können! [...] Fragen Sie nur keinen ‚Experten'! Ein solcher wird Sie nur auslachen, weil Sie immer noch meinen, daß solche Fragen beantwortet werden können."[495]

10.5. Pauli – Im Spagat zwischen Wünschen und Ängsten

Dem Usus der Zeit gemäß und angesichts der neuen Physik-Generation unterschied Pauli in seiner Kommunikation immer mehr zwischen „rein" physik-mathematischen und physik-theoretischen Arbeiten einerseits, und dem Denken und Sinnieren über die größeren Fragen und Zusammenhänge auf der anderen Seite. Auf diese Art lebte Pauli, wie sein letzter Assistent und Biograph Enz bemerkte, in zwei Welten.[496] Dabei wünschte sich Pauli – und träumte auch davon –, beide Bereiche zusammen zu bringen. Nur wusste er nicht wie. Und grämte sich darüber. Weil er davon ausging, dass er es könnte, wenn er nicht eines wäre: Zu feige. In der Besprechung eines Traumes zu dieser Thematik, erläuterte er gegenüber Jung (am 27. Februar 1953): „Das Unbewusste spricht einen Tadel gegen mich aus, ich hätte der Öffentlichkeit etwas Bestimmtes, etwas wie ein Bekenntnis vorenthalten, ich sei da meiner ‚Berufung' aus konventionellen Widerständen nicht gefolgt. Diese Widerstände sind manchmal in einer <u>Schattenfigur</u> quasi kondensiert. [...] Dieser Schatten ist stets intellektuell-gefühllos und geistig strikt

---

wohlorganisierten Drückebergerei" - an Källen am 17. August 1957. WP-BW 1957, S. 527.

[494] Pauli an Fierz am 6. April 1958. WP-BW 1958, S. 1118.

[495] An Touschek am 14. April 1958. WP-BW 1958, S. 1147.

[496] Vgl. Enz (1993, S. 202).

konventionell.“[497] Hinter diesen „konventionellen Widerständen“ vermutete Pauli eine große Angst,[498] die Enz mit einer Angst vor Lächerlichkeit in Zusammenhang setzte.[499]

Pauli war also verunsichert. Das zeigte sich auch daran, dass er sich in der Nachkriegszeit zunehmend bei Fragen der Ebene I (physik-mathematische) absicherte, bevor er seine Meinung nach außen trug (vgl. Kap. 10.6.).

Pauli, der gern stolz verkündet hatte, der „Autoritätsglaube ist mir nicht an der Wiege gesungen worden“,[500] mochte sich also in der Nachkriegszeit nicht mehr auf seine Sicht, seine Meinung, sein eigenes Urteil verlassen.

Dazu trat bei ihm das Gefühl, dass es für ihn nicht mehr recht voran ginge. „Alles, was ich in der Physik noch kann, ist Fragen zu stellen, die dann niemand beantworten kann (das können aber andere wohl auch, und ich fühle mich dabei überflüssig)“, schrieb er an Wentzel am 18. Januar 1956 aus Princeton. „Insoferne mich aber nur diese Fragen interessieren, bin ich dabei der Geleimte.“[501] Und am 21. Februar 1956 an Fierz: „nun werde ich alt und muß allmählich lernen, darauf zu verzichten, die Lösung derjenigen zurückliegenden Probleme noch zu erleben, die mich eigentlich interessieren. Nun, daran muß ich mich eben gewöhnen, nur ist es wohl zu viel von

---

[497] Pauli und Jung (1992, S. 91).

[498] So kommentierte er seinen Traum vom 12. bzw. 15. März 1957: „Der Traum zeigt wieder meine konventionellen Widerstände gegen gewisse Ideen. Auch meine Angst davor; denn nur wer Angst hat, kann so schreien wie ich im Traume.“ Den Traum fasste er so zusammen: „Ein jüngerer dunkelhaariger Mann, der von einer schwachen Lichthülle umgeben ist, überreicht mir das Manuskript einer Arbeit. Da schreie ich ihn an: ‚Was fällt Ihnen eigentlich ein, mir zuzumuten, diese Arbeit zu lesen? Wie kommen Sie dazu?' Ich erwache in starkem Affekt und Ärger.“ WP-BW 1957, S. 510.

[499] Vgl. Enz (1993, S. 202).

[500] So Pauli an Pais am 17. August 1950. WP-BW 1950-52, S. 151.

[501] WP-BW 1955-56, S. 474.

mir verlangt, ich soll mich noch für den kleinen Lärm des Tages interessieren." – „wohin geht <u>meine</u> Reise??"[502]

10.6. Pauli – Im Spagat . Paulis Gewährsleute

Angesichts seines Schwankens zwischen Wünschen und Ängsten suchte Pauli in den 1950ern zur Orientierung nach einem hilfreichen Maßstab – und meinte ihn in Vertreter der neuen Physiker-Generation zu finden. Mit diesen von ihm erkorenen Gewährsleuten verband Pauli mehr als nur ein fachlicher, sachlicher Austausch: Er positionierte sich bei physikalischen Fragen immer öfter nach dem, was diese Physiker meinten. Ob sie zu etwas oder davon abrieten. Die wichtigsten Gewährsleute in den 1950ern waren Fierz und Källén, weitere waren Yang und Lee:

Der Schweizer Markus Fierz hatte an der ETH studiert, war danach in Leipzig bei Heisenberg, der ihn an Pauli empfahl. Ab 1936 war Fierz Paulis Assistent, ging 1940 nach Basel und wurde 1960 Paulis Nachfolger an der ETH. Er stand über Jahre mit Pauli in einem intensiven gedanklichen Austausch, der sich über alle o.g. Kommunikationsebenen sowie persönliche Belange erstreckte – dabei aber beim distanzierten „Sie" verblieb.

In der wissenschaftlichen Beziehung nutzte Pauli Fierz u.a. um Heisenbergs Arbeiten auf Inkonsistenzen prüfen zu lassen.[503] Dabei zeigt sich ein oft wiederkehrender Ablauf: War Pauli durch Heisenberg von einer Idee, einem Vorschlag, einem Ansatz begeistert, sank sein Interesse geradezu schlagartig und verwandelte sich auch in Ablehnung, sobald er das Thema mit Fierz besprochen hatte. So berichtete Pauli am 11. Januar 1957 in beschwingtem Ton an Fierz, dass er „während der Weihnachtsferien einen interessanten

---

[502] WP-BW 1955-56, S. 492ff.
[503] Vgl. z.B. Pauli an Fierz am 24. Mai 1950 und Fierz an Pauli am 29. Mai 1950. WP-BW 1950-52, S. 98 bzw. 103-105.

Briefwechsel mit Heisenberg" hatte, „dem es gelungen ist, seine besonderen Ideen über Feldquantisierung an Hand des Lee-Modells zu erläutern."[504] (Es ging insbesondere um die Frage, ob dabei auch die Unitarität der S-Matrix gewahrt bliebe.) Wenige Tage später, am 14. Januar 1957, besuchte Fierz Pauli in Zürich, der ihn „heftig kritisierte".[505] Prompt drehte sich Paulis Einstellung gegenüber Heisenbergs Arbeit in kritisches Desinteresse.[506]

Offenbar hegte Fierz in all den Jahren gegenüber Heisenberg nie viele wohlwollende Gedanken. 1958 formulierte Fierz seine Meinung in einem Briefentwurf anlässlich der Zuerkennung der Max Planck-Medaille an Pauli: „Auch Planck war in gewissem Sinne ein langweiliger Gelehrter. Mir ist das aber lieber als die Kurzweiligkeit Heisenbergs und die Maskenspiele, die Sie unter seiner Führung und Verführung aufgeführt haben. Es gibt doch viel bessere Weisen, sich die Zeit zu verkürzen."[507] Und in einem Brief vom 29. Oktober 1992 an die Herausgeber des Pauli-Briefwechsels kommentierte er die Zusammenarbeit von Heisenberg und Pauli in den Jahren 1957 und 1958: „Ich habe mir immer gedacht, daß im Sommer 1957 die tödliche Krankheit schon in Pauli rumorte und er sich darum nicht gegen die ‚Umklammerung' durch Heisenberg wehren konnte. Das erklärt den [...] unglückseligen Briefwechsel mit Heisenberg."[508]

Als einen weiteren Gewährsmann nutzte Pauli in den 1950ern den Schweden Gunnar Källén. Er war im Wintersemester 1951/52 bei Pauli, ging danach ans Bohr-Institut nach Kopenhagen (später als Professor nach Lund). Zusammen mit Källén publizierte Pauli 1955

---

504 WP-BW 1957, S. 60.

505 Pauli an Källén am 15. Januar 1957. WP-BW 1957, S. 64.

506 Vgl. die letzten Absätze in Pauli an Källén am 15. Januar 1957. WP-BW 1957, S. 66. Pauli an Heisenberg am 25. Januar 1957. WP-BW 1957, S. 115-118.

507 WP-BW 1958, S. 1178.

508 WP-BW 1957, S. 350, Anm. 1.

auch eine Arbeit (in der sie die indefinite Metrik für das Lee-Modell formal durchführten).[509]

Pauli zog Källén vor allem für die Lösung verwickelter mathematischer Fragen in der Quantenfeldtheorie und ihre Prüfung heran. Auch für jene Fragen, die bei Heisenbergs Ansatz auftauchten. So schrieb Pauli an Fierz (am 11. Januar 1957), Källén sei nun in seine Diskussion mit Heisenberg hineingezogen worden. „Das hat den Vorteil, daß die Mathematik nun klarer ist und ich besser unterscheiden kann, was bei Heisenberg vernünftig ist, was Phantastik ist."[510]

Als Heisenberg im Juni 1957 an Pauli das neueste Manuskript schickte, das Pauli ggf. mitpublizieren würde, antwortete Pauli ihm umgehend am 11. Juni: „Könntest Du gleich auch eine Kopie an Källén nach Kopenhagen schicken? [...] Es ist mir sehr wichtig, ob er einen Fehler finden kann (speziell in den höheren Sektoren)." Denn auch auf die Frage, „ob ich mit unterzeichnen soll, will ich nach eigenem Studium und nach Vorliegen von Källéns Reaktion eventuell zurückkommen."[511] Drei Tage später (14. Juni 1957), nachdem Pauli sich in das o.g. Manuskript vertieft hatte, schrieb er Heisenberg: „Ich habe nun das 4. Kap. einmal durchgelesen und habe nichts Neues mehr zum Kritisieren gefunden, als was schon oft besprochen wurde. [...] Es ist mir sehr wichtig, daß Källén insbesondere das Kap. IV kritisch durchliest. Im Gegensatz zu ihm ist mir ein fundamentaler Fehler allerdings unwahrscheinlich. Aber man kann nie wissen!"[512]

---

[509] Und zwar für den Fall $g^2_c > 1/\lambda^2$. Vgl. Pauli an Feldverein am 29. Januar 1955. WP-BW 1955-56, S. 75. Källén und Pauli (1955).

[510] WP-BW 1957, S. 60.

[511] WP-BW 1957, S. 434f.

[512] WP-BW 1957, S. 444.

Källén war also für Pauli ein eigener „Pauli": Ein Physiker, auf dessen umfassendes und kritisches physik-mathematisches Urteil er meinte, setzen und vertrauen zu können.

Källén selbst hatte sich – so Thirring – als Paulis Lieblingskind gesehen. Und diese „Position [...] bis aufs Messer" verteidigt. Daher „verhöhnte [er] jede Arbeit, die ihm diesen Rang hätte streitig machen können. Allerdings bezog sich diese Aggressivität nur auf das wissenschaftliche Gebiet."[513]

Pauli hielt in anderen als den physik-mathematischen Belangen Abstand zu Källén. An Rosbaud schrieb Pauli, dieser sei „ein sehr streitbarer Herr, den ich nicht als Gegner haben möchte".[514] Källén wolle ihn (Pauli) „à tout prix kopieren. Aber man kann nicht so sein wie ein anderer. [...] Es ist [Källén] im Grunde sehr wichtig, was andere Leute von ihm meinen, auch attackiert er niemals solche Leute, die seiner Karriere förderlich sein könnten – das war alles anders bei [mir], wie [ich] jung war."[515]

Auch fand Pauli Källéns Denken zu mathematisch[516] und zählte ihn zu jenen der neuen Physiker-Generation, die er als „Experten" bezeichnete. So warnte er Källén am 24. Februar 1958: „Ich fürchte [...], daß Ihr Euch alle in zu großen formalen Allgemeinheiten verliert."[517]

Wie Fierz war auch Källén von Heisenberg wenig angetan. Allerdings scheint Källéns Ablehnung durch seine allgemeine stark kritische Haltung begründet gewesen zu sein.[518]

---

[513] Thirring (2008, S. 125f).

[514] Am 21. November 1957. WP-BW 1957, S. 623.

[515] An Rosbaud am 14. November 1957. WP-BW 1957, S. 603.

[516] Vgl. Pauli an Jauch am 17. Mai 1958. WP-BW 1958, S. 1186.

[517] WP-BW 1958, S. 975.

[518] In den Briefen zielte Källén so scharf gegen Heisenberg wie gegen viele andere Physiker auch.

Weitere für Pauli wichtige und maßgebende Gewährsleute waren die US-Physiker Yang und Lee. Wie hoch er ihre Meinung einschätzte, zeigt sich am Beispiel von Feza Gürsey: Gürsey und Pauli hatten Anfang 1958 über den Ansatz von Heisenberg und Pauli einen brieflichen Austausch begonnen (siehe Kap. 6.7.), in den USA dann auch persönlich zusammengearbeitet. 1959 sollte diese Zusammenarbeit in Zürich weiter gehen.[519] Im Brief an Pauli vom 26. November 1958 berichtete Gürsey nun aus Princeton ausführlich über seine Arbeiten und Diskussionen der letzten Monate. Am Ende schrieb er eher nebenbei über sein Leben am Institut: Es würde ihm da gefallen, er hätte viele interessante Diskussionen mit Pais, Sakurai, Nishijima und Bernstein. Oppenheimer und Pais würden ihn sehr ermutigen, andererseits würden Lee und Yang seinen Ansatz zur Physik sehr ablehnen (genaueres erläuterte er nicht).[520] Auf die Bemerkung zu Lee und Yangs Haltung reagierte Pauli geradezu panisch. An Gürsey schrieb er am 5. Dezember 1958, dieses sei „of course, a serious matter for me. Just with these two men I feel quite ‚at home' in all questions of tact and of instinct in physics."[521] Und auch im Brief an Wu, ebenfalls am 5. Dezember 1958, thematisierte er Gürseys Aussage, Yang und Lee würden seinen Ansatz sehr ablehnen: „This is a rather general statement, which makes me sad." Warum ihn das traurig machte, erklärte er so: „I like Gürsey, but ‚I believe in' Lee and Yang".[522]

Weiteres und genaueres zur Beziehung von Pauli zu Yang und Lee läßt sich an Hand des Briefwechsels nicht eruieren. Dort finden sich nur wenige Briefe zwischen Yang und Pauli. Ihr Kontakt scheint also vornehmlich persönlich und direkt während Paulis Aufenthalten in den USA gewesen zu sein.

---

[519] Vgl. Pauli an Enz am 26. Februar 1958. WP-BW 1958, S. 983.

[520] WP-BW 1958, S. 1342.

[521] WP-BW 1958, S. 1351.

[522] WP-BW 1958, S. 1354.

Neben diesen Gewährsmännern gab es für Pauli eine weitere wichtige Person, die ihn stark zu beeinflussen vermochte: Das war Heisenberg.

Pauli – Die Ereignisse von Herbst 1957 bis Dezember 1958 und ihre Hintergründe

Wie gezeigt wurde, unterschied sich Pauli von der neuen Physikergeneration, die sich nach dem Zweiten Weltkrieg von den USA aus etablierte, in seinen Ansprüchen und Zielsetzungen, Erörterungs- und Sichtweisen. Gleichzeitig galt er auch in dieser neuen Physikergeneration als gnadenloser, aber fruchtbarer Kritiker, als unbestritten kompetente Instanz der modernen Physik.

Diese Diskrepanz verunsicherte Pauli stark. Detailfragen in den neuen Entwicklungen glaubte Pauli immer schlechter selbst einordnen und bewerten zu können – und verließ sich vermehrt auf die Meinungen, Ansichten anderer. In dieser Verfassung begann Pauli Ende 1957 die Zusammenarbeit mit Heisenberg.

10.7. Warum Pauli die Zusammenarbeit begann

Paulis Motivation für die Zusammenarbeit mit Heisenberg lässt sich auf verschiedene Ursachen zurückführen:

a) Heisenbergs Ziel war Paulis Ziel. In der Ausrichtung ihrer Forschungen, in den Ansprüchen und Bewertungen waren Pauli und Heisenberg immer d'accord gewesen. Ihre Diskrepanzen und Diskussionen drehten sich stets um Detailfragen in Methodik und Bewertung. Und so war es auch mit dem Ansatz Heisenbergs von 1950 für eine einheitliche Quantenfeldtheorie der Elementarteilchen, den dieser in den folgenden Jahren weiterentwickelte. Durch die Diskussionen waren Pauli das von Heisenberg konzipierte Modell und dessen Erweiterungen gut bekannt. Er war vertraut mit den verschiedenen Elementen des Ansatzes, wie der indefiniten Metrik oder der universellen Länge.

b) Weil er felsenfest von der Erhaltung der Parität ausgegangen war, hatte Pauli Mitte Januar 1957 die Nachricht von der Verletzung des Paritäts-Erhaltungssatzes als eine Erschütterung seines physikalischen Fundaments erlebt (siehe Kap. 6.2.). Dagegen hatte Heisenberg Ende 1956 auf Grund seiner Arbeiten die von Lee und Yang antizipierte Paritätsverletzung bei der schwachen Wechselwirkung (vor den verifizierenden Experimenten von Wu u.a.) für möglich erachtet. Das wird Pauli positiv beeindruckt haben.

c) Durch die intensive, vornehmlich briefliche Diskussion in den ersten Monaten von 1957 zwischen Heisenberg in Ascona und Pauli in Zürich, erlangte Pauli ein noch tieferes Verständnis für den Weg, den Heisenberg 1950 eingeschlagen hatte. Und er bekam schließlich den Eindruck, der Weg könnte zum Erfolg führen. (siehe Kap. 6.3., 6.4., 6.5.)

d) Bei der internationalen Konferenz von Padua und Venedig Ende September 1957 herrschte eine allgemein positive Stimmung gegenüber Heisenbergs derzeitigen Arbeiten (Kap. 6.4.).

e) Paulis Gewährsmann für verwickelte physik-mathematische Fragen, der überaus kritische Källén, veränderte im Herbst 1957 seine Haltung gegenüber Heisenbergs Modell in eine immer positivere Bewertung, bis er im Dezember 1957 auch die indefinite Metrik befürwortete (Kap. 6.5.).

f) Nachdem Pauli am 25. November 1957 im Kolloquium über Heisenbergs Modell vorgetragen hatte, reagierte auch Fierz affirmierend, ja positiv.

Paulis immer positivere und interessierte Haltung gegenüber Heisenbergs Weg wurde also von einer immer positiveren Haltung der für Pauli relevanten Kritiker Heisenbergs flankiert und gestützt.

Und Pauli stützte sich stark auf diese positive Meinung der anderen (Kap. 10.6.).[523] Außerdem hatte er sich dazu durch den Traum kurz nach dem Treffen mit Heisenberg (vom 15. November 1957) bestärkt gefühlt (Kap. 6.4.). So empfand Pauli, als der Dezember 1957 begann, dass er durch die Zusammenarbeit mit Heisenberg auf einem guten und richtigen Weg sei.

10.8. Was die neue Zusammenarbeit bei Pauli auslöste

In den Jahren zuvor hatte Pauli auch öfter über seine Zukunft in der Physik gehadert (vgl. Kap. 10.5. und 10.16.). Die Zusammenarbeit mit Heisenberg ließ ihn wieder andere Lüfte atmen. Bei ihrem Projekt ging es nicht um den „kleinen Lärm des Tages". Es ging um Fragen und Themen, die Pauli „eigentlich interessier[t]en".[524] Um eine Theorie der Elementarteilchen. Eine einheitliche Quantenfeldtheorie. Das Ziel, das er und Heisenberg seit den 1920ern anvisierten.

Als Pauli sich durch die zustimmende Haltung von Källén und Fierz sicher fühlte, sich auf Heisenbergs Weg einzulassen (siehe oben), fühlte er sich auch wieder sicher, seiner eigenen Intuition folgen, seinem eigenen Urteil vertrauen zu können. Das erste Mal seit Jahren agierte er nun nicht skeptisch, abwartend, ab- und beurteilend. Er wurde wieder kreativ. Dabei wechselte Pauli auch seine Methode: Er begann in intensiver Korrespondenz mit Heisenberg die Physik des Modells auszuloten. Und er ging dazu – wie im Briefwechsel sichtbar ist – spielerisch, tastend vor: Er probierte aus, staunte, fragte, sinnierte, zog zurück, versuchte erneut. Und freute sich unbändig. Pauli war Feuer und Flamme. Er machte in diesen

---

[523] Pauli an Heisenberg am 18. Dezember 1957: „Viel wichtiger ist: Källén hat nun auch eine <u>viel positivere Ansicht über die indefinite Metrik</u>. [...] Er sieht auch eine gewisse Art von mathematischer Unmöglichkeit, wenn man <u>nicht</u> zur indefiniten Metrik übergeht." WP-BW 1957, S. 719.

[524] Pauli an Fierz am 21. Februar 1956. WP-BW 1955-56, S. 492.

Wochen also all das, was bei einer kreativen Erforschung des Neuen, des Vorantastens ins noch ganz Unbekannte oft üblich ist. Und was er in ähnlicher Form bei der Entstehung der Quantentheorie des Atoms in den 1920ern erlebt hatte. Gänzlich neuartig dabei war nur ein immenses Maß an Euphorie, an geradezu berstender Lebensfreude, das sich bei Pauli in diesen Wochen zeigte. Einige Stellen aus nur drei Briefen an Heisenberg: Am 21. Dezember 1957: „<u>Die Dinge rücken weiter an ihren Platz!</u>"[525]

„Bin nun <u>Optimist</u> mit den Leptonen! Alles wird nun klarer. – Bin Optimist!"[526]

„<u>Die Operation ‚Strich' ist verantwortlich dafür, daß das Termsystem in zwei nicht kombinierende Hälfte zerfällt.</u> Ich kann es nicht vermeiden, daß das Zerfallen des Systems in zwei spiegelbildliche Hälften mich an Deinen guten alten ‚Schnitt', an ‚beobachtetes System' und ‚Meßapparat', an ‚Subjekt-Objekt-Relation' erinnert, ferner daß der kleine (Spinindizes) und der große Hilbertraum an die alte <u>Entsprechung</u> der ‚kleinen' und der ‚großen' Welt (‚Mikrokosmos' und ‚Makrokosmos') erinnert."[527]

„Nun aber zum <u>Ladungsoperator</u>. Ich widerrufe feierlich alles, was in meinem vorletzten Brief darüber stand, als Unsinn!"[528]

„Die Dinge rücken an ihren Platz!"[529]

„Ich habe noch einen Denkfehler gemacht: die Existenz der Gruppen ist <u>gar nicht</u> ein willkürliches Postulat. [...] Die Zweiteilung ist ja noch gar nicht gemacht. <u>Zweiteilung und Symmetrieverminderung, das ist des ‚Pudels Kern'!</u> Deren Grad ist dadurch bestimmt, was man auf Diagonalform bringen kann. Und das ist I und Σ_3; <u>nichts ist willkürlich.</u> Es <u>müssen</u> gerade <u>zwei Translationsgruppen</u>

---

[525] an Heisenberg am 21. Dezember 1957, WP-BW 1957, S. 729.
[526] WP-BW 1957, S. 736, Anm. 1.
[527] WP-BW 1957, S. 732.
[528] WP-BW 1957, S. 733.
[529] WP-BW 1957, S. 735.

für die ‚physikalischen Größen' (die berechneten Vakuumerwartungswerte sind ja keine!) übrig bleiben. Jetzt kommt ein persönlicher Schluß: ‚Zweiteilung' ist ein sehr altes Attribut des Teufels. (Das Wort ‚Zweifel' soll ursprünglich ‚Zwei-Teilung' bedeutet haben; siehe oben über V²=1) – Ein Bischof in einem Stück von Bernhard Shaw sagt: ‚A fair play for the devil, please!' Darum soll er auch am Weihnachtsfest nicht fehlen. Die beiden göttlichen Herren – Christus u. der Teufel – sollen nur merken, daß sie inzwischen viel symmetrischer geworden sind. (Sag, bitte, diese Häresie nicht Deinen Kindern; aber dem Freiherrn v. Weizsäcker, kannst Du sie erzählen!) – Jetzt haben wir uns gefunden! Sehr, sehr herzlich Dein W. Pauli."[530]

Im nächsten Brief (vom 25., 26. und 27. Dezember 1958):

„Lieber Heisenberg! Heute war wirklich etwas wie die Geburt einer neuen Sonne (siehe Unsener, Das Weihnachtsfest), als ich die Rechnung machte, die in meinem letzten Brief zum Schluß in Aussicht gestellt wurde."[531]

„Das Schlimmste ist für mich Dein Punkt 3.) (Dein Brief vom 21.) wie kann man denn überhaupt so ein Modell mathematisch behandeln? Tamm-Dancoff ist schrecklich. Wie findet man die subtraktiven Terme (nicht nur ihre Form, sondern wo die Geister liegen). Und eine Hamiltonfunktion gibt es wohl nicht. Also kurz: Ich schreibe da in einem völligen Vakuum! Aber ich habe eine gewisses Vertrauen: Wenn die Theorie vernünftig ist – und dafür spricht ein ständig wachsendes Material – werden schliesslich Integrationsmethoden von selbst in die Augen springen."[532]

Im darauffolgenden Brief (am 28. und 29. Dezember 1957):

---

[530] WP-BW 1957, S. 735f.
[531] WP-BW 1957, S. 741.
[532] WP-BW 1957, S. 744.

„alles was jetzt schon herauskam, ist mir so neu, wie einem Kind, das anfängt gehen zu lernen. Es wird <u>noch mehr</u> herauskommen (wahrscheinlich die ganze Theorie)".[533]

„ich habe den Eindruck, wir sind auf eine Goldmine gestoßen".[534]

„Der Zusammenhang mit Deinen Ideen (1. Spinormodell, 2. Indefinite Metrik, 3. Verdoppelung des Vakuums) ist ja der allerengste und ich bin durch Dein Spinormodell (das damit wohl endgültig gerechtfertigt ist – die Form der Lie-Funktion ist etwas anderes) darauf gekommen. – Der ‚Iso-Raum' <u>ist</u> der Hilbertraum!! (Die approximative Entartung der elektrischen Welt <u>ohne</u> schwache Wechselwirkung ist N -> N, Q -> -Q oder umgekehrt.)"[535] (N ist die Baryonenzahl, Q die elektrische Ladung.)

„Ich bin jetzt in einem Stadium, wo ich <u>Fragmente</u> errate: Fragmente einer mir noch fremden <u>Vernunft</u>, die plötzlich aus den Formeln auf mich zuspringt. Nun lernte ich wieder ein wenig weiter zu <u>gehen</u>".[536]

„<u>Hurra!</u>"[537]

„Das Bild verschiebt sich mit jedem Tag, alles ist im Fluß. Noch nicht publizieren! Aber es wird etwas <u>Schönes</u> werden!"[538]

„Es ist ja noch gar nicht abzusehen, was da noch alles herauskommt. Wünsch mir nur viel Glück, beim Gehenlernen!

<u>Vernunft</u> fängt wieder an zu sprechen,
Und Hoffnung wieder an, zu blühen
Man sehnt sich nach des Lebens Bächen,
Ach nach des Lebens Quelle hin!
(aus ‚Faust')

---

[533] WP-BW 1957, S. 758.
[534] WP-BW 1957, S. 758.
[535] WP-BW 1957, S. 759.
[536] WP-BW 1957, S. 759.
[537] WP-BW 1957, S. 760.
[538] WP-BW 1957, S. 760.

Grüß die <u>Morgenröte,</u> wenn 1958 beginnt.
<u>Vor</u> Sonnenaufgang!"[539]

„Dein Spinoroperator $\psi_\square(x)$ enthält das Geheimnis der Raum-Zeit-beschreibung!

Du wirst nun bemerkt haben, daß ‚der Pudel' <u>fort</u> ist! Er hat seinen Kern enthüllt: <u>Zweiteilung</u> und <u>Symmetrieverminderung.</u> Ich bin ihm da mit meiner Antisymmetrie entgegengekommen – ich gab ihm ‚fair play'! – worauf er sanft verschwand.

Die ‚Geister' wittern Morgenluft und sind auch fort (<u>meine komplexen Wurzeln mit ihnen!</u>)

Nun, ein kräftiges Prosit Neujahr, wir werden <u>in</u> ihm <u>marschieren!</u>:
It's a long way to Tipperary It's a long way to go...

Herzlichst Dein W. Pauli"[540]

Paulis Briefe in den Wochen bis Mitte Januar 1958 sind aber auch voller Fragen und Hinweise auf mögliche Unstimmigkeiten und Widrigkeiten. Nur eines findet sich in dieser Zeit gar nicht: Zweifel. Es gab keine nagenden Fragen. Keine Skepsis. Kein Zagen. Pauli war überzeugt, dass er und Heisenberg mit diesem Ansatz wesentliche Fortschritte bei der Elementarteilchentheorie erlangen würden – wenn nicht sogar diese abschließen könnten. So schrieb Pauli z.B. am 3. Januar 1958 an Wu: „I not only hope, I am rather certain, that we are approaching a climax in the theory of elementary particles. [...] Expecting a break through within the next few months, I am sending you the warmest greetings".[541] Und am 7. Januar 1958, in seiner Antwort an Antonio Borsellino, der ihn zur Sommerschule nach Varenna (vom 21.7. bis 9.8.1958) eingeladen hatte, schrieb Pauli, er sei zur Zeit in enger Zusammenarbeit mit Heisenberg „on a very new form of the quantum theory of fields, including a new theoretical interpretation of the isotope spin space. The prospect

---

[539] WP-BW 1957, S. 760.
[540] WP-BW 1955, S. 762.
[541] WP-BW 1958, S. 789f.

looks bright at present and until to the summer we hope to know much more." Daher möge Heisenberg zur Sommerschule dazu geladen werden, „so that in some practical way we can divide the job to give lectures on the new development."[542]

Selbst als Källén einen ablehnenden Brief schickte,[543] kratzte das Pauli nun nicht im geringsten. Am 2. Januar 1958 antwortete er auf Källéns Bedenken: „Ich arbeite nun oft Tag und Nacht, weil ich einer fundamentalen Sache auf der Spur bin. Was Sie schrieben, ist mir lange bekannt. Ich wusste auch, daß Heisenbergs Spinormodell mit konventionellen Methoden nicht durchführbar ist." Und: „Ich habe also andere Schlüsse aus den gleichen Prämissen und mathematischen Sachverhalten gezogen als Sie. Schreibe wohl noch mehr. Bis jetzt geht alles wider Erwarten gut!"[544]

Heisenberg reagierte auf Paulis Euphorie mit Versuchen, ihn zu beruhigen. Er warnte ihn, auch vor Luftschlössern[545] und erbat Konkretes. Er schlug Pauli wohl auch vor, seine anstehende US-Reise zu verschieben, da die Arbeit noch weiterer gemeinsamer Ausarbeitung bedürfe.[546] Und er wies ihn auf Fehler hin.[547]

---

[542] WP-BW 1958, S. 811.

[543] Vom 26. Dezember 1957. Källén: „ich glaube überhaupt kein Wort des Heisenbergschen Spinormodells." Källén störte sich vor allem daran, dass es in diesem Ansatz „eine so starke Invarianz hat, daß kein Masseglied in der Lagrangefunktion auftreten kann. Da man kaum vermuten kann, daß alle Massen nur Symmetrieverletzungen sind, so bin ich gegen jede Theorie, die mit nur einem Feld anfängt und eine allzu starke Symmetrie hat, sehr skeptisch. [...] Vielleicht sollte man jetzt am Anfang bescheiden sein und nicht vermuten, man könnte sofort eine fertige Theorie der Elementarteilchen machen." WP-BW 1957, S. 753ff.

544 WP-BW 1958, S. 786f.

545 30. Dezember 1957, WP-BW 1957, S. 765f. 2. Januar 1958, WP-BW 1958, S. 788. 4. Januar 1958, WP-BW 1958, S. 804. 8. Januar 1958, WP-BW 1958, S. 813f.

546 Vgl. Heisenberg (1998, S. 274). E. Heisenberg (1980, S. 174f).

547 Brief vom 29. Dezember 1957. WP-BW 1957, S. 763f.

Die Hinweise nahm Pauli gern an – und schrieb zurück: „Ja, pass nur auf mich auf".[548] Und: „Hoffe, von Dir zu lernen!"[549]

10.9. Paulis erster Kontakt mit der US-Physikergemeinde

Anfang des neuen Jahres stand Paulis Abreise nach Berkeley an. Bis April 1958 wollte er dort einige Monate verbringen. Dafür, so schrieb er am 4. und 5. Januar an Heisenberg, „werde [ich] wohl irgend ein Statement oder report (<u>nicht</u> zum Druck!) machen müssen, wenn ich nach USA gehe. <u>Alle</u> <u>werden</u> <u>mich</u> <u>fragen.</u> Soll ich vor meiner Abreise versuchen, so etwas zu formulieren?"[550] Wenige Tage später, am 7. Januar 1958, fragte Pauli Heisenberg, was er von einer gemeinsamen Publikation in der anstehenden Festschrift zu Max Plancks 100. Geburtstag halten würde.[551]

Heisenberg stand – nach den Briefen zu urteilen – einer Veröffentlichung eher abwartend gegenüber. Am 8. Januar 1958 meinte er, es sei „wohl nötig, wie Du schreibst, das wir schon jetzt ein ‚statement' herausgeben, das Du in Amerika verwenden kannst. Ich würde vorschlagen, dass es als kurzer ‚preprint' in englischer Sprache abgefasst wird –, so kurz, dass es eventuell auch als ‚voreilige Mitteilung' in Nature gedruckt werden könnte. Über die Einzelheiten können wir uns in Zürich unterhalten. Jedenfalls wäre es gut, wenn Du nach dem berühmten Motto
[Notenzeichen mit Text:] Oh säume länger nicht...

---

[548] 7. Januar 1958, WP-BW 1958, S. 811.

[549] 9. Januar 1958, WP-BW 1958, S. 815.

[550] WP-BW 1958, S. 794.

[551] WP-BW 1958, S. 812.

schon eine Skizze oder Disposition machen könntest, die wir in Zürich durchsprechen. Mehr als ein paar Schreibmaschinenseiten sollten es ja wohl zunächst nicht werden."[552]

Am Wochenende vom 11. und 12. Januar 1958 kam Heisenberg nach Zürich zu Pauli, bei dem er auch über Nacht blieb. „Mit Heisenberg habe ich gestern abend und heute die ganze Zeit gearbeitet", berichtete Pauli am 12. Januar 1958 an Weisskopf. „Eben reiste er ab. Wir wollen so schnell wie möglich eine ‚voreilige' gemeinsame Mitteilung publizieren ‚The Isospin-group in the theory of elementary-particles'. Dann wird nicht nur die (berechtigte) Neugier aller befriedigt sein, sondern jeder hat dann auch das Recht, das Vorliegende zu benützen und weiter zu bearbeiten. Möge noch <u>viel</u> daraus herauskommen!"[553]

Am 14. Januar 1958 setzte sich Pauli ans Werk und schrieb das Manuskript für den Preprint zusammen. Am 15. Januar schickte er es an Heisenberg und entschuldigte sich ob dessen Länge. „Hoffentlich erweckt es nicht Deinen Groll, daß das Manuskript so lang ist. Aber ich meine, sonst versteht der Leser gar nichts, es ist auch so noch schwierig genug (weil ungewohnt)." Außerdem schlug er als Druckort den „Nuovo Cimento" oder „Nuclear Physics" vor.[554] Aber Heisenberg rief Pauli an, weil er es als besser befand, den Preprint noch nicht zum Druck zu schicken.[555]

Am 17. Januar 1958 reiste Pauli aus Zürich ab. Richtung Italien. In Genua wollte er mit seiner Frau das Schiff nach New York

---

[552] WP-BW 1958, S. 814. „Oh, säume länger nicht, geliebte Seele" ist eine Arie der Susanna im 4. Akt von Mozarts „Figaros Hochzeit" (im italienischen heißt die Arie „Deh, vieni, non tardar, oh gioia bella"). Heisenberg spielte damit auf Paulis Brief vom 4. und 5. Januar 1958 an, in dem Pauli einen Sachverhalt als „Verwechslungskomödie" und als „Operation Figaros Hochzeit" bezeichnet hatte. WP-BW 1958, S. 798.

[553] WP-BW 1958, S. 818.

[554] WP-BW 1958, S. 819.

[555] Vgl. Pauli an Heisenberg am 17. Januar 1958. WP-BW 1958, S. 862.

besteigen. Auf dem Weg dorthin gab Pauli in Mailand am 18. Januar 1958 einen ersten öffentlichen Vortrag zu seinem und Heisenbergs Ansatz. Der verlief ohne große Probleme und Pauli berichtete an Heisenberg am selben Tag: „Die Leute hier sind sehr nett und sagten, Sie könnten ein paper wie unseres sogar in 14 Tagen im Nuovo Cimento   drucken [...], Habe natürlich nichts versprochen.“556

Am Tag darauf ging Pauli mit seiner Frau in Genua an Bord der „Montonave Guilio Cesare“, die sie via Neapel und Gibraltar am 30. Januar nach New York bringen sollte.557 Während dieser Schiffsreise wollte sich Pauli „gründlich [...] regenerieren.“558

Derweil kam Heisenberg in Göttingen angesichts von Paulis Manuskripts für den Preprint ins Schwitzen. Am 19. Januar 1958 berichtete er Pauli in einem neun Seiten langen Brief von Problemen und Schwierigkeiten, die er mit Paulis Manuskript hätte. Und von möglichen Wegen und Lösungen. Schließlich kam er zu dem Schluß: „Alles in allem: ich bin mit dem jetzigen Stand noch nicht ganz zufrieden, weil ich wahrscheinlich einiges von Deiner Mathematik noch nicht richtig verstanden habe, weil aber insbesondere der Formalismus noch nicht hinreichend durchsichtig ist. Was soll ich jetzt machen? Ich kann versuchen, das Manuskript so zu verändern u. zu ergänzen, dass es meinem Verständnis der Dinge entspricht. Aber damit bist Du vielleicht nicht einverstanden. Oder ich kann auf weitere Nachricht von Dir warten. Gib mir bitte von Gibraltar oder vom Schiffe aus telegraphisch (oder auch anders) Nachricht, was ich tun soll.“559 Das tat Pauli. Er telegraphierte Heisenberg am 23. Januar

---

556 WP-BW 1958, S. 864.

557 Vgl. Kommentar zu Brief [2841] „Der Antritt der letzten USA-Reise und Paulis ‚New-York-talk‘ vom 1. Februar 1958“, WP-BW 1958, S. 869-872. S. 870.

558 Pauli an Heisenberg am 18. Januar 1958, WP-BW 1958, S. 864.

559 WP-BW 1958, S. 868f.

1958 „Reached similar conclusions as you. Wait with manuscript until matter clarified. Letter from New York follows. Pauli"[560]

So sandte Heisenberg Pauli mit einem Brief nur zehn Abzüge von dem (inzwischen weiter bearbeiteten) Manuskripts – so viele wollte Pauli für einen geplanten Vortrag vor Kollegen in New York zur Verfügung haben. Schon in seinem Neujahrsschreiben an Wu vom 3. Januar 1958 hatte Pauli bemerkt: „A discussion in some smaller circle in New York would be fine (there is Yang, Lee, Dyson, Lehmann and others)", da er keine Zeit hätte, nach Princeton zu kommen.[561]

Wu hatte die Organisation des Treffens in die Hand genommen.[562] Allerdings war sie dabei eher großzügig mit dem Begriff „smaller circle" umgegangen. Noch dazu war in New York gerade das Treffen der „American Physical Society". Und so befand sich Pauli am Nachmittag des 1. Februar 1958 nicht in einer kleinen, intimen Runde, in der er die Facetten des Ansatzes diskutieren konnte. Er befand sich in dem überfüllten Hörsaal des Physics Departements der Columbia University (der „Pupin Hall"), wo ein gespanntes Auditorium auf einen dezidierten Vortrag wartete.[563]

Diese Situation dürfte Pauli verunsichert und überfordert haben – steckten er und Heisenberg doch selbst noch inmitten von Unklarheiten, ungelösten Problemen, offenen Fragen und wussten wenig Konkretes zu formulieren. Einen verunsicherten Pauli aber kannte die Physikergemeinde nicht. Und so erinnerte sich Pais: „I was present and vividly recall my reaction: this was not Pauli I had know for so many years. He spoke hesitantly."[564]

---

[560] WP-BW 1958, S. 881.

[561] WP-BW 1958, S. 790.

[562] Vgl. Wu an Oppenheimer am 21. Januar 1958. WP-BW 1958, S. 870.

[563] Vor dem Vortrag gab es ein Mittagessen, an dem neben Pauli und Wu noch Yang, Lee, Serber, Kroll, Oppenheimer und Gürsey teilnahmen. Vgl. Yang an die Herausgeber des Pauli-Briefwechsels am 27. August 2002, WP-BW 1958, S. 871.

[564] Pais (2000, S. 250).

Nach dieser Begegnung mit der Physiker-Gemeinde der USA war Pauli wie ernüchtert und frustriert – und zog sich auf seine alte Position zurück: Er kritisierte, zögerte, zauderte und bremste ab. So verwehrte er sich nun gegen jene baldige Publikation, die er zuvor gewünscht und initiiert hatte – und beschuldigte Heisenberg (aus nicht aus dem Briefwechsel ersichtlichen Gründen) auf eine eben solche zu drängeln. Allein im Brief vom 1. Februar 1958, noch aus New York, an Heisenberg verwies er viermal darauf. Gleich zu Beginn heißt es: „Ich bin immer noch für warten und <u>verstehe Deine Eile mit der Publikation gar nicht</u>! Bitte schicke nichts zum Druck ab, zu dem ich nicht vorher Gelegenheit hatte, meine Meinung zu sagen!"[565] Nach Ausführungen zum Eigenwertproblem: „Schicke nur ja <u>nicht zu schnell</u> etwas <u>zum Druck</u> ab* [*mit den verschickten Exemplaren bin ich jedoch einverstanden. Es gibt den Leuten eine Chance, selbständig darüber nachzudenken]"[566] Dann, als er über den Vortrag berichtete: „Während meines eigenen informalen Vortrages wurde ich sehr skeptisch, vielleicht glaubte ich am Ende desselben überhaupt nichts mehr. Aber meine Stimmungen sind stark schwankend und viel wird von Deinen nächsten Briefen abhängen. (Dein zur Eile drängen, macht mir einen schlechten Eindruck)."[567] Schließlich am Ende des Briefes: „Ich selbst hatte den Eindruck, mich zwischen die beiden Stühle, der genannten Experten einerseits, dem Deinen andererseits, auf die Erde gesetzt zu haben. [...] Nun, da auf dem Boden sitzend, möchte ich mich in Berkeley ein wenig gemütlich einrichten – nicht immerfort zur Eile gedrängt mit Publikationen. Erst muss man doch selbst verstehen, dann erst publizieren. Das vertausche nicht! In diesem Sinne Dein W. Pauli".[568]

---

[565] WP-BW 1958, S. 894f.
[566] WP-BW 1958, S. 895.
[567] WP-BW 1958, S. 896.
[568] WP-BW 1958, S. 896.

Und noch etwas tat Pauli: Er begann sich gegenüber dritten in eine Opfer-Rolle zu stilisieren, durch die er sich von Heisenberg und der gemeinsamen Arbeit ggf. schnell distanzieren konnte. Dazu stellte er Heisenberg u.a. als denjenigen dar, der ihn bedrängte.[569]

Dennoch hielt Pauli an ihrem Ansatz fest. Von Berkeley (Kalifornien) aus kommunizierte er weiter mit Heisenberg in Göttingen. Und schließlich erarbeiteten die beiden eine Preprint-Version, die Heisenberg nach Paulis Brief vom 19. Februar 1958 („die Leute sind ja mit Recht schon neugierig"[570]), an verschiedene Physiker rund

---

[569] An Panofsky am 1. Februar 1958: „Ich hätte Ihnen schon viel früher geschrieben, aber in letzter Zeit war noch ein spezieller ‚Rummel' in Zürich dadurch verursacht, daß eine gemeinsame Arbeit von Heisenberg und mir das Licht der Welt erblicken soll. Das hatte zur Folge: Briefe, noch mehr Briefe, long distance phone calls aus Göttingen, noch kurz vor meiner Abreise ein persönlicher Besuch Heisenbergs."WP-BW 1958, S. 898.

Oder am 2. Februar 1958 an Källén: „Die ‚Allianz' mit Heisenberg ist natürlich schwierig. Er möchte natürlich immer möglichst viel von seinen bereits publizierten Arbeiten benützen, ich aber möglichst wenig (d.h. wenn irgend möglich Null)." WP-BW 1958, S. 902. An selbigen am 6. Februar 1958, nun aus Berkeley: Er habe an Heisenberg Briefe mit viel Kritik und Fragen geschickt, vom Schiff und von New York aus. „Hoffentlich macht er keine Dummheiten. (Daß ich hier in Berkeley nichts von ihm gehört habe, ist eher ein gutes Zeichen.)" WP-BW 1958, S. 908. Und: „ich muß sehr aufpassen, daß Heisenberg mich nicht vor Tamm-Dancoff-Methoden spannt oder gar vor seine älteren, bereits publizierten Arbeiten." WP-BW 1958, S. 909.

Am 7. Februar an Schaffroth: „Heisenberg ‚kept me busy very much' seit Ende November. Es handelt sich um die Geburt einer gemeinsam-sein-sollenden Arbeit ‚On the Isospin-Group in the theory of elementary particles'. Das ist eine mühsame Geschichte, die noch andauert". WP-BW 1958, S. 912.

Oder am 11. Februar 1958 an Källén: „Heisenberg ließ sich bis jetzt durchaus davon abhalten, zu leichtsinnig zu publizieren. (Schließlich will er sich ja auch nicht zu sehr blamieren.)." WP-BW 1958, S. 933.

[570] Pauli an Heisenberg am 27. Februar 1958. WP-BW 1958, S. 953. Heisenberg an Pauli am 21. Februar 1958: „Ich bekomme jeden Tag neue Briefe von Physikern, die unbedingt sofort einen preprint haben wollen." WP-BW 1958, S. 957.

um den Globus in Europa, Japan, USA und der Sowjetunion verschickte.[571]
    Der nächste Schritt nach dem Preprint sollte eine größere Publi-
kation sein. In Form einer „vorläufigen Mitteilung".[572] Und in der
Tat schien es, als ob Pauli sich nach seinem Vortrag in New York
gefangen hatte. Er begann wieder konstruktiver an Heisenberg zu
schreiben und kommunizierte und diskutierte die Inhalte an bzw.
mit dritten (so mit Weisskopf, Källen und Gürsey).[573] Alles entwickelte sich nun in gemächlicheren, ruhigeren Bahnen weiter. Bis
zum letzten Montag im Februar.

10.10. Warum und wie Pauli mit Heisenberg brach

Noch bevor Pauli sich zu Ostern 1958 von der weiteren Zusammenarbeit am Heisenberg-Paulischen Ansatz lossagte, vollzog Pauli einen Bruch mit Heisenberg als Physiker und als Freund. Auslöser für

---

[571] Vgl. die Verteiler-Liste der Adressaten im Anhang zum Brief Pauli an Heisenberg
    am 3. März 1958. WP-BW 1958, S. 1002f.
    Wie gespannt mancherorts auf diesen Preprint gewartet wurde, zeigt Källéns Be-
    richt aus Kopenhagen vom 22. Februar 1958: „In den letzten Tagen habe ich eine
    Photokopie des Manuskriptes von Ihnen und Heisenberg gesehen. (Dies bedeu-
    tet nicht, daß ich das Manuskript direkt von Heisenberg bekommen habe. Die
    Photokopie hat mir Aage Winther gezeigt. Er hat sie von Pablo Kristensen in
    Aarhus, der sie von Swiatecki bekommen haben soll. Die noch frühere Ge-
    schichte der Photokopie kenne ich nicht. Doch kann man in einer Ecke den Na-
    men Dyson sehen. Ich finde es recht amüsant, daß ich auf diese komplizierte
    Weise das Manuskript von Ihnen und Heisenberg bekommen habe!)". WP-BW
    1958, S. 969.
[572] Vgl. Heisenberg an Pauli am 26. Januar 1958. WP-BW 1958, S. 882.
[573] Pauli erzählte Landau in seinem Schreiben vom 11. März 1958, er habe im Herbst
    1957 von Gürsey ein Paper erhalten, in dem dieser zeigte, daß es einen Isomor-
    phismus gibt: Von der Isospin-Rotationsgruppe und der Gruppe, die dem Erhal-
    tungsgesetz der Baryonen entspricht, mit den Transformationen, die Pauli in ei-
    nem ganz anderen Zusammenhang, mit dem freien Neutrino, formuliert hatte.
    WP-BW 1958, S. 1025.
    Paulis Arbeit: Pauli (1957a). Gürseys Arbeit: Gürsey (1957).

diesen großen Schritt und tiefen Einschnitt war das internationale Medienereignis, zu dem der Heisenberg-Paulische Ansatz mit dem 24. Februar 1958 wurde.

An diesem Tag, einem Montag, hatte Heisenberg am Nachmittag auf Wunsch von Hund im physikalischen Kolloquium der Universität Göttingen vorgetragen. Über „Fortschritte in der Theorie der Elementarteilchen". „Leider kam davon etwas in die Zeitung, natürlich in furchtbar dummer Form", berichtete Heisenberg an Pauli am 27. Februar 1958.[574] Das war eine leichte Untertreibung. Ein Journalist der „dpa" hatte von Heisenbergs Vortrag im Kolloquium erfahren und ließ seine Vorstellungen davon über den Ticker laufen.[575] Daraufhin stand in Heisenbergs Institut das Telefon nicht mehr still. Eine Presselawine begann sich zu formieren, mit immer mehr Artikeln über Heisenberg und Paulis Ansatz – wobei oft Pauli unterschlagen und von „Heisenberg und seinen Mitarbeitern" berichtet wurde:[576] Die „FAZ" brachte am 26. Februar die Nachricht auf Seite Eins – unter der Überschrift „Heisenberg vor Einsteins Ziel".[577] Die „Bild" titelte am 1. März 1958 „Prof. Geisenberg geht der Natur auf den Grund – Eine Formel macht Geschichte" – und informierte ihre Leser zu Beginn des Artikels: „Die Welt spricht über einen deutschen Atomforscher. An der sowjetischen Akademie der Wissenschaften gibt es in dieser Woche nur noch einen Gesprächsstoff: Die neueste Erkenntnis des Göttinger Nobelpreisträgers, Professor Dr. Werner Heisenberg, über den Aufbau der Welt."[578]

---

[574] WP-BW 1958, S. 996.

[575] Vgl. Carson (2010, S. 117).

[576] Weisskopf schrieb an Pauli am 7. März 1958 zu den Presseartikeln: „Eine nette Version fand ich in der ‚Tat': Prof. Heisenberg und sein Assistent Wolfgang Pauli haben die Grundgleichung des Kosmos gefunden... etc., etc. Leider habe ich das Exemplar verloren". WP-BW 1958, S. 1015.

[577] „Frankfurter Allgemeine Zeitung", 26. Februar 1958, S. 1.

[578] „Bild" vom 1. März 1958.

Viele Zeitungen druckten die Wellengleichung

$$\gamma_\mu\ \partial/\partial_{xv}\ \psi\ \pm\ l^2\,\gamma_\mu\ \gamma_5\ \psi\ \cdot\ (\psi^+\ \gamma_\mu\ \gamma_5\ \ \psi)= 0$$

ab, derweil die Journalisten einmütig bekannten, nichts damit anfangen zu können. Der „Tagesspiegel" titulierte sie als „Heisenbergsche ‚Weltformel'".[579] Bei der „Welt" verfasste Chefredakteur Hans Zehrer zu ihr einen Leitartikel – beides platziert auf der Titelseite.[580] Die „FAZ" räumte am 1. März 1958 für ihren Bericht „Heisenberg fand die Konstante der ‚kleinsten Länge'" knapp ein Viertel ihrer Seite Eins und informierte dort, die neue Formel „wird Auswirkungen von nicht abzuschätzender Bedeutung haben, wenn sie sich als richtig erweist."[581] Fünf Tage später, am 6. März 1958, druckte die „FAZ" auch die Formel ab – hineinmontiert in ein Foto von Heisenberg am Rednerpult (Abb. 3).[582]

---

[579] Kudszus „Die Heisenbergsche ‚Weltformel' – Hinter den Chiffren einer mathematischen Gleichung: die Grundlagen eines universalen physikalischen Systems". „Der Tagesspiegel", 9. März 1958.

[580] "Die Welt", 5. März 1958.

[581] „Heisenberg fand die Konstante der kleinsten Länge – Schon heute stehen einige Folgen der neuen Formel fest / Interesse in Moskau". „Frankfurter Allgemeine Zeitung", S. 1.

[582] „Frankfurter Allgemeine Zeitung", 6. März 1958, S. 3.

Abb. 3 – Die Fotomontage in der „FAZ" vom 6. März 1958.

Diese journalistische Aufregung beschränkte sich aber nicht auf den nationalen Rahmen – sie rauschte um den Globus: Am 26. und 27. Februar berichteten u.a. „Daily Boston Globe", „The Christian Science Monitor", „Los Angeles Times", „New York Times" und „The Washington Post and Times Herald"[583] von Heisenbergs Vortrag im Göttinger Seminar. Anfang März schoben die US-Zeitungen ausführlichere Berichte nach, wobei auch hier die Formel gleich einer

---

[583] „New Equation May be Key To Structure of Universe". „Daily Boston Globe", 26. Februar 1958, S. 7. „Cosmic Theory Indicated". „The Christian Science Monitor", 26. Februar 1958, S. 4. „New Theory May Reach Einstein Goal". „Los Angeles Times", 27. Februar 1958, S. 16. „German Reports Clue to Universe". „New York Times", 27. Februar 1958, S. 15. „Mathematics and The Cosmos – All explained?". „The Manchester Guardian", 26. Februar 1958, S. 7. Harry Sternberg „Physicist's Equation Seen Key to Cosmos". „The Washington Post and Times Herald", 26. Februar 1958, S. 1 und A2,4.

modernen Ikone behandelt wurde.[584] Dabei wunderte sich „Newsweek", dass der Durchbruch ausgerechnet von einem „relatively old physicist" gekommen sei: „At 57, Heisenberg ist supposedly beyond the incisive imaginative power needed to clarify the mysteries of matter."[585] Auch aus Moskau meldeten Zeitungen großes Interesse an dem Ansatz.[586] Die Pariser „Le Monde" meldete am 28. Februar 1958, „Le professeur Heisenberg aurait découvert une formulation mathématique de la matière", die Londoner Times bereits zwei Tage zuvor „Germans nearing a solution to Einstein's problem".[587]

Der große Zeitungs-Tohuwabohu kam natürlich auch im Westen der USA, bei Pauli, an. Kollegen schickten ihm Zeitungsausschnitte aus Europa, verschiedene Medien befragten ihn nach seiner Meinung.[588] Und auch Heisenberg informierte ihn. Erst am 28. Februar 1958 (s.o.), dann ausführlicher am 5. März: „In den letzten Tagen gab es hier viel Ärger mit den Zeitungen. Ich hatte schon ein paar Mal in unserem Institut über unsere Arbeit vorgetragen; dabei war nichts passiert. Dann hatte Hund mich gebeten, auch im offiziellen Universitätskolloquium darüber zu reden. Dazu kamen furchtbar viele Leute und, ohne mein Wissen, offenbar auch Journalisten. Von denen wurde ein haarsträubender Unsinn publiziert im Stile von

---

[584] Vgl. „Bonn Newspaper Prints Equation On Natural Laws". „The Christian Science Monitor", 5. März 1958, S. 4. „Heisenberg Bares Formula to Explain Laws of the Universe". „The Washington Post and Times Herald", 5. März 1958, B6. Arthur J. Olsen „Physicist Envisions a Key to All Nature". „New York Times", 1. März 1958, S. 1 und 2.

[585] „The Universe: None of It a Secret?" „Newsweek" vom 10. März 1958, S. 73.

[586] „Les Physiciens Russes voient dans la Découverte d'Heisenberg une ‚solution nouvelle et inattendue' aux problèmes des particules élémentaires". „Le Monde", 1. März 1958. „Bild" vom 1. März 1958.

[587] „The Times", 26. Februar 1958, S. 8.

[588] U.a. rief ihn die „Reuter Agency" aus New York an. Vgl. Pauli an Weisskopf am 27. Februar 1958. WP-BW 1958, S. 995. „Heisenberg-Formel: Aus dem hohlem Bauch", „Der Spiegel" vom 12. März 1958, S. 54-56.

‚das Ende der Physik' etc." Nach Hunderten von Anrufen hätte er
seiner Sekretärin ein paar Sätze für die Presse diktiert, „von denen
war das wichtigste, das unsere Arbeit (leider hatte ich Deinen Namen nicht mit dem Epitheton ‚Nobelpreis' versehen, sodass Du zu
meinem Ärger nicht symmetrisch mit mir genannt wurdest, jedenfalls nicht überall) ‚neue Vorschläge für eine einheitliche Feldtheorie machte, über deren Richtigkeit erst die Forschung der nächsten
Jahre entscheiden könne.'" Das hätte zu einer Beruhigung geführt.
Dann aber habe „Landau in Moskau (sicher ohne Absicht) Öl in die
Flammen der journalistischen Begeisterung gegossen" – woraufhin
„es unter Berufung auf die Moskauer Rede Landaus in verstärktem
Maß los [ging], während ich auf der Reise in Genf war. Ich hoffe, Du
hast Dich nicht so viel geärgert wie ich. Weisskopf u. ich haben uns
nochmal von Genf aus bemüht, die Dinge in richtigere Gleise zu
bringen (insbesondere hinsichtlich der Symmetrie zwischen uns
beiden), aber der Unsinn war einmal geschehen."[589]

Einen Tag später informierte er Pauli: „Mein Ärger über die geradezu unglaubliche Zeitungsberichterstattung hat schließlich dazu-
geführt, dass ich jetzt eine Erklärung in der Deutschen Presse veröffentlicht habe, die ich im Wortlaut beilege; ich hoffe, Du bist einverstanden, und ärgerst Dich nicht zu sehr über den ganzen Unsinn."[590]

---

[589] WP-BW 1958, S. 1010.

[590] 6. März 1958. WP-BW 1958, S. 1011. Die Pressemitteilung lautete: „Im Hinblick
auf viele Nachrichten, die mir zum Teil missverständlich und weit übertrieben
erscheinen, liegt mir daran, Folgendes festzustellen: Mein Vortrag vor dem Göttinger Kolloquium berichtete über einen Vorschlag zur Theorie der Elementarteilchen, dessen Richtigkeit erst durch die Forschung der nächsten Jahre nachgeprüft werden kann. Dieser Vorschlag stammt von Prof. Wolfgang Pauli (Zürich) wie von mir und wird von uns beiden in einer wissenschaftlichen Zeitschrift gemeinsam veröffentlicht werden. Er beruht auf der Vorarbeit, die seit
einigen Jahren am Göttinger Max Planck-Institut für Physik unter Mitwirkung
verschiedener in- und ausländischer Physiker durchgeführt worden ist." WP-
BW 1958, Anm. 1, S. 994.

Aber Heisenberg half sein „ceterum censeo" wenig: Egal, wie oft er sich gegen „verrückte Pressemeldungen" verwahrte und wiederholte, es sei alles erst ein Versuch – Presse und Öffentlichkeit waren sich einig, dass der Ansatz von Heisenberg und Pauli der Weisheit letzter Schluss sei. Und viele Physiker, vor allem in den USA, waren sich einig, dass Heisenberg für eben diese öffentliche Meinung verantwortlich zu machen sei.[591] Einer dieser Physiker war Pauli selbst.

Auf den Presserummel reagierte dieser scheinbar gänzlich gelassen: Gegenüber den Medien war er kurz angebunden, gab nur an, das Thema sei in der Tat ein interessanter Forschungsansatz,[592] aber noch nicht reif zur Entscheidung.[593] Gleichzeitig verschickte er an verschiedene Kollegen einen gezeichneten Kommentar mit der Bitte, diesen nicht an die Presse zu geben, aber allerorts in den Instituten aufzuhängen[594] (siehe Abb. 4).

---

[591] Vgl. Wu an Pauli am 30. November 1958, WP-BW 1958, S. 1345.

[592] Vgl. Pauli an Weisskopf am 27. Februar 1958. WP-BW 1958, S. 995.

[593] „Der Spiegel" März 1958, S. 56.

[594] Vgl. Pauli an Weisskopf am 27. Februar 1958. WP-BW 1958, S. 995. Pauli an Gamow am 1. März 1958. WP-BW 1958, S. 997f.

Abb. 4 – Paulis Kommentar zum Presserummel. Über dem Viereck: „Comment on Heisenberg's radio advertisements: This is to show the world, that I can paint like Tizian:" Unten: „Only technical details are missing. W. Pauli".[595]

Gegenüber Heisenberg sprach er das Thema nur am Rande, recht kurz an. Am 2. März 1958 schrieb er: „Dass ich über die Radio-Reklame für Dich (die übrigens in gedämpfter Form bis zu mir nach dem Westen gedrungen ist) viele Witze mache, kannst Du Dir ja vorstellen!"[596] Und am 10. März 1958: „Über Dich und die Presse sind die Lacher nun auf unserer Seite. Das kann nur einem ‚Amateur'

---

[595] Anlage zu Brief [2897] an Gamow am 1.März 1958. WP-BW 1958, S. 998.
[596] WP-BW 1958, S. 1002.

passieren, daß er nicht weiß, ob Journalisten in seinem Vortrag sind oder nicht. Und etwas Vernünftiges über Physik schreiben die Zeitungen natürlich nur, wenn man ihnen ein fertiges Manuskript in die Hand drückt. Übrigens wollte mich die New York Times noch (sachlich) kommentieren, vielleicht kann ich da etwas Vernünftiges machen."[597] Mehr schrieb er Heisenberg zu dem Thema nicht.

Dabei war Pauli ganz und gar nicht gelassen. In den Briefen an andere Physiker ließ er sich in einem bis dato ungewohnt persönlich-heftigen Ton über Heisenberg gegenüber ungewohnt vielen Adressaten aus: Am 4. März 1958 an Enz: „Haben Sie inzwischen von Heisenbergs Radio- und Zeitungsreklame vernommen mit ihm in der Hauptrolle als Über-Einstein, Über-Faust und Über-Mensch? Seine Ruhm- und Publicity-Sucht scheint unersättlich (was will er damit kompensieren?)"[598]

Am 5. März 1958 an Rosbaud: „Heisenbergs Ruhmbedürfnis [ist] unersättlich."[599] Was Heisenberg ihm schrieb (am 27. Februar 1958, siehe oben) hielt Pauli „für total verlogen. Denn er mußte doch a) vorher wissen, daß etwas in die Zeitung kommen wird (ich habe gehört, daß sein Vortrag am Radio übertragen wurde) und b) musste er wissen, daß man den Zeitungen ein fertiges Manuskript in die Hand drücken muß, wenn man haben will, daß diese etwas Vernünftiges über Wissenschaft schreiben. Woraus ich schließe: c) er wollte letzteres ja gar nicht."[600]

Am 10. März 1958 an Wentzel: „Heisenbergs geschmacklose Radio- und Zeitungsreklame hat Anlaß zu allerlei Witzen von mir gegeben. Da ist wohl vieles, was er mit Ruhmsucht und Publicity kompensieren will, und außerdem ist seine Frau etwas zu jung für ihn

---

[597] WP-BW 1958, S. 1022.
[598] WP-BW 1958, S. 1004.
[599] WP-BW 1958, S. 1008.
[600] WP-BW 1958, S. 1009.

und infolgedessen will er nicht alt werden. Nun, das ist ja seine Sache."[601]

Am 14. März 1958 an Enz: „Ich habe an Scherrer geschrieben, das Maß der Reklame von Heisenberg sei mindestens ein Makro-Scherrer. Gleichzeitig schreibt mir Heisenberg Jammerbriefe, was für Ärger er mit der Presse habe sowie den Text einer Berichtigung, die er an die Presse geschickt habe. Am Radio wird zugleich noch eine weniger persönliche Reklame gemacht, zu der nur noch fehlt, daß auch ‚Deutschland, Deutschland über alles' dazu gespielt wird".[602]

Mitte März 1958 an Wu: „Heisenberg's desire for publicity and ‚glory' seems to be unsatiable [...] Heisenberg's [...] attitude, with which he certainly wishes to compensate earlier failures, may have many reasons lying in the whole history of his life." "Heisenberg's ideal of a glamour-boy" würde sich von ihm unterscheiden.[603] An von Laue am 24. März 1958: „Ich verstehe diesen ganzen Zeitungsrummel nicht, insbesondere nicht die ‚Weltformel'-Idee – (ein etwas alter Schlager). Während Heisenberg sich von den illustrierten Zeitungen photographieren lässt, schreibt er mir Jammerbriefe, er habe soviel Ärger mit der Presse und billigt alle boshaften Verspottungen des Presse-Feldzuges, die ich an verschiedene Physiker schicke. Meiner Meinung nach ist es völlig verfrüht, überhaupt von einer ‚Entdeckung Heisenbergs' zu reden! Es existiert – in noch sehr embryonaler Gestalt – (noch nicht zur Publikation bestimmt) ein preprint von Heisenberg und mir ‚On the isospingroup in the theory of the elementary particles'. – Das ist alles. Was daraus werden wird, ist noch unbestimmt."[604]

Auch Fierz berichtete er am 25. März 1958 von „Merkwürdigkeiten in Heisenbergs Verhalten", weil der sich mit „einer ‚alles'

---

[601] WP-BW 1958, S. 1024.
[602] WP-BW 1958, S. 1055.
[603] WP-BW 1958, S. 1057f.
[604] WP-BW 1958, S. 1080.

‚erklärenden' Formel photographieren lässt", und ihm gleichzeitig „Jammerbriefe [schreibe], was für einen Ärger er mit der Presse habe und er hoffe, ich habe weniger Ärger." Pauli fragte, „Was soll ich davon halten? Schließlich wird man nicht ohne sein Wissen von der Presse photographiert! Ich glaube aber: ‚Halb zog sie (die Presse) ihn, halb sank er hin.' Er kommt mir <u>wie gespalten</u> vor! <u>Was meinen Sie?</u>"[605] Und: „Sowohl der Presserummel wie die Göttinger Tamm Dancoff-Näherungen (an denen ich mich auf keinen Fall beteilige) sind sehr stark psychologische Belastungen der ‚Allianz' von Heisenberg und mir. Ich weiß noch nicht, wie lange und wie weit (Publikation?) diese überhaupt noch dauern wird!"[606]

Pauli dachte also, Heisenbergs Darstellung der Geschehnisse entspräche nicht der Wahrheit, Heisenberg würde ihn also anschwindeln (was ein absolutes Novum in ihrer jahrzehntelangen Beziehung gewesen wäre). Genährt wurde Paulis Sicht durch Missverständnisse, denen er aufsaß. So erkannte er offenbar nicht, dass die Illustration des Artikels der FAZ vom 6. März 1958 (Abb. 3) eine Montage war – und interpretierte, Heisenberg hätte sich, mit der Formel brüstend, fotographieren lassen.[607]

Ein weiterer Faktor für Paulis Missverstehen der Situation war sein Mangel an Erfahrung und Kenntnis vom Leben als prominente Persönlichkeit. In der Physiker-Gemeinde war Pauli berühmt – aber außerhalb dieser Welt, war er „nicht mehr" als einer von vielen bedeutenden Gelehrten.[608] Er hatte nie einen allgemeinen Kultstatus wie Bohr oder Einstein erlebt. Es ist anzunehmen, dass ihm nicht klar war, welch Ansehen und Stellung Heisenberg in der

---

[605] WP-BW 1958, S. 1082.

606 WP-BW 1958, S. 1083.

607 Vgl. Carson 2010, S. 118.

608 Vgl. Gilroy "Scientists to get a clue to matter – Heisenberg Will Outline His Basic Equation at Berlin Celebration Today". „New York Times", 25. April 1958, S. 15. Darin wird Pauli als „a Swiss physicist" bezeichnet, mit dem Heisenberg zusammenarbeite.

Öffentlichkeit hatte – und welch großes Echo quasi jede von Heisenbergs Äußerungen hervorriefen (siehe Kap. 9.4.).[609]

Dazu kam, dass Heisenbergs öffentliches Ansehen dem unter den US-Physikern diametral entgegen stand (siehe Kap. 9.8.). Letztere scheinen ähnlich wie Pauli auf den Presserummel reagiert zu haben: Sie interpretierten ihn als eine von Heisenberg lancierte Kampagne.[610] Und Pauli hatte sich wohl als Teil der US-Physiker-Gemeinde definiert, als er im Schreiben an Heisenberg vom 10. März den Plural nutzte, um sich in Opposition zu Heisenberg zu setzen („Über Dich und die Presse sind die Lacher nun auf unserer Seite.").

In diesen Tagen jedenfalls entschied sich Pauli (unbewusst oder bewusst), für etwas, das er bis dato noch nie getan hatte und das ihre Beziehung grundlegend veränderte: Pauli begann, in Heisenberg einen Schwindler und Heuchler zu sehen. Er entschied, davon auszugehen, dass Heisenberg ihn anlog. Und so belog Pauli Heisenberg, in dem er ihm über seine Meinung zum Presserummel nur nebenbei ein paar harmlose Zeilen schrieb – und all seinen Groll, sein Unverständnis, seine dunklen Meinungen gegenüber Dritten ausdrückte. So wurde eine Aussprache, ein Austausch, und damit eine Klärung der beiden Männer über den Presserummel unmöglich. Und auch als Heisenberg nachhakte, blieb Pauli stumm. So fragte Heisenberg Pauli (am 13. April 1958), ob dieser ihm mit etwas bös sei: Er (Heisenberg) hätte „manchmal die Sorge, ich hätte Dich in irgendeinem meiner Briefe unwissentlich verärgert, was mir sehr leid täte." Er

---

[609] So war 1955 schon die Nachricht, dass Heisenberg mit seinem Institut nach München ziehen wird, von solch großem Interesse, dass darüber auf Seite Eins der „FAZ" berichtet wurde. „Heisenberg nach München – Verlegung des Max-Planck-Instituts", „Frankfurter Allgemeine Zeitung", 12. Oktober 1955, S. 1.
Vgl. Carson (2010, S. 3f, 6, 25f, 121f, 283, 337). Carson (1995, S. 19, 21f, 28f, 32, 127, 236). – Zu dem Ansatz von Heisenberg und Pauli von 1958 gab es in Deutschland neben den Zeitungs- und Zeitschriftenartikel auch Fernseh- und Radiosendungen. Vgl. Carson (2010, S. 121f).

[610] Vgl. Pauli an Rosbaud am 5. März 1958, WP-BW 1958, S. 1008. Carson (1995, S. 92). Leider gibt Carson keine Quellen für ihre Ausführungen an.

bat: „Solltest Du persönlich mit mir in irgendeinem Punkt unzufrieden sein, so schreib mir bitte offen, was ich falsch gemacht habe. Ich hoffe es dann bessern zu können. In alter Freundschaft Dein W. Heisenberg"[611] Aber Pauli fehlte die Courage. Er verwies in seinem Antwortbrief (am 18. April) – wie bereits vorher – lediglich auf Heisenbergs (vermeintliches) Drängen nach Publikation.[612]

Damit hatte die knapp 40 Jahre während Freundschaft der beiden Männer einen bis dato nie da gewesenen Tiefpunkt erreicht.

10.11. Wie es zu Paulis Rückzug von der Arbeit kam

Trotz des Presserummels arbeitete Pauli zunächst weiter an ihrem Ansatz – wenn auch mit zunehmender Distanz. Kurz vor Ostern reiste er für ein paar Tage von Berkeley nach Pasadena. Dort traf er Max Delbrück. Und er diskutierte mit Gell-Mann und Feynman (die zu dieser Zeit zusammen über die Schwache Wechselwirkung, an der so genannten „V-A-Theorie" arbeiteten[613]) seinen und Heisenbergs Ansatz.[614] Die beiden waren klar ablehnend. Gell-Mann im Oktober 1997: „he [Pauli] came on to Pasadena where Feynman and I both worked on him. Feynman said, 'Your theory is as indefinite as

---

[611] WP-BW 1958, S. 1144ff.

[612] „Was mich in Deinen Briefen vielleicht ‚verärgert' hat und was Dir – m.E. falsch gemacht hast und immer noch falsch machst, ist gar nichts anderes als eben jener Drang von Dir nach Publikation. Er begann bereits im Januar und dauert immernoch fort. Mit Deiner anderen Idee einer ‚langwierigen, schwierigen Arbeit', mit ‚in hartem Holz bohren oder meisseln' bin ich 100%-ig einverstanden, falls diese Aktivität nicht mit einem Drang nach Publikation (oder gar nach Publizität?) verbunden ist." WP-BW 1958, S. 1154.

[613] Vgl. Johnson (2000, S. 170). Gleick (1993, S. 335-339).

[614] Vgl. Pauli an Fierz am 6. April 1958. WP-BW 1958, S. 1117ff.

your metric', and I gave him some more specific criticisms as to why I thought the theory didn't make any sense whatever."[615]

Im Anschluss fiel die Entscheidung. Am 7. April 1958, es war der Ostermontag, schrieb Pauli: „Lieber Heisenberg! Von Pasadena zurückgekehrt, bin ich nun zu folgender <u>definitiven Entscheidung</u> gekommen: <u>ich muss den Plan, mit Dir zusammen eine Arbeit 'On the Isospingroup in the theory of elementary particles' zu publizieren, gänzlich fallenlassen.</u> Es ist die einzige Entscheidung, die mir von nun an logisch und ehrlich erscheint, da wesentliche Teile des preprint sich nicht mehr mit meiner Meinung decken. Auch kann ich Dich nicht länger hinhalten, einmal muß man zu einem Punkt kommen." Im weiteren behandelte Pauli drei Bereiche, die er mit dem Rückzug in Zusammenhang stellte (Probleme mit dem Konzept des Vakuums, Stockungen bei der Darstellung des Eigenwertproblems und Unklarheiten bei der Nutzung der indefiniten Metrik) und beendete den Brief mit dem Hinweis: „Indem ich nochmals die <u>Endgültigkeit</u> meiner negativen Entscheidung betreffend die Publikation betone [...] bleibe ich mit herzlichen Grüßen Dein W. Pauli"[616]

Am nächsten Tag verkündete Pauli der Physiker-Gemeinschaft das Ende seiner Zusammenarbeit mit Heisenberg – gleich einem Minister, der zurücktritt. Dazu sandte er ein Rundschreiben an verschiedene Physiker in der ganzen Welt mit der Bitte, es in den Physik-Institutionen zu verbreiten: „As essential parts of the preprint with the above title don't any longer agree with my opinion, I am forced to give up the plan to publish a common paper with Heisenberg on the subject in question."[617]

---

[615] Gell-Mann weiter: „And from Pasadena, I believe, he wrote the letter renouncing his collaboration with Heisenberg, and after that he attacked this foolishness." Gell-Mann (1997).

[616] WP-BW 1958, S. 1124ff.

[617] Der weitere Teil des Rundschreibens: „Particularly I am now convinced that the degeneration of the vacuum should not be used in order to explain the possibility of a half-integer difference between ordinary spin and isospin for some strange

Heisenberg, der gerade von einem Urlaub auf Ischia nach Göttingen zurückgekommen war, reagierte wie stets auf Paulis Brief: Er nahm die Entscheidung nicht gar zu ernst. „Lieber Pauli! Dein letzter Brief, den ich bei der Rückkehr hier vorfand, beunruhigt mich etwas", schrieb er am 13. April 1958. „Ich glaube, Dir sagen zu müssen, dass Du in der letzten Zeit etwas falsch gemacht hast. Du bist unserer Arbeit mit der Gefühlsskala ‚himmelhoch–jauchzend – zu Tode betrübt' gegenübergetreten, während es sich doch einfach um eine langwierige schwierige Arbeit handelt, bei der gelegentlich Schwierigkeiten auftreten müssen, bei der man oft wochenlang, ‚im harten Holz bohren oder meisseln' muss, bevor die wichtigen Strukturen herauskommen. Es scheint mir absurd, bei der ersten Schwierigkeit, die nicht in wenigen Tagen gelöst werden kann, den Terminus ‚endgültig gescheitert' zu verwenden." Dann schrieb er über neue Resultate bei der Forschung. Und kam schließlich noch mal auf Paulis Entscheidung zurück: „Nun noch ein Wort zu Deinem ‚endgültigen Entschluß', von dem ich sehr hoffe, daß Du ihn wegen folgender zwingender Argumente wieder revidieren wirst.

1. Du schreibst, man dürfe eine Arbeit nur publizieren, wenn man sie in allen Konsequenzen klar verstanden habe. Ich glaube, Du wirst zugeben, daß bei Anwendung dieses Prinzips weder Bohrs Arbeit über das Wasserstoffatom, noch seine Arbeit über das periodische System, noch meine Arbeit über die Quantenmechanik hätte publiziert werden dürfen. Deine Formulierung ‚Beträchtliche Unsicherheiten des Prinzips der ganzen Sache' wäre doch überall berechtigt gewesen. Dein Kriterium für die Publikationsreife wäre also dem Fortschritt abträglich und ist daher falsch."[618]

---

particles. The idea of a unification of the spinorfield seems to fail here and I believe that one should try to introduce, besides spinors with isospin 1/2, either other spinors with isospin 0, or at least one scalarfield with isospin 1/2 (‚Goldhaber model'), in order to reach an interpretation of the elementary particles. W. Pauli". WP-BW 1958, S. 1137.

[618] WP-BW 1958, S. 1144ff.

Aber Pauli blieb bei seinem Entschluss. Am 18. April 1958 erläuterte er Heisenberg auch, er denke mittlerweile, „daß – angesichts der wirklichen Struktur der Elementarteilchen – <u>Feldgleichungen</u> <u>wie</u> $\gamma_\nu \, \partial/\partial x_\nu \, \psi \pm \ell^2 \, \gamma_\mu \, \gamma_5 \, \psi \, (\psi^+ \, \gamma_\mu \, \gamma_5 \, \psi) = 0$ (preprint (33)), <u>überhaupt</u> <u>nichts mit der Natur zu tun haben!</u>" Wenn Heisenberg aber so überzeugt von ihrer Richtigkeit sei, möge er doch alleine publizieren. „Begib Dich <u>nicht</u> in ein Abhängigkeitsverhältnis von mir und sei herzlich gegrüßt".[619]

Eine Abkehr von der Thematik an sich aber wollte Pauli nicht vollziehen. An Thellung schrieb er am 10. April 1958: „Nun arbeite ich in verschiedener Richtung: a) mit Gürsey (der hier ist) über Elementarteilchen (mit einfachem Vakuum und mehreren Feldern), b) über indefinite Metrik im allgemeinen (Diskussionen mit Feynman, Gell-Mann und brieflich mit Glaser)."[620] Mit Gürsey, der bis Ende Mai mit ihm in Berkeley arbeitete, untersuchte Pauli einen „Konkurrenzformalismus" zu dem von Heisenberg und dessen neuen Assistenten Dürr.[621]

Offenbar interpretierte Heisenberg weiterhin Paulis jetzige Abkehr wie frühere – als eine Art Pausierung, die nach einem klärenden Gespräch überwunden werden würde. So versuchte er die Situation auch darzustellen. In einem Interview, auf das sich die „New York Times" Ende April bezog, sprach Heisenberg von gewissen Meinungsverschiedenheiten zwischen ihm und Pauli über Details der Formel. „Dr. Heisenberg indicated that the distance separating the collaborators was troublesome." Wäre Pauli in Zürich könnte

---

[619] WP-BW 1958, S. 1154f.

[620] WP-BW 1958, S. 1140.

[621] Die Konkurrenz bestand darin, dass Pauli und Gürsey nicht von einem entarteten Vakuum ausgingen, sondern von einem Spinormodell mit einfachem Vakuum und 4x4-reihiger ψ-Matrix, wobei das Neutrino die Strangeness erzeugen sollte. Vgl. Pauli an Enz am 26. Februar 1958. WP-BW 1958, S. 982f. Pauli an Dürr am 13. März 1958. WP-BW 1958, S. 1050. Pauli an Weisskopf am 13. März 1958, WP-BW 1958, S. 1052.

man sich treffen und über die Probleme sprechen. So aber könne man nur brieflich kommunizieren – wobei die Briefe mindestens vier Tage dauern würden. „However, Professor Heisenberg added, Professor Pauli and he exchanged about thirty letters last year in connection with one aspect of the work and ended in complete agreement."[622]

10.12. Drei Konferenzen - Wie Pauli sich nach dem Bruch zu Heisenberg stellte

In den Wochen um und nach dem Bruch mit Heisenberg waren Pauli und/oder Heisenberg wegen ihrer Arbeit an einer einheitlichen Quantenfeldtheorie der Elementarteilchen noch auf drei Konferenzen vertreten. Die letzten beiden Konferenzen markieren auch die letzten persönlichen Begegnungen der beiden Männer.

10.13. Die Planckfeier im April 1958

Die erste Konferenz war die Feier zu Max Plancks 100. Geburtstag (vom 24. bis 30. April in Berlin und Leipzig). Bei ihr zeigte sich noch einmal, wie groß Heisenbergs öffentliches Ansehen war.

Bereits Anfang März 1958 hatten Zeitungen gemeldet,[623] die nächste Gelegenheit, bei der Heisenberg öffentlich und allgemein verständlich über die neue Theorie sprechen wolle, wäre bei dieser Feier. Das ließ von Laue befürchten, die Planck-Feier könne zu einer Heisenberg-Feier werden – und so bat er Pauli, Heisenberg „einen

---

[622] Wo und mit wem das Interview geführt wurde, wurde in dem Artikel der „New York Times" nicht genannt. Gilroy „Scientists to get a clue to matter – Heisenberg Will Outline His Basic Equation at Berlin Celebration Today". „New York Times", 25. April 1958, S. 15.

[623] „Heisenberg Bares Formula to Explain Laws of the Universe". „The Washington Post and Times Herald", 5. März 1958, B6. „Bonn Newspaper Prints Equation On Natural Laws". „The Christian Science Monitor", 5. März 1958, S. 4.

zarten Wink" zu geben, „daß er, so schön seine Entdeckung auch sein mag, sie bei dieser Gelegenheit nicht in den Vordergrund spielen darf, daß vielmehr alle Ausführungen dem Gedächtnis Max Plancks dienen müssen."[624]

Pauli informierte Heisenberg über von Laues Bitte. Und am 23. März 1958 erläuterte Heisenberg von Laue, ihm sei die „völlig überraschende Reaktion auf meinen harmlosen Göttinger Kolloquiumsvortrag" unverständlich. Er schlug von Laue vor, seinen Vortrag gar nicht zu halten. „Oder man könnte die Presse ausschließen (und den Rundfunk). Das gibt aber wahrscheinlich viel Ärger mit den Reportern. Also ich weiß die Lösung selbst nicht und muß sie denen überlassen, die mich zum Vortrag eingeladen haben."[625] (Es wurde entschieden, Heisenbergs Rede im Programm beizubehalten. Und den Medien vorsichtshalber eine kurze Zusammenfassung zur Verfügung zu stellen.[626])

Gegenüber Pauli bemerkte Heisenberg am 29. März 1958 über von Laues Brief: „Ich fand diesen Brief offengestanden reichlich ungezogen, da ich mir einbilde auch früher nie versucht zu haben, ‚meine Entdeckungen in den Vordergrund zu spielen' – insbesondere dann nicht, wenn es eben nicht ‚meine Entdeckungen' sind."[627]

Die Planck-Feier wurde zu einem (auch politischen) Großereignis in diesen Tagen des Kalten Krieges. Die beiden „Deutschen Physikalischen Gesellschaften" in West- und Ostdeutschland veranstalteten die Feier gemeinsam – in der Kongresshalle Berlin (West-Berlin) und der Deutschen Staatsoper (Ost-Berlin). Mit Gästen aus allen Teilen der Welt, darunter Repräsentanten der beiden deutschen Staaten, wie Bundespräsident Theodor Heuss und DDR-

---

[624] Von Laue an Pauli am 18. März 1958, WP-BW 1958, S. 1067.
[625] WP-BW 1958, S. 1080, Anm. 2.
[626] Vgl. „New York Times", 25. April 1958, S. 15.
[627] WP-BW 1958, S. 1104.

Ministerpräsident Otto Grotewohl und Walter Ulbricht.[628] Einen
Höhepunkt der Veranstaltung bildete die Bekanntgabe des diesjäh-
rigen Preisträgers der Max-Planck-Medaille: Sie ging an (den nicht
anwesenden) Pauli. Und zwar für seine „bekannten früheren Untersuchungen zu den grundsätzlichen Fragen der Quantentheorie", sowie auch für seine „neueren Arbeiten über die Symmetrie-Eigen-
schaften der Elementarteilchen in der Quantenfeldtheorie". Also für
seine Arbeiten mit Heisenberg.[629]

Ein anderer Höhepunkt war Heisenbergs Festvortrag, an dessen
Ende er auch auf den Ansatz zu sprechen kam. Pauli, der zu dieser
Zeit noch in den USA weilte, konnte in US-amerikanischen Zeitungen darüber lesen. So wurde der Festvortrag am 25. April von der
„New York Times" angekündigt – in einem längeren Artikel, in dem
auch von Heisenbergs Zusammenarbeit mit „Prof. Wolfgang Pauli,
a swiss physicist" die Rede war.[630] Am nächsten Tag dann druckte
die „New York Times" auf Seite eins einen allgemeinen Bericht zu
dem Vortrag und erwähnte dabei die Zweifel mancher US-Physiker
an der Richtigkeit der Theorie.[631] Auf Seite zwei folgte ein Artikel
über den Inhalt des Vortrages,[632] sowie Auszüge davon.[633] Desweiteren gab es ein Porträt von Heisenberg, in dem er als „the German
master of atomic analysis who did not make an atomic bomb" bezeichnet wurde. Der geneigte Leser der „New York Times" erfuhr
dazu, Heisenberg „looks as if he would make an ideal Father

---

[628] Vgl. Carson (2010, S. 119). Weisskopf (1958).

[629] Zitiert nach „Kommentar: Die Max-Planck Feier und die Verleihung der Max-
Planck-Medaille an Pauli" vor Brief [2841]. In: WP-BW 1958, S. 1166-1170. S.
1167. Darin auch zu den verschiedenen Versuchen der offiziellen Übergabe des
Preises an Pauli, S. 1169f.

[630] „New York Times", 25. April 1958, S. 15.

[631] Dazu stellte die „New York Times" den Versuch eines US-Physikers, eine Periodische Tabelle der Elementarteilchen aufzustellen. „Two Theories Offered as
Clues to All Matter". „New York Timses", 26. April 1958, S. 1 und 2.

[632] „New York Times", 26. April 1958, S. 2.

[633] „Excerpts From Heisenberg's Speech". „New York Times", 26. April 1958, S. 2.

Christmas", seine Frau sei „attractive and youngish looking" und seine Kleidung „casual but well".[634]

Im Rahmen der Planck-Feier fand dazu vom 26. bis 30. April 1958 in Leipzig eine Physik-Konferenz statt,[635] an der rund 700 Physiker teilnahmen (u.a. Dirac, Lise Meitner und von Laue)[636] – und bei der die Presse ausgeschlossen war.[637] Oder sein sollte: Die „New York Times" (wie auch die „FAZ") berichtete am 30. April 1958, Heisenberg hätte am Tag zuvor seine Theorie en detail vorgestellt – und im Anschluss daran u.a. mit den russischen Physikern Dmitri Ivanenko und Arkadi Migdal diskutiert. Ihre Quelle: „ADN" – die Nachrichtenagentur der DDR.[638]

Wie weniger nüchterne Publikationen mit der Thematik um den Ansatz umgingen, zeigt ein Bericht der „Münchner Illustrierten" (eine Boulevard-Illustrierte in den 1950ern). Sie widmete dem Geschehen in Leipzig gleich eine Doppelseite voller Fotos. Der Titel: „Duell der Giganten – Männer, die unser Weltbild verändern werden, diskutierten in Leipzig über Heisenbergs Formel". In den Bildunterschriften ist häufig von „Atom-Genies" die Rede. Und von dem, was die „weltbewegende Formel" von Heisenberg alles schaffen würde: „Plancks und Einsteins Theorien" vollenden, „das Gesicht unserer Welt" verändern, „praktisch alle materiellen Probleme" lösen. Mit der Formel würden Fragen besprochen „deren Bedeutung für unsere Welt so gewaltig ist, daß einfache Sterbliche sie

---

[634] „They Are Trying to Get to the Heart of Matter – Werner Heisenberg". „New York Times", 26. April 1958, S. 2.

[635] Bachmann (1958).

[636] Kommentar: Die Max-Planck-Feier und die Verleihung der Max-Planck-Medaille an Pauli" vor Brief [2983] in WP-BW 1958, S. 1166-1170. S. 1167.

[637] Vgl. „New theory of force told to scientists – Basic Equation Would Explain Matter". „Chicago Daily Tribune", 26. April 1958, S. 11.

[638] „Russians criticize theory on matter". „New York Times", 30. April 1958, S. 5. „Heisenbergs Formel und der dialektische Materialismus". „Frankfurter Allgemeine Zeitung", 30. April 1958, S. 8.

nicht zu erfassen vermögen". Es seien „Fragen, deren Bedeutung für das menschliche Schicksal von nichts übertroffen wird", „Fragen, deren Beantwortung das Gespräch in Höhen führte, in die nur wenige Hörer folgen konnten." Außerdem wurde die völkerverbindende Wirkung der Arbeit an der Formel unterstrichen: Die Physiker „kennen keine Feindschaft und keine Geheimnisse voreinander." Es ginge zu, „als gäbe es keinen Kalten Krieg. Ohne jede Zurückhaltung oder Geheimniskrämerei wurden in Leipzig Fragen, Weisheiten und Erfahrungen diskutiert, von denen nicht mehr und nicht weniger als der Fortbestand oder der Untergang unserer Welt abhängen."[639]

10.14. Die CERN-Konferenz in Genf ab Juni 1958

Auf der CERN-Konferenz trafen Heisenberg und Pauli nach fünf Monaten das erste Mal wieder persönlich aufeinander.

Pauli war bis zum 25. Mai in Berkeley geblieben, reiste dann via New York nach Europa. Am 3. Juni 1958 kam er zurück nach Zürich.[640] Dort arbeitete er weiter über indefinite Metrik und bereitete sich auf die Ende Juni 1958 anstehende Konferenz am CERN in Genf vor, bei der sich 120 Teilnehmer aus 26 Ländern aus Ost und West angemeldet hatten. Für die „Session 4" am 1. Juli 1958 hatte Pauli den Vorsitz übernommen. Die Redner waren Hideki Yukawa, Nikolai Bogoljubov, Norman Kroll, Schwinger, Salam, Paul Matthews – und Heisenberg.[641]

---

[639] „Duell der Giganten: Männer, die unser Weltbild verändern werden...", Münchner Illustrierte, 10. Mai 1958.

[640] Vgl. Pauli an Enz am 29. April 1958. WP-BW 1958, S. 1172.

[641] Vgl. Ferretti (1958). „Kommentar: Die 8. Rochester-Konferenz über Hochenergiephysik in Genf, 30. Juni – 5. Juli 1958" vor Brief [3024]. WP-BW 1958, S. 1216-1219. S. 1216f.

Über dieses erste Wiedersehen seit Januar 1958 schrieb Heisenberg in seinen Erinnerungen: „Wolfgang stellte sich mir fast feindlich gegenüber. Er kritisierte Einzelheiten unserer Analyse auch dort, wo mir diese Kritik unberechtigt schien, und er war kaum zu einem eingehenden Gespräch über unsere Probleme zu bewegen."[642]

Paulis „fast feindliche" Attitüde gegenüber Heisenberg zeigte sich u.a. in der Art, wie er Heisenbergs Vortrag moderierte.[643] In der später veröffentlichten schriftlichen Version wurden Paulis Bemerkungen umformuliert.[644] Sie galten als zu unsachlich. Das Transkript der Tonband-Aufnahmen liest sich so: „Pauli: ‚Well, somebody else wants to say something? No. Then we go to the next paper of Heisenberg. What is the title?' (Laughter) ‚I have not got the paper, and please I am entitled to ask for the title of the paper, because I did not receive it, but there is nothing to laugh, don't laugh at the wrong place, ha, ha, ha,...' (the audience was screaming!)"[645]

Heisenbergs Assistent Dürr, der mit bei der Konferenz in Genf war, empfand die Art der Diskussion als heftig und wenig objektiv: Heisenberg hätte sich zwar mutig den Fragen gestellt und eine optimistische Gelassenheit an den Tag gelegt, aber „insgeheim war er von der gespannten Atmosphäre irritiert, er fühlte sich durch die Feindseligkeit verletzt, die bei manch einer Unterhaltung mitschwang." Auch ein direktes, persönliches Gespräch zwischen Heisenberg und Pauli abseits der Konferenz wäre fast nicht zustande gekommen: Pauli sperrte sich geradezu vehement. Erst als er Feynman dazu rufen konnte, war er bereit mitzukommen. Und so ging man zu viert (Dürr, Feynman, Pauli und Heisenberg) in ein Genfer Café zu einem längeren Gespräch. Auf dem Weg dorthin kam es

---

[642] Heisenberg (1998, S. 275).

[643] Vgl. Enz (2005, S. 138).

[644] Vgl. Heisenberg an Pauli am 9. Juli 1958. WP-BW 1958, S. 1224.

[645] Zitiert nach WP-BW 1958, S. 1218.

noch zu einem kleinen Zwischenfall, als ein Fotograph versuchte, vor der Kongresshalle ein Foto von ihnen zu machen – Pauli, mit seinem Schirm bewaffnet, stürzte auf ihn los und unterband das Bilddokument.[646]

10.15. Die Tagung in Varenna im August 1958

Bei ihrem nächsten Zusammentreffen hatte Pauli offenbar seinen Furor gegen Heisenberg gebändigt. Es fand während der Varenna-Tagung Anfang August 1958 am Comer See statt. Im Januar Anfang 1958, als Pauli von ihrem Ansatz noch fest überzeugt war, hatte er für die Teilnahme Heisenbergs gesorgt – mit der Vorstellung, dass sie in Varenna gemeinsam über ihren Ansatz vortragen könnten.[647]

In seinen Erinnerungen schrieb Heisenberg, Pauli sei bei diesem Treffen wieder wesentlich milder gewesen – „fast wie früher. Aber er war irgendwie ein anderer Mensch geworden." Im Gespräch hätte Pauli ihn ermutigt an dem Thema weiter zu arbeiten und gesagt: „Vielleicht ist ja alles genauso, wie wir es erhofft haben, vielleicht hast du ganz recht mit deinem Optimismus. Aber ich kann nicht mehr dabeisein. Meine Kräfte reichen dazu nicht mehr aus. In der vergangenen Weihnachtszeit habe ich noch geglaubt, dass ich so wie früher mit voller Kraft in die Welt dieser ganz neuartigen Probleme eintreten könnte. Aber so ist das nicht mehr. [...] Mir ist es jetzt zu schwer, und damit muss ich mich abfinden."[648]

Heisenberg ging also davon aus, dass Pauli seine stark ablehnende Haltung in eine positivere geändert hatte – und kommunizierte das auch so an Dritte. Wodurch wiederum Pauli davon erfuhr. So teilte ihm Meitner am 14. Oktober 1958 mit: „In Genf wurde mir

---

[646] Dürr (1992, S. 41).

[647] Siehe Kap. 10.8.. Vgl. Pauli an Borsellino am 7. Januar 1958. WP-BW 1958, S. 811.

[648] Heisenberg (1998, S. 275).

erzählt, daß Sie Ihre kritische Einstellung zu Heisenbergs neuester Theorie gemildert hätten." [649] Und am 30. November 1958 schrieb ihm Wu aus den USA: „I have some interesting connections to tell you. I have learned some comments from Heisenberg about your stand on his unified theory through a lady whom you have never met. She is the Queen of Greece. On her official visit to Pupin physics Departement, she told us about her visit with the master (Heisenberg). It was very amusing! [...] the Queen told us that Heisenberg also mentioned that Pauli has changed his view point since the CERN Conference. Of course, no one took it seriously at all!"[650]

In den Antwortbriefen an Meitner und Wu stellte Pauli seine Sicht dar: Man hätte, so ließ er Meitner am 2. November 1958 wissen, bei dem Treffen in Varenna „die Alternative diskutiert, ob Heisenbergs Gleichungen a) mathematisch Widersprüche enthalten oder b) ob sie mangels brauchbarer und zuverlässiger Methoden zu ihrer Integration völlig inhaltsleer sind."[651] Auch in Paulis letztem Brief des publizierten Briefwechsel, den an Wu vom 5. Dezember 1958, bemerkte Pauli im vorletzten Absatz: „To Heisenberg: the statement that I have changed my mind on his ‚theory' since the CERN conference, seems to be on his record now. Wishful thinking is always with Heisenberg."[652]

---

[649] Meitner weiter: „Aus einem Satz in Ihrem Brief an mich schließe ich (mehr ein ‚guess' als ein Schluß), daß dies nicht wahrscheinlich ist. Wie ist es wirklich?" WP-BW 1958, S. 1306.

[650] Wu: „The Queen was very impressed by Heisenberg's noble attempt to understand the nature by his unified theory. So the Queen asked the master (Heisenberg) ‚how did the American physicists take to your grand unified theory'. The master replied ‚the American physicists always smiled when they heard my theory'. The Queen wanted to know why is this smile? What does it mean? Ironically, everybody again smiled politely and then Lee tried to explain it diplomatically." WP-BW 1958, S. 1345.

[651] WP-BW 1958, S. 1322.

[652] Und weiter: „In reality we discussed in the Italian summer school in Varenna the two possibilities a) Heisenberg's theory has mathematical contradictions, b) Heisenberg's theory, due to a lack of reliable mathematical methods is an

Gegenüber Heisenberg aber erwähnte Pauli nichts davon. Nach ihrem letzten Treffen (in Varenna) schrieben sich Heisenberg und Pauli zwischen dem 25. September und 11. Oktober 1958 noch fünf Briefe (die ersten beiden in getippter Form) – in keinem wurde die geänderte oder gleich bleibend abneigende Einstellung Paulis erwähnt. Man verblieb in einer physiktheoretischen Diskussion.[653] Seinen letzten Brief an Heisenberg, vom 8. Oktober 1958, firmierte Pauli mit „Viele herzliche Grüße Dein W. Pauli".

So waren Pauli und Heisenberg in den Monaten nach Ende ihrer Zusammenarbeit zwar mehrfach zusammengetroffen – zu einer klaren Aussprache, zu einer Klärung ihres Verhältnisses kam es dabei aber nicht.

10.16. Pauli – Der ratlose Physiker

Für Pauli hatte im Laufe des Jahres 1958 vieles in der Physik an Attraktivität verloren. Die Lebensfreude, die er über die Jahreswende erlebt hatte, war nach seiner Ankunft in den USA wie weggeblasen. Und kehrte nicht mehr zurück.

Nachdem er Anfang April 1958 seine Zusammenarbeit mit Heisenberg aufgelöst hatte, arbeitete Pauli zunächst weiter an ihrem Ansatz. U.a. mit Gürsey, der dazu von Brookhaven zu ihm nach Berkeley gekommen war (siehe Kap. 10.11.). Nach Paulis Abreise aus

---

emptyscheme, – and speaking exactly – <u>does not exist at all</u>. (The latter point of view was due to Symanzik.)" WP-BW 1958, S. 1354.

[653] Dabei ging es vornehmlich um ein Thema, dass Heisenberg und Pauli in Varenna mit Gårding besprochen hatten: Ob der Propagator einer nichtlinearen Spinorgleichung am Lichtkegel eine δ–Funktion haben sollte oder nicht. Vgl. Heisenberg an Pauli am 25. September 1958, WP-BW 1958, S. 1267f. Pauli an Heisenberg am 30. September 1958, WP-BW 1958, S. 1272f. Heisenberg an Pauli am 5. Oktober 1958, WP-BW 1958, S. 1277f. Pauli an Heisenberg am 8. Oktober 1958, WP-BW 1958, S. 1289. Heisenberg an Pauli am 11. Oktober 1958, WP-BW 1958, S. 1300f.

den USA Ende Mai aber kam auch diese Zusammenarbeit zum Erliegen.[654]

Pauli konstatierte, sich lieber mit anderen Themen zu beschäftigten (wie Ferromagnetismus und Supraleitung) und sich weitestgehend von der Quantenfeldtheorie fern zu halten.[655] Nur die „indefinite Metrik" lockte Pauli noch zu Überlegungen und Diskussionen, die er u.a. mit Glaser führte. Um sich mit diesem am CERN zu treffen, reiste Pauli Mitte November 1958 extra für zwei Tage nach Genf. Im Anschluss gab er auch das Thema „indefinite Metrik" auf – was eine weitere Frustration für den gewichtigen Mann bedeutete.[656]

Schon im Mai 1958 hatte sich Pauli gegenüber Fierz über seinen Zustand als Physiker geklagt. Er spüre, dass er bei der Beurteilung von mathematischen Schwierigkeiten Probleme hätte – und schob das auf sein Älterwerden.[657] Er erwartete auch, dass er „Anpassungsschwierigkeiten haben werde, sowohl mit Menschen (z.B. mit Jost geht es recht schlecht) als auch mit der Physik." Er sei eben noch keine Siebzig, um sich zurückzuziehen, „habe aber andererseits nicht mehr die Kraft, die Probleme selbst zu erledigen, die mich interessierten. Andere Kollegen in meinem Alter entwickeln einen Machttrieb und vertreiben sich die Langeweile mit Organisieren

---

[654] Der nächste ersichtliche Kontakt zwischen ihnen ist erst wieder der in Kapitel 10.6. erwähnte Brief Gürseys vom 26. November 1958. Also sechs Monate später.

[655] Vgl. Pauli an Jauch am 17. Mai 1958, WP-BW 1958, S. 1186. Pauli an Thirring am 20. Mai 1958, WP-BW 1958, S. 1188.

[656] Vgl. Pauli an Gürsey am 5. Dezember 1958, WP-BW 1958, S. 1352

[657] „Wenn es mir z.B. auch von vornherein klar war, daß ich eine vernünftige Formulierung eines Eigenwertproblems zur Bestimmung der Teilchenmassen allein nicht zustande bringen werde, so hatte ich anfangs die Idee, das liege eben an mir persönlich (meine mathematische Phantasie ist weniger beweglich als früher; ich erscheine mir selbst als schwerfällig). Dagegen hatte ich – eben deshalb Hoffnung, die Jüngeren würden mir da helfen, und zwar relativ leicht. Das war aber dann gar nicht der Fall, deren relative Jugend hat nicht geholfen, weder ihnen selbst noch mir." WP-BW 1958, S. 1181.

und Administrieren. Aber das ist mir noch langweiliger als alles andere! Ich fühle aber, daß ich die jüngere Generation zu stark belaste mit einem Anspruch, sie sollen etwas machen, was mich interessiert! Ich bin mir nicht klar über mich selbst und deshalb weiß ich nicht, wie ich mir ,die Langeweile vertreiben' soll. Das ist also ein schwieriges Problem für mich."[658]

An einen alten Lehrer, der ihm zur Max-Planck-Medaille gratuliert hatte, schrieb Pauli am 22. Juni 1958, er könne zwar über seine Gesundheit nicht klagen. „Die schöpferische Phantasie allerdings wird mit zunehmendem Alter schwächer – da freuen einen die Ehrungen, und man hält Rückschau."[659] (Eine weitere Ehrung erhielt Pauli in Hamburg, wo man ihm am 21. November 1958 die Ehrendoktorwürde verlieh.[660])

Indem Pauli im November 1958 auch die indefinite Metrik als sinnloses Unterfangen aufgab, war auch der letzte Bereich, der ihn an eine Beschäftigung mit der Elementarteilchentheorie band, verschwunden. Pauli wirkte zu dieser Zeit depressiv, bemerkte Jauch, der ihn Ende November traf und am 23. Dezember 1958 in einem Brief schrieb: „[...] the ultimate failure of his recent attempt at saving the local field theory with the indefinite metric had a very strong effect on him. The last words which he said to me were: ,Ich glaube nicht an die Feldphysik, man weiß nämlich nicht, ob ihre Axiome nicht leer sind, so etwas ist doch unerhört!'"[661]

Der 5. Dezember 1958 war ein Freitag und Heisenbergs 57. Geburtstag. An diesem Tag schrieb Pauli letzte Briefe. An Gürsey und an Wu (siehe Kap. 10.6.). Im letzten Absatz seines letzten Briefes im

---

[658] WP-BW 1958, S. 1181f.

[659] WP-BW 1958, S. 1212.

[660] Vgl. Kommentar „Ein letzter Besuch in Hamburg, 20. – 22. November 1958" vor Brief [3110]. WP-BW 1958, S. 1328ff.

[661] Zitiert nach Kommentar „Pauli stirbt am 15. Dezember 1958 im Züricher Krankenhaus Rotes Kreuz" vor Brief [3130]. In: WP-BW 1958, S. 1357-1359. S. 1358f.

publizierten Briefwechsel kam Pauli noch mal auf Heisenberg zu sprechen. Bezugnehmend auf Wus Ausführungen über ein Treffen mit der Königin von Griechenland (Kap. 10.15., Fn. 649), sinnierte er: „My prediction is, that Heisenberg will soon get in touch with the dictator Nasser in Egypt, to convince him of his point of view. Nasser has much more power than the Queen of Greece! With warmest regards from both of us, also to Yang and Lee and to Rabi Very sincerely yours W. Pauli".[662]

Am Nachmittag ging Pauli ins Auditorium 6c im Physikinstitut der ETH Zürich, um zwischen 15 und 17 Uhr über „Mehrteilchensysteme" vorzutragen.[663] Eine heftige Schmerzattacke ließ ihn abbrechen. Es war der „sogenannte ‚vernichtende Schmerzanfall'" (Franca Pauli)[664] eines Bauchspeicheldrüsenkrebs'.

Am 6. Dezember 1958 kam Pauli in die Klinik „Rotes Kreuz". Dort lag er im Zimmer Nr. 137, was er als schlechtes Omen empfand.[665] Hier las er eine Biographie über Albertus Magnus[666] und strich einen Passus deutlich an: „als ein Erbteil der Schwaben [bleibt] ihm noch ein Drang in die Ferne, in das Schweifende, nicht lediglich mit den Augen Erschaubare eingeboren, diese ewige deutsche Sehnsucht nach dem Blick hinter den Vorhang."[667]

Am Sonnabend, den 13. Dezember 1958 wurde Pauli vier Stunden lang operiert. Zwei Tage später verstarb er. Am Nachmittag des 20. Dezember 1958 saß Heisenberg u.a. mit Bohr, Weisskopf, Fierz und Paul Scherrer bei der Trauerfeier für Pauli im Züricher

---

[662] WP-BW 1958, S. 1354.

[663] Vgl. Notizen von Franca Pauli. WP-BW 1958, S. 1349f. Enz 2005, S. 142.

[664] Notizen von Franca Pauli. WP-BW 1958, S. 1349f.

[665] 137 galt auch Pauli als geradezu magische Zahl. Ihr Kehrwert ist die Sommerfeldsche Feinstrukturkonstante, die die Stärke der elektromagnetischen Wechselwirkung bestimmt. Vgl. Enz (2005, S. 142).

[666] Baumgardt (1949).

[667] Vgl. WP-BW 1958, S. 1182, Anm. 2. Baumgardt (1949, S. 15).

Fraumünster.[668] Bohr, Weisskopf, Scherrer hielten Trauerreden –
Heisenberg nicht.

Wie Heisenberg zu Pauli nach dessen Ableben stand, beschrieb
Elisabeth Heisenbergs nach dem Tod ihres Mannes. Auf das Kondo-
lenzschreiben von Paulis Witwe Franca antwortete sie: „Die Freundschaft unserer beiden Männer, die oft durch sachliche Meinungsverschiedenheiten so dramatische Formen annahm, war ja für das
Leben und Schaffen meines Mannes von essentieller Bedeutung.
[...] Den Schmerz über die Entfremdung der letzten Jahre hat mein
Mann nie ganz überwunden, aber seine Dankbarkeit, Verehrung
und Liebe für Ihren Mann ist davon nie angetastet worden."[669]

10.17. Die Person Pauli - Zusammenfassung und Fazit

Pauli war nicht nur der unbestechliche, freie Geist und Kritiker, den
man bis heute in ihm sieht. Er war nicht nur das Gewissen der Physik, der analytische Fels in der Brandung von Spekulationen, Ansätzen und Ideen.

Es gibt bei Pauli zwei weitere wesentliche Facetten zu beachten:

Pauli war – wie Einstein, Bohr, Heisenberg, Dirac – in seiner Zielsetzung, seinen Werten und Maßstäben der europäischen Physik-
kultur der Vorkriegszeit verhaftet: Er konnte auf der Klaviatur einer
breiten humanistischen Bildung spielen und somit weiter und tiefer
denken und sehen und fragen als die von der US-Kultur geprägte

---

[668] Vgl. WP-BW 1958, S. 1357-1359.

[669] WP-BW 1958, S. 1361, Anm. 1. Nach Paulis Tod schrieb Elisabeth Heisenberg an
Franca Pauli einen Kondolenzbrief und schloss diesen mit: „Liebe Frau Pauli –
wir denken in wärmster Teilnahme an Sie, und ich wünsche Ihnen Kraft und
Mut, Ihr Leben nun neu zu formen. Was hat der Tod für schwere und unerwar-
tete Lücken gerissen in den letzten Jahren! Mein Mann sagte ganz erschüttert
neulich: ‚Es lichtet sich um mich, ja, es ist wie ein Wald, der gefällt wird – und
eine neue Zeit beginnt, zu der man nicht mehr gehört.' Ich grüße Sie in wärmster
Teilnahme!" WP-BW 1958, S. 1361.

Physiker-Generation der Nachkriegszeit. Dennoch wurde Pauli – im Gegensatz zu Einstein, Bohr und Dirac – auch von der neuen Generation als dato noch produktiver Physiker angesehen, der zum Zentrum der nun in den USA wirkenden Physiker-Gemeinde gehörte und aktiv an der neuesten Forschung teilnahm. Und als ebensolcher sah und definierte Pauli sich auch selbst.

Dadurch aber geriet Pauli – und das ist die zweite wesentliche Facette – in der Nachkriegszeit in einen Zustand von Spannung und wurde in den 1950ern zunehmend von einer neuen Macht mitbestimmt: Dem Gefühl der Angst. Angst vor dem Verlust seiner Integrität, seines Ansehens, seiner Position. Die Quellen zeigen, dass und wie sich der große Mann scheute, seinen eigenen Überzeugungen zu folgen, seine Vorstellungen, Ansprüche und Ziele öffentlich und offiziell zu vertreten. Stattdessen versuchte er einen Spagat zwischen seinen eigenen Ansprüchen und den Maßstäben der neuen Physiker-Generation. Er suchte sich der neuen Zeit anzupassen – weil er fürchtete, sich sonst lächerlich zu machen. Gleichzeitig erlebte Pauli, dass er nicht mehr in der Lage war, wie früher, die aktuellen physikalischen Fragen analytisch ganz zu durchdringen und auch auf der mathematischen Ebene zu erfassen. Um dies zu kompensieren, setzte Pauli vermehrt auf Gewährsleute, die ihm bei der richtigen Beurteilung von physik-mathematischen Inhalten helfen sollten – was eine Abnahme seiner geistigen Unabhängigkeit bedeutete.

Dieses war die Situation Ende 1957. Da begann Pauli, emotional bestärkt durch eine positiv anmutende Bewertung von Heisenbergs Theorie durch seine Gewährsleute, die Zusammenarbeit mit Heisenberg an dem Ansatz für eine einheitliche Quantenfeldtheorie, aus der sich u.a. die Elementarteilchen und die Naturkräfte als Lösungen ergeben sollten.

Sehr bald erschien Pauli durch die Arbeit an dem Ansatz wie verwandelt und befreit. Pauli glaubte, endlich einen Weg zu dem Ziel gefunden zu haben, auf das Heisenberg und er seit den 1920ern hinarbeiteten. Die Briefe zeigen, dass er in den Wochen um die Jahreswende 1957/58 ein großes Maß an Arbeitseifer, Kreativität, Lebensfreude und Euphorie erlebte und ohne Gefühle des Zweifels und Zagens arbeitete. Und es zeigt sich, dass es kurzfristig zu einem Rollentausch zwischen Heisenberg und Pauli kam, bei dem es nun Heisenberg war, der mahnte, warnte und abbremste. Wegen Paulis anstehenden Aufenthalts in Berkeley (USA) und um möglichst bald Mitarbeiter zu gewinnen, erarbeiteten Pauli und Heisenberg eine erste Darstellung ihres Ansatzes in Form eines Preprints.

Kaum in den USA angekommen, erlebte Pauli einen Absturz seines Optimismus – und zog sich kurzfristig auf seine alte Position zurück (von der aus er kritisierte und schimpfte). Dann aber arbeitete er weiter an dem Ansatz mit Heisenberg.

Als aber Ende Februar ein weltweites Medieninteresse für ihren Ansatz mit überschwänglichen Berichten losbrach, fühlte sich Pauli bedrängt und wähnte Heisenberg, die Presseberichte lanciert zu haben. Daraufhin entschied er im März 1958, mit dem Menschen und Freund Heisenberg zu brechen – ohne es diesem mitzuteilen. Wenig später, Anfang April, beendete Pauli auch die Zusammenarbeit an dem Heisenberg-Pauli-Ansatz, forschte aber weiter an dem Thema, bis er sich im Herbst 1958 ganz davon zurückzog. Wenige Wochen später verstarb er.

Bemerkenswert an Paulis Verhalten im Jahre 1958 ist nicht sein Rückzug von der Zusammenarbeit mit Heisenberg. Wie erwähnt und in Teil III dargelegt, kam es in den knapp vier Jahrzehnten ihrer gemeinsamen Physikforschung immer wieder zu Zusammenarbeiten sowie zu Rückzügen von Pauli.

Bemerkenswert und ganz neu ist aber die Art, in der Pauli sich zurückzog: Wie erläutert, stand Paulis Entscheidung im engen Zusammenhang mit der Pressewelle zu dem Ansatz und mit einem tiefen Groll gegen die Person Heisenberg – einem Groll, der sich weder aus Heisenbergs tatsächlichem noch vermeintlichem Verhalten erklären lässt.

Außerdem war es Pauli wichtig, dass die gesamte Physiker-Gemeinde von seinem Rückzug erfuhr (wozu er in allen maßgebenden Zentren der modernen Physik seine „Rücktritts-Erklärung" ans Schwarze Brett hängen ließ). Und es war dann auch ein Akt von Demonstration, als Pauli auf der CERN-Konferenz versuchte, Heisenberg vor der versammelten Physiker-Gemeinde lächerlich zu machen. Der eigentliche Ziel von Paulis Rückzug betraf also weniger den gemeinsamen Ansatz als einen Rückzug von dem Menschen Heisenberg. Von ihm wollte sich Pauli demonstrativ, also sichtbar für jeden in der Physiker-Gemeinde, distanzieren.

Es ist anzunehmen, dass Pauli sich von dem Ansatz auch zurückgezogen hätte, wenn er nicht diesen Groll gegen Heisenberg gehegt hätte. Nur hätte er es nicht in dieser vehementen Form getan. Wahrscheinlich ist, dass er sich bloß auf eine Position zurückgezogen hätte, von der aus er Heisenbergs Arbeit mit Rat und Kritik weiter begleitet hätte.

Offen bleibt die Frage, was die eigentliche Ursache für Paulis Groll gegen Heisenberg war – und man wird nur spekulieren, wenn man davon ausgeht, dass Pauli durch eine große Angst getrieben worden war, von der neuen Physiker-Generation so abgelehnt, missachtet und isoliert zu werden, wie es bei Heisenberg der Fall war. Oder dass sein Hass auf Heisenberg eine Form von Selbsthass war, den er auf Heisenberg projizierte. Und er sich für seine Euphorie um die Jahreswende, für seine feste Überzeugtheit von dem Ansatz und seine Vehemenz, mit der er sie vertrat, im Nachhinein schämte und in Heisenberg denjenigen sah, der ihn dazu verführt hatte.

Teil V
Zusammenfassung, Fazit, Ausblick

11. Zusammenfassung

Gegenstand der Untersuchung war der Ansatz zu einer einheitlichen Quantenfeldtheorie der Elementarteilchen von Heisenberg und Pauli im Jahre 1958, insbesondere sein Scheitern. Die Untersuchung war in zwei Bereiche unterteilt: In einen zur Darlegung des Inhaltes und der Entstehungsgeschichte des Ansatzes und in einen anderen, der suchte, die Geschehnisse zu analysieren und zu erklären.

Dazu wurden im ersten Bereich (Inhalt und Entstehungsgeschichte) die Persönlichkeiten von Heisenberg und Pauli, ihre Beziehung zueinander, ihre Arbeitsweise miteinander und ihr Stand in der Physikergemeinschaft skizziert. Dann wurde ihre gemeinsame Arbeit an dem Ansatz dargestellt, die bereits in den 1920ern begann und sich bis in die 1950er gestaltete, umgestaltete und zwischendurch auch mal – u.a. kriegsbedingt – pausierte. Dabei wurde auch versucht, die physikalischen Inhalte dieser Arbeiten mit ihren zwischenzeitlichen Neuerungen darzulegen, so dass am Ende die verschiedenen physikalischen Aspekte des Ansatzes von 1958 deutlich werden sollten.

Im zweiten Bereich (Analyse und Erläuterung) wurden – aufbauend auf den Zusammenstellungen des ersten Bereichs – verschiedene Aspekte betrachtet, die zusammenwirkend das Scheitern des Ansatzes erhellen. Dabei wurde im ersten Schritt geklärt, inwiefern die bis dato meist vertretene Vorstellung über den Grund des Scheiterns (der Ansatz wäre wegen seines fehlerhaften Inhalts von der

A. Rettig, *Heisenbergs und Paulis Quantenfeldtheorie von 1958*, BestMasters,

Physikergemeinschaft abgelehnt worden) nicht den Kern der Problematik trifft und zu kurz greift. Im folgenden wurden dann die drei Aspekte dargelegt, die – zusammenwirkend – als eigentliche Ursachen des Scheiterns des Ansatzes anzusehen sind:

Als erste Ursache wurde der kulturelle Wandel genannt, der sich in der modernen Physik in der Mitte des 20. Jahrhundert vollzog. Dieser Wandel wurde im Allgemeinen betrachtet, im Feld der experimentellen Physik, sowie in dem der theoretischen Physik. Dabei zeigte sich, dass die neue Physiker-Generation nach dem Zweiten Weltkrieg einen andersartigen Resonanzkörper auf die Ideen von Heisenberg und Pauli bildete als die Generation vor dem Zweiten Weltkrieg. Es wurde erläutert, dass es bei der neuen Physiker-Generation zu anderen Zielsetzungen, Wertigkeiten und Kommunikationsinhalten kam, zu einem andersartigen zwischenmenschlichen Umgang – und zu einer Neudefinition von dem, was man als gute Physik ansah.

Als weiterer Aspekt, der zum Scheitern des Ansatzes führte, wurde das Ansehen von Werner Heisenberg untersucht. Dabei zeigte sich, dass Heisenberg nach dem Zweiten Weltkrieg als Physiker und als Person von der US-amerikanischen Physikergemeinschaft abgelehnt wurde. Als Grund wurde einerseits der ihm eigene Stil genannt, der nach dem kulturellen Wandel in der Physik Unverständnis hervorrief. Desweiteren wurde gezeigt, wie und warum die US-Physiker in Heisenberg einen Mann ohne moralische Integrität sahen. Und wie sich aus diesen Aspekten ein Bild formte, in dem Heisenberg einem überheblichen Angeber glich, dessen Physik man nicht ernst nehmen brauchte und konnte.

Als letzte Ursache für das Scheitern des Ansatzes wurde die Entwicklung von Paulis Persönlichkeit genannt. Dazu wurde zunächst Paulis Stellung als Kritikerpapst der Physik im 20. Jahrhundert dargelegt, und gezeigt, dass und wie Pauli auch nach dem Zweiten Weltkrieg auf allen vier Kommunikationsstufen korrespondierte und auf die Klärung der großen Zusammenhänge hin wirkte, arbeitete, zielte. Dann wurde erläutert, wie Pauli mit dieser Konstellation in eine Diskrepanz zur neuen Physik-Kultur kam, und warum ihn dies stark verunsicherte.

Basierend auf allen vorherigen Ausführungen wurden schließlich (im zweiten Teil des Kapitels zur Person Wolfgang Pauli) die Ereignisse um Heisenberg und Pauli vom Beginn ihrer engen Zusammenarbeit im Herbst 1957 bis Dezember 1958 detailliert dargelegt – vornehmlich aus Paulis Blickwinkel. Dabei zeigte sich wie am Anfang ihrer engen Zusammenarbeit eine große Verve herrschte – getragen u.a. von Paulis nun kreativer und sorgenfreier Aktivität. Und wie dann Pauli durch die Begegnung mit US-amerikanischen Physikern ab Februar 1958 in Zustände der Unsicherheit und zunehmender Passivität geriet, die ihn schließlich dazu animierten, nicht nur die enge Zusammenarbeit mit Heisenberg an dem Ansatz aufzugeben, sondern dazu auch mit der Person Heisenberg zu brechen und sich von ihr – möglichst öffentlichkeitswirksam – zu distanzieren. Die Ausführungen endeten mit dem Blick auf Paulis finalen Rückzug von der Thematik des Ansatzes, seinen körperlichen Zusammenbruch am 5. Dezember und sein Ableben zehn Tage später.

12. Fazit und Ausblick

Die Untersuchung über Entstehung und Inhalt des Ansatzes für eine einheitliche Quantenfeldtheorie von Heisenberg und Pauli im Jahre 1958 hielt sich explizit eng an die Personen Heisenberg und Pauli und fragte nach dem Grund des Scheiterns ihres Ansatzes. Nun, auf der Basis dieser Studie lässt sich diese Frage mit Verschiedenem beantworten:

Durch die genauere Schau der Quellen wurde deutlich, dass der Ansatz seitens der Physiker eine Ablehnung erfuhr, die sich nicht primär aus inhaltlichen Gründen formierte. Es wurde deutlich, dass ganz andersartige als physik-immanente Gründe eine Wirkung entfalteten. Diese Gründe – die sich u.a. aus dem Wandel der Physik, der Person Heisenberg und der Person Pauli bildeten – wirkten derart ineinander, dass die Ablehnung dieses Ansatzes geradezu zwangsläufig war. Oder anders gesagt: Auf Grund der vorliegenden Prämissen war das Scheitern _dieses_ Ansatzes, von _diesen_ Physikern, zu _diesem_ Zeitpunkt unausweichlich. Ein Erfolg, z.B. in Form einer breiteren Rezeption und Auseinandersetzung, wäre auf Grund der gegebenen Ausgangssituation Ende der 1950er höchst unwahrscheinlich gewesen.

© Der/die Herausgeber bzw. der/die Autor(en), exklusiv lizenziert durch Springer Fachmedien Wiesbaden GmbH, ein Teil von Springer Nature 2020
A. Rettig, _Heisenbergs und Paulis Quantenfeldtheorie von 1958_, BestMasters

Neben diesem Ergebnis tauchten bei der Sichtung der verschiedenen Quellen weitere wichtige Feststellungen, Fragen und Themen auf :

a) Im Rahmen dieser Studie wurde besonders die Reaktion der US-amerikanischen Physiker auf den Ansatz von Heisenberg und Pauli betrachtet, weil die USA seit dem Zweiten Weltkrieg das maßgebende Zentrum der Physik bildete. Dazu wäre es interessant zu prüfen, wie der Ansatz in anderen Physik-Zentren behandelt wurde. Wie er also in Japan, Europa und in der Sowjetunion aufgenommen wurde (so gibt es zum Beispiel die positive Aufnahme von Paulis Vortrag in Italien, den er im Januar 1958 auf der Reise in die USA hielt,[670] das Interesse der russischen Physiker um Landau[671] oder auch die Arbeiten des britischen Physikers Tony Skyrme, der u.a. aus seiner Beschäftigung mit Heisenberg und Paulis Ansatz das Konzept von „Skyrmionen" entwickelte[672]).

b) Der Bruch der Kontinuität zwischen der Physikergeneration vor und der nach dem Zweiten Weltkrieg, wie er im Kapitel 8 dargelegt wurde, verweist auf einen klaren Unterschied zwischen Europa und den USA in der Art, wie man Physik machte bzw. was als gute Physik bewertet wurde. Das verweist auf die Vorstellung, dass „richtige Physik machen" mitdefiniert wird durch die Mentalitäten jenes Landes, das als vorherrschendes Zentrum fungiert. Das wiederum unterstützt jene Sichtweise, die man als verallgemeinerte „Forman-These" bezeichnen könnte: Dass die geistige Atmosphäre eines Ortes und einer Zeit auf die

---

[670] Vgl. Pauli an Heisenberg am 18. Januar 1958. WP-BW 1958, S. 864.

[671] Vgl. Landau an Pauli am 6. Februar 1958. WP-BW 1958, S. 911.

[672] Skyrme (1988). „Skyrmionen" gelten heute als ein Kandidat für die Datenspeicherung der Zukunft. Vgl. Romming et al. (2013).

Entwicklung in den Naturwissenschaften einen Einfluss hat.[673]

c) Die Diskreditierung der Person Heisenberg (wie sie durch die Ausführungen im Kapitel 9 sichtbar wird) erscheint angesichts der vorliegenden Quellen als ungerechtfertigt. Es wäre interessant, diese Diskreditierung genauer zu untersuchen. Dazu könnte man einerseits versuchen, die eigentlichen Vorwürfe noch klarer und konkreter zu fassen, zu sammeln, aufzulisten. Andererseits könnte man das konkrete Verhalten Heisenbergs während der Nazizeit dezidiert betrachten. Außerdem wäre es interessant, das Ansehen von Heisenberg (und Personen in ähnlichen Positionen) in den verschiedenen Nationen zu vergleichen (u.a. Japan, Russland, Frankreich, Großbritannien und Italien). Denn auf Grund der vorliegenden Quellen scheint es, dass zum Beispiel Physiker, die ebenfalls in totalitären Systemen lebten, eine gänzlich andere Sicht erlangten als jene Physiker, denen diese Erfahrung erspart geblieben war.[674]

d) Sollten auch die weiteren Untersuchungen ergeben, dass die Diskreditierung Heisenbergs nicht durch sein konkretes Verhalten während der Nazizeit zu erklären ist, würde das eine weitere interessante Frage aufwerfen: Wieso erfuhr ausgerechnet Heisenberg, mit seiner Reputation als eine der zentralen Gründungspersonen der modernen Physik, eine so starke Ausgrenzung? Gab es etwas, für das er explizit in den Augen der neuen Physikergeneration stand? Fungierte er als ein Symbol für etwas, das

---

[673] Dieser verallgemeinerten Fassung von Formans These stimme ich zu. Was Formans konkrete Ausführungen in seinem Aufsatz von 1971 angeht, so schließe ich mich der Analyse von Hendry 1980 an, der u.a. auf verschiedene schwierig nachzuvollziehende Verallgemeinerungen Formans verweist.
Forman (1994). Hendry (1994).
[674] Vgl. Feinberg (1992). E. Heisenberg (1980, S. 100).

stark abgelehnt wurde? Welche, womöglich unbewussten, Strukturen wirkten da?

e) Bei der Schau auf Paulis Persönlichkeit, wie sie im Kapitel 10 skizziert wurde, spiegelt sich auch das Dilemma, das sich bei dem Prozess des Ausschließens der älteren durch die jüngere Generation vollziehen kann. Um mehr über diesen Ausschließungsprozess zu erfahren, wäre es passend, auch jenen der anderen Physiker um Pauli und Heisenberg zu betrachten, z.B. die von Bohr, Einstein und Dirac.

f) An der sehr unterschiedlichen Einschätzung und Bewertung der renormierbaren Quantenelektrodynamik (die kurz nach dem Zweiten Weltkrieg entstand) scheint sich explizit der Bruch zwischen den Generationen zu zeigen. Es wäre daher interessant, diesen Bereich genauer zu untersuchen.

g) Durch die Skizzierung von Paulis Persönlichkeit in Verbindung mit seinem Verhalten zeigt sich, inwiefern innere Einstellungen und/oder Befindlichkeiten eines Naturwissenschaftlers (wie Ängste und Wünsche) seine Handlungen und Entscheidungen wesentlich mitbestimmen können. Wenn aber von individuellen Gefühlsregungen bei gewissen historischen Ereignissen nicht abgesehen werden kann, wenn man sie bei einer Untersuchung berücksichtigen will, so stellen sich die Fragen: Wie sind diese miteinzubeziehen? Lassen sich Kriterien für den Umgang mit dem Lebendigen, mit den fühlenden Aspekten von Menschen anführen? Oder muss es, wie hier bei den Ausführungen zu Pauli, bei einer stark deskriptiven Behandlung bleiben?

h) Ein weiterer interessanter Bereich, der zu untersuchen wäre, bilden die physikalischen Arbeiten und Bemühungen von Heisenberg nach Paulis Ableben bis zum Jahre 1975.

Kurzum: Die Thematik bietet nun, da die Zusammenarbeit von Heisenberg und Pauli an dem Ansatz für eine einheitliche Quantenfeldtheorie durch diese Studie genauer beleuchtet wurde, viele weitere, neue, interessante Fragestellungen.

Quellen und Literaturverzeichnis

Quellen von Heisenberg

WH-GW A1

Heisenberg, Werner (1985) „Gesammelte Werke", Abteilung A, „Wissenschaftliche Originalarbeiten" 3 Bde., Band 1, hrsg. von W. Blum, H.-P. Dürr, H. Rechenberg, Berlin, Heidelberg, New York: Springer.

WH-GW A2

Heisenberg, Werner (1989) „Gesammelte Werke", Abteilung A, „Wissenschaftliche Originalarbeiten" 3 Bde., Band 2, hrsg. von W. Blum, H.-P. Dürr, H. Rechenberg, Berlin, Heidelberg, New York: Springer.

WH-GW A3

Heisenberg, Werner (1993) „Gesammelte Werke", Abteilung A, „Wissenschaftliche Originalarbeiten" 3 Bde., Band 3, hrsg. von W. Blum, H.-P. Dürr, H. Rechenberg, Berlin, Heidelberg, New York: Springer.

WH-GW B

Heisenberg, Werner (1984) „Gesammelte Werke", Abteilung B, „Scientific Review Papers, Talks, and Books", hrsg. von W. Blum, H.-P. Dürr, H. Rechenberg, Berlin, Heidelberg, New York: Springer.

WH-GW C1 – Heisenberg, Werner (1984) „Gesammelte Werke",
Abteilung C, „Allgemeinverständliche Schriften", 5. Bde., Band
1 „Physik und Erkenntnis 1927 – 1955", München: Piper.

WH-GW C2 – Heisenberg, Werner (1984) „Gesammelte Werke",
Abteilung C, 5 Bde., Band 2 „Physik und Erkenntnis 1956 –
1968", München: Piper.

WH-GW C3 – Heisenberg, Werner (1985) „Gesammelte Werke",
Abteilung C, „Allgemeinverständliche Schriften", 5 Bde., Band 3
„Physik und Erkenntnis 1969-1976", München: Piper.

WH-GW C4 – Heisenberg, Werner (1986) „Gesammelte Werke",
Abteilung C, „Allgemeinverständliche Schriften", 5 Bde., Band
4 „Biographisches und Kernphysik", München: Piper.

WH-GW C5 – Heisenberg, Werner (1989) „Gesammelte Werke",
Abteilung C, „Allgemeinverständliche Schriften", 5 Bde., Band 5
„Wissenschaft und Politik", München: Piper.

Heisenberg (1925) – Heisenberg, Werner (1925) „Über quantenthe-
oretische Umdeutung kinematischer und mechanischer Beziehungen". In „Zeitschrift für Physik", 33, S. 897-893.

Heisenberg (1927) – Heisenberg, Werner (1927) „Über den an-
schaulichen Inhalt der quantentheoretischen Kinematik und
Mechanik". In: „Zeitschrift für Physik". 43, Nr. 3, S. 172–198.

Heisenberg (1928) – Heisenberg, Werner (1928) „Zur Theorie des
Ferromagnetismus", Zeitschrift für Physik, 49, S. 619-623. Eingegangen am 20. Mai 1928.

Heisenberg (1928a) – Heisenberg (1928a) Brief Heisenberg an Weyl vom 14. 1. 1928 – ETH-Bibliothek, Archive, Hs91:600.

Heisenberg (1932) –Heisenberg, Werner (1932) „Über den Bau der Atomkerne. I." Eingegangen am 7. Juni 1932. In: „Zeitschrift für Physik", 77, S. 1-11. – Wiederabgedruckt in WH-GW A2, S. 197-207.

Heisenberg (1932a) – Heisenberg, Werner (1932a) „Über den Bau der Atomkerne. II." Eingegangen am 30. Juli 1932. In: „Zeitschrift für Physik", 78, S. 156-164. – Wiederabgedruckt in WH-GW A2, S. 208-216.

Heisenberg (1932b) – Heisenberg, Werner (1932b) „Über den Bau der Atomkerne. III." Eingegangen am 22. Dezember 1932. In: „Zeitschrift für Physik", 80, S. 587-596. – Wiederabgedruckt in WH-GW A2, S. 217-226.

Heisenberg (1936 – Heisenberg, Werner (1936) „Zur Theorie der ‚Schauer' in der Höhenstrahlung". Eingegangen am 8. Juni 1936. In: „Zeitschrift für Physik", 101, S. 533-540. – Wiederabgedruckt in WH-GW A2, S. 275-282.

Heisenberg (1936a) – Heisenberg, Werner (1936a) „Über die ‚Schauer' in der komischen Strahlung". In: „Forschungen und Fortschritte", 12, S. 341-342. Wiederabgedruckt in WH-GW C1, S. 122-123.

Heisenberg (1938) – Heisenberg, Werner (1938) „Über die in der Theorie der Elementarteilchen auftretende universelle Länge". In: „Annalen der Physik", 5. Folge, Band 32, S. 20-33. – Wiederabgedruckt in WH-GW A2, S. 301-314.

Heisenberg (1938a) – Heisenberg, Werner (1938a) „Wahrscheinlichkeitsaussagen in der Quantentheorie der Wellenfelder". In: „Actualités Scientifiques et Industrielles" 734/1. S. 45-51. – Wiederabgedruckt in WH-GW B, S. 249-255.

Heisenberg (1942) – Heisenberg, Werner (1942) „Ordnung der Wirklichkeit". In: WH-GW CI, S. 217-306.

Heisenberg (1943) – Heisenberg, Werner (1943) „Die ‚beobachtbaren Größen' in der Theorie der Elementarteilchen". Eingegangen am 8. September 1942. In: „Zeitschrift für Physik", 120, S. 513-538. – Wiederabgedruckt in WH-GW A2, S. 611-636.

Heisenberg (1943a) – Heisenberg, Werner (1943a) „Die beobachtbaren Größen in der Theorie der Elementarteilchen. II.". Eingegangen am 30. Oktober 1942. In: „Zeitschrift für Physik", 120, S. 673-702. – Wiederabgedruckt in WH-GW A2, S. 637-666.
Heisenberg (1944) – Heisenberg, Werner (1944) „Die beobachtbaren Größen in der Theorie der Elementarteilchen. III.". Eingegangen am 12. Mai 1944. In: „Zeitschrift für Physik", 123, S. 93-112. – Wiederabgedruckt in WH-GW A2, S. 667-686.

Heisenberg (1946) – Heisenberg, Werner (1946) „Über die Arbeiten zur technischen Ausnutzung der Atomkernenergie in Deutschland". In: „Die Naturwissenschaften", 22, S. 325-329. – Wiederabgedruckt in WH-GW CV, S. 28-32.

Heisenberg (1946a) – Heisenberg, Werner (1946a) „Wissenschaft als Mittel zur Verständigung unter den Völkern". Rede gehalten am 13.7.1946 vor Göttinger Studenten. In: „Deutsche Beiträge", Heft 2, 1947, S. 164-174. – Wiederabgedruckt in WH GW CV, S. 384-394.

Heisenberg (1947) – Heisenberg, Werner (1947) „Research in Germany on the technical application of atomic energy". In: „Nature", 16. August 1947, Vol. 160, S. 211-215. – Wiederabgedruckt in WH GW B, S. 414-418.

Heisenberg (1947a) – Heisenberg, Werner (1947a) „Die aktive und die passive Opposition im Dritten Reich" vom 12. November 1947 – unveröffentlichtes Manuskript im Heisenberg-Nachlass.

Heisenberg (1948) – Heisenberg, Werner (1948) „Nazis Spurned Idea of an Atomic Bomb" von Waldemar Kaempffert – Interview mit Heisenberg in der New York Times vom 28. Dezember 1948. – Wiederabgedruckt in WH-GW CV, S. 37-40.

Heisenberg (1948a) – Heisenberg, Werner (1948a) „Der Begriff <Abgeschlossene Theorie> in der modernern Naturwissenschaft". In: „Dialectica", 2, 1948, S. 331-336.

Heisenberg (1948b) – Heisenberg, Werner (1948b) „Zur statistischen Theorie der Turbulenz". In: „Zeitschrift für Physik", 124, S. 628-657 – Wiederabgedruckt in WH-GW A1, S. 82-111.

Heisenberg (1948c) – Heisenberg, Werner (1948c) „On the theory of statistical and isotropic turbulence". In: „Proceedings of the Royal Society of London A", 195, S. 402-406 – Wiederabgedruckt in WH-GW A1, S. 115-119.

Heisenberg (1948d) – Heisenberg, Werner (1948d) „Bemerkungen zum Turbulenzproblem". In: „Zeitschrift für Naturforschung", 3a, S. 434-437 – Wiederabgedruckt in WH-GW A1, S. 120-123

Heisenberg (1949) – Heisenberg, Werner (1949) „Two lectures: The present state in the theoery of elementary particles" „The electron theory of superconductivity", Cambridge. – Wiederabgedruckt in WH-GW B, S. 443-455.

Heisenberg (1949a) – Heisenberg, Werner (1949a) „German Atomic Research". Leserbrief. „New York Times", 30. Januar 1949, S. E8. – Wiederabgedruckt in WH-GW CV, S. 41-42.

Heisenberg (1950) – Heisenberg, Werner (1950) „Für Atombombe unzuständig". In: „Die Welt", 2. Februar 1950, S. 2. – Wiederabgedruckt in WH-GW CV, S. 43.

Heisenberg (1950a) – Heisenberg, Werner (1950a) „Zur Quantentheorie der Elementarteilchen", eingegangen am 23. Februar 1950. In: „Zeitschrift für Naturforschung 5a, S. 251-259. – Wiederabgedruckt in WH-GW AIII, S. 142-150.

Heisenberg (1951) – Heisenberg, Werner (1951) „On the Mathematical Frame of the Theory of Elementary Particles". In: „Communications on Pure an Applied Mathematics", 4, S. 15-22. – Wiederabgedruckt in WH-GW A3, S. 158-165.

Heisenberg (1951a) – Heisenberg, Werner (1951a) „Zur Frage der Kausalität in der Quantentheorie der Elementarteilchen", eingegangen am 12. 5. 1951. In: „Zeitschrift für Naturforschung", 6a, S. 281-284. – Wiederabgedruckt in WH-GW A3, S. 166-169.

Heisenberg (1951b) – Heisenberg, Werner (1951b) „Paradoxien des Zeitbegriffs in der Theorie der Elementarteilchen". In: „Festschrift zur Feier des zweihundertjährigen Bestehen der Akademie der Wissenschaften in Göttingen", Vol. I: Mathematisch-physikalische Klasse, Berlin, S. 50-64. – Wiederabgedruckt in WH-GW A3, S. 170-184.

Heisenberg (1953) – Heisenberg, Werner (1953) „Zur Quantisierung nichtlinearer Gleichungen", vorgelegt am 6. November 1953. In: „Akademie der Wissenschaften in Göttingen, math.-phys. Klasse. Nachrichten", S. 111-127. – Wiederabgedruckt in WH-GW A3, S. 185-201.

Heisenberg (1953a) – Heisenberg, Werner (1953a) „Doubts and Hopes in Quantum-Electrodynamics". In: „Physica", 19, S. 897-908. – Wiederabgedruckt in WH-GW B, S. 509-520.

Heisenberg (1956) – Heisenberg, Werner (1956) „Erweiterungen des HILBERT-Raums in der Quantentheorie der Wellenfelder", eingegangen am 3. Oktober 1955. In: „Zeitschrift für Physik", 144, S. 1-8. – Wiederabgedruckt in WH-GW A3, S. 241-248.

Heisenberg (1956a) – Heisenberg, Werner (1956a) „Bemerkungen zur ‚neuen Tamm-Dancoff Methode' in der Quantentheorie der Wellenfelder", vorgelegt am 27. Januar 1956. In: „Akademie der Wissenschaften in Göttingen, math.-physik. Klasse. Nachrichten (IIa)", S. 27-36. – Wiederabgedruckt in WH-GW A3, S. 249-258.

Heisenberg (1956b) – Heisenberg, Werner (1956b) „Hilbert Space II and the ‚Ghost' States of Pauli and Källen". In: „Il Nuovo Cimento" (10), S. 743-747. – Wiederabgedruckt in WH-GW A3, S. 236-240.

Heisenberg (1957) – Heisenberg, Werner (1957) „Lee Model and Quantization of Non Linear Field Equations", eingegangen am 14. Juli 1957. In: „Nuclear Physics" 4, S. 532-563. – Wiederabgedruckt in WH-GW A3, S. 270-301.

Heisenberg (1957a) – Heisenberg, Werner (1957a) „Quantum Theory of Fields and Elementary Particles". In: „Reviews of modern physics", Vol. 29, Nr. 3, Juli 1957, S. 269-278. – Wiederabgedruckt in WH-GW B, S. 552-561.

Heisenberg (1957b) – Heisenberg, Werner (1957b) „Zur Quantentheorie nichtlinearer Wellengleichungen IV. Elektrodynamik". In: „Zeitschrift für Naturforschung", 12a, S. 177-187.– Wiederabgedruckt in WH-GW A3, S. 259-269.

Heisenberg (1959) – Heisenberg, Werner (1959) „Wolfgang Paulis philosophische Auffassungen". In: „Die Naturwissenschaften", 46, S. 661-663. – Wiederabgedruckt in WH-GW CIV, S. 113-115.

Heisenberg (1962) – Heisenberg, Werner (1962) „Aus meinem Leben". Auf: „Die Abstraktion in den modernen Naturwissenschaften / Aus meinem Leben", Schallplatte der Reihe „Stimme der Wissenschaft", Frankfurt/Main: Akademische Verlagsgesellschaft.

Heisenberg (1962a) – Heisenberg, Werner (1962a) – Interview mit Werner Heisenberg durch Thomas S. Kuhn am 30. November 1962. Niels Bohr Library & Archives, American Institute of Physics, College Park, MD USA.
https://www.aip.org/history-programs/niels-bohr-library/oral-histories/4661-1 – Zugriff am 26. Januar 2020.

Heisenberg (1965) – Heisenberg, Werner (1965) „Der heutige Stand unserer Kenntnis von den Elementarteilchen". In: „Wissenschaft und Menschheit. Ein Jahrbuch", Leipzig, Jena, Berlin, S. 207-217. – Wiederabgedruckt in WH-GW C2, S. 326-333.

Heisenberg (1967) – Heisenberg, Werner (1967) „Einführung in die einheitliche Feldtheorie der Elementarteilchen", Stuttgart: S. Hirzel.

Heisenberg (1969) – Heisenberg, Werner (1969) „The Concept of ‚Understanding' in Theoretical Physics". In: „Properties of Matter Under Unusual Conditions", hrsg. Von H. Mark und S. Fernbach, New York et al., 1969, S. 7-10. – Wiederabgedruckt in WH-GW C3, S. 335-338.

Heisenberg (1974) – Heisenberg, Werner (1974) „The role of Elementary Particle Physics in the Present Development of Science". In: „Royal Swedish Academy of Sciences",, Dokumenta 14, S. 3-12. – Wiederabgedruckt in WH-GW C3, S. 487-495.
Heisenberg (1974a) – Heisenberg, Werner (1974a) „The Philosophical Background of Modern Physics". In: „Encyclopedia Moderna", 28, Heft 9, S. 133-141. – Wiederabgedruckt in WH-GW C3, S. 496-506.

Heisenberg (1976) – Heisenberg, Werner (1976) „Cosmic Radiation and Fundamental Problems in Physics". In: „Die Naturwissenschaften", 63, S. 63-67. – Wiederabgedruckt in GW B, S. 928-932.

Heisenberg (1998) – Heisenberg, Werner (1998) „Der Teil und das Ganze", 1. Auflage 1996, 2. Auflage München: Piper.

Heisenberg (2003) – Heisenberg, Werner (2003) „Liebe Eltern! Briefe aus kritischer Zeit 1918 bis 1945", hrsg. von A.M. Hirsch-Heisenberg, München: Langen Müller.

Quellen von Heisenberg mit anderen

Ascoli und Heisenberg (1957) – Ascoli, R. und Werner Heisenberg (1957) „Zur Quantentheorie nichtlinearer Wellengleichungen IV. Elektrodynamik". In: „Zeitschrift für Naturforschung", 12a, S. 177-187. – Eingereicht am 6. Dezember 1956. – Wiederabgedruckt in: WH-GW A3, S. 259-269.

Heisenberg und Heisenberg (2011) – Heisenberg Werner und Elisabeth Heisenberg (2011) „„Meine liebe Li!' Der Briefwechsel 1937-1946", hrsg. von Anna Maria Hirsch-Heisenberg, St. Pölten: Residenz.

Heisenberg und Pauli (1929) – Heisenberg, Werner und Wolfgang Pauli (1929) „Zur Quantendynamik der Wellenfelder". In „Zeitschrift für Physik", 56, S. 1-61. Eingegangen am 19. März 1929. – Wiederabgedruckt in WH-GW A2, S.8-68.

Heisenberg und Pauli (1930) – Heisenberg, Werner und Wolfgang Pauli (1930) „Zur Quantentheorie der Wellenfelder II". In „Zeitschrift für Physik", 59, S. 168-190. Eingegangen am 7. September 1929. – Wiederabgedruckt in WH-GW A2, S.69-91.

Heisenberg und von Weizsäcker (1948) – Heisenberg, Werner und Carl Friedrich von Weizsäcker (1948) „Die Gestalt der Spiralnebel". In „Zeitschrift für Physik", 125, S. 290-292 – Wiederabgedruckt in WH-GW A1, S. 112-114.

Bopp et al. (1957) – Bopp et al. (1957) „Erklärung von achtzehn Atomforschern" vom 12. April 1957. In: „Mitteilungen aus der Max-Planck-Gesellschaft zur Förderung der Wissenschaften", Heft 2, S. 62-64. – Wiederabgedruckt in WH-GW CV, S. 541-543.

Heisenberg und Pauli (1958) – Heisenberg, Werner und Wolfgang Pauli (1958) „On the Isospin Group in the Theory of the Elementary Particles" – unveröffentlichter Preprint von März 1958. – Abgedruckt in WH-GW A3, S. 337-351.

Heisenberg, Dürr et al. (1959) – Heisenberg, Dürr et al. (1959) Dürr, Hans-Peter, Werner Heisenberg, Heinrich Mitter, Siegfried Schlieder und Kazuo Yamazaki (1959) „Zur Theorie der Elementarteilchen". In: „Zeitschrift für Naturforschung" 14a, S. 441-485. – Wiederabgedruckt in WH-GW A3, S. 352-396.

Quellen von Pauli

WP-BW 1920er   – Pauli, Wolfgang (1979) „Wissenschaftlicher Briefwechsel mit Bohr, Einstein, Heisenberg u.a.", hrsg. von A. Hermann, K. v. Meyenn und V. F. Weisskopf, Band I – 1919 – 1929, New York, Heidelberg, Berlin: Springer.

WP-BW 1930er – Pauli, Wolfgang (1985) „Wissenschaftlicher Briefwechsel mit Bohr, Einstein, Heisenberg u.a.", hrsg. von K. v. Meyenn, Band II – 1930 – 1939, Berlin, Heidelberg, New York, Tokyo: Springer.

WP-BW 1940er   – Pauli, Wolfgang (1993) „Wissenschaftlicher Briefwechsel mit Bohr, Einstein, Heisenberg u.a.", hrsg. von K. v. Meyenn, Band III – 1941 – 1949, Berlin, Heidelberg, New York: Springer.

WP-BW 1950-52   – Pauli, Wolfgang (1996) „Wissenschaftlicher Briefwechsel mit Bohr, Einstein, Heisenberg u.a.", hrsg. von K. v. Meyenn, Band IV Teil I – 1950–1952, Berlin, Heidelberg, New York: Springer.

WP-BW 1953-54 – Pauli, Wolfgang (1999) „Wissenschaftlicher Briefwechsel mit Bohr, Einstein, Heisenberg u.a.", hrsg. von K. v. Meyenn, Band IV, Teil II – 1953–1954, Berlin, Heidelberg, New York: Springer.

WP-BW 1955-56   – Pauli, Wolfgang (2001) „Wissenschaftlicher Briefwechsel mit Bohr, Einstein, Heisenberg u.a.", hrsg. von K. v. Meyenn, Band IV, Teil III – 1955-1956, Berlin, Heidelberg, New York: Springer.

WP-BW 1957 – Pauli, Wolfgang (2005) „Wissenschaftlicher Brief-wechsel mit Bohr, Einstein, Heisenberg u.a.", hrsg. von K. v. Meyenn, Band IV, Teil IV A: 1957, Berlin, Heidelberg, New York: Springer.

WP-BW 1958 – Pauli, Wolfgang (2005) „Wissenschaftlicher Brief-wechsel mit Bohr, Einstein, Heisenberg u.a.", hrsg. von K. v. Meyenn, Band IV, Teil IV B: 1958, Berlin, Heidelberg, New York: Springer.

Pauli (1925) – Pauli, Wolfgang (1925) „Über den Zusammenhang des Abschlusses der Elektronengruppen im Atom mit der Kom-plexstruktur der Spektren". In „Zeitschrift für Physik", 31, S. 765-783.

Pauli (1926) – Pauli, Wolfgang (1926) „Über das Wasserstoffspekt-rum vom Standpunkt der neuen Quantenmechanik". In: „Zeit-schrift für Physik", 36, S. 336-363. Eingegangen am 17. Januar 1926. – Wiederabgedruckt in Pauli (1964), Vol. 2, S. 252-279.

Pauli (1928) – Pauli, Wolfgang (1928) „Über das H-Theorem vom Anwachsen der Entropie vom Standpunkt der neuen Quanten-mechanik". In: „Probleme der modernen Physik, Arnold Som-merfeld zum 60. Geburtstage, gewidmet von seinen Schülern", Leipzig: Hirzel, S. 30-45.

Pauli (1943) – Pauli, Wolfgang (1943) „On applications of the $\square$-limiting process to the theory of the meson field". In: „Physical Review" 63, S. 221.

Pauli (1946) – Pauli, Wolfgang (1946) „Exclusion principle and quantum mechanics" – gehalten am 13. Dezember 1946 – Nobelprize.org. – https://www.nobelprize.org/uploads/2018/06/pauli-lecture.pdf – Zugriff am 26. Januar 2020.

Pauli (1947) – Pauli, Wolfgang (1947) „Difficulties of Field Theories and of Field Quantization". In: Physical Society Cambridge Conference, Rept. S. 5-10. – Wiederabgedruckt in: Pauli (1964), Vol 2, S. 1097-1101.

Pauli (1948) – Pauli, Wolfgang (1948) „Editorial", Dialectica 2, S. 307-311.

Pauli (1950) – Pauli, Wolfgang (1950) „Present State of the Quantum Theory of Fields. The Renormalization". In: P. Auger und A Proca (Hrsg.) „Particules fondamentales et noyaux", Paris, 24-29 Avril 1950, „Colloques internationaux du Centre National de Recherche Scientifique", 38, Paris 1953, S. 67-77. – Wiederabgedruckt in Pauli (1964), Vol 2, S. 1165-1175.

Pauli (1952) – Pauli, Wolfgang (1952) „Theorie und Experiment". In: Pauli (1984), S. 91-92.

Pauli (1952a) – Pauli, Wolfgang (1952a) „Der Einfluss archetypischer Vorstellungen auf die Bildung naturwissenschaftlicher Theorien bei Kepler". In: Wolfgang Pauli und Carl G. Jung „Naturerklärung und Psyche", Zürich: Rascher, S. 109-194.

Pauli (1954) – Pauli, Wolfgang (1954) „Wahrscheinlichkeit und Physik". In: „Dialectica" 8, 1954, S. 112-24. – Wiederabgedruckt in Pauli (1984), S. 18-23.

Pauli (1954a) – Pauli, Wolfgang (1954a) „Naturwissenschaftliche und erkenntnistheoretische Aspekte der Ideen vom Unbewussten". Von 1954. – Abgedruckt in Pauli (1984), S. 113-128

Pauli (1955) – Pauli, Wolfgang „Die Materie" (1955) – Abgedruckt in Pauli (1984), S. 1-9.

Pauli (1956) – Pauli, Wolfgang (1956) „Die Wissenschaft und das abendländische Denken" – Abgedruckt in Pauli (1984), S. 102-112.

Pauli (1957) – Pauli, Wolfgang (1957) „Phänomen und physikalische Realität". – Abgedruckt in Pauli (1984), S. 93-101.

Pauli (1957a) – Pauli, Wolfgang (1957a) „On the conservation of the lepton charge". In: „Nuovo Cimento", 6, 1957, eingegangen am 14. Mai 1957, S. 204-215. – Wiederabgedruckt in Pauli 1964, Vol. 2, S. 1338-1349.

Pauli (1964) – Pauli, Wolfgang (1964) „Collected Scientific Papers", hrsg. von R. Kronig und V. F. Weisskopf. 2 Vol., New York, London, Sydney: Interscience.

Pauli (1984) – Pauli, Wolfgang (1984) „Physik und Erkenntnistheorie", mit einer Einleitung von K. v. Meyenn, Braunschweig, Wiesbaden: Vieweg.

Pauli (1992) – Pauli, Wolfgang (1992) „Moderne Beispiele zur ‚Hintergrundsphysik'". Unveröffentlichter Aufsatz (o.D.), ca. Sommer 1950. In: Pauli und Jung (1992), Appendix 3, S. 176-192.

Pauli mit anderen

Pauli und Jordan (1928) – Jordan, Pascual und Wolfgang Pauli (1928) „Zur Quantenelektrodynamik ladungsfreier Felder". In: „Zeitschrift für Physik", 47, S. 151-173.

Pauli und Källen (1955) – Källen, Gunnar und Wolfgang Pauli (1955) „On the mathematical structure of T. D. Lee's model of a renomalizable field theory". In: Kongelige Danske Videnskabernes Selskab", Mat.-Fys. Meddelelser, 30, S. 3-23. Eingegangen am 15. April 1955.

Pauli und Jung (1992) – Jung, Carl Gustav und Wolfgang Pauli (1992) „Wolfgang Pauli und C.G. Jung – Ein Briefwechsel 1932-1958", hrsg. von C. A. Meier unter Mitarbeit von C.P. Enz und M. Fierz, Berlin u.a.: Springer.

Pauli u.a. (1947) – Pauli u.a. (1947) "Report of an International Conference on Fundamental Particles and Low Temperatures held at the Cavendish Laboratory, Cambridge on 22-27 July 1946" Volume I Fundamental Particles, London: .

Literatur

Bachmann (1958) – Bachmann, H.R. (1958) „Jahrestagung und Theoretiker-Konferenz der Phys. Ges. in der DDR". In: „Physikalische Blätter", 14, S. 276-277.

Bagge (1989) – Bagge, E. (1989) „Cosmic Ray Phenomena and Limitations of Quantum Field Theory (1932-1939)". In: WH-GW A2, S. 241-249.

Baumgardt (1949) – Baumgardt, Rudolf (1949) „Der Magier - Das Leben des Albertus Magnus", München: Funck.

Bernstein (1993) – Bernstein, Jeremy (1993) „Cranks, Quarks, and the Cosmos: Writings on Science", New York: Basic Books, S. 38f.

Bernstein (2004) – Bernstein, Jeremy (2004) „Heisenberg in Poland". In: „American Journal of Physics", Vol. 72, No. 3, S. 300-304.

Bethe (1958) – Bethe, Hans A. (1958) „Brighter Than a Thousand Suns – Reviewed by Hans A. Bethe". In. „Bulletin of the Atomic Scientists", 12, S. 426-428.

Bethe (2000) – Bethe, Hans A. (2000) „The German Uranium Project". In: „Physics Today", Juli 2000, S. 34-36.

Beyerchen (1980) – Beyerchen, Alan D. (1980) „Wissenschaftler unter Hitler – Physik im Dritten Reich", Köln: Kiepenhauer & Witsch.

Bhaba et al. (1937) – Bhabha, Homi und Walter Heitler (1937) „The Passage of Fast Electrons and the Theory of Cosmic Showers". Eingegangen am 11. Dezember 1936. In: „Proceedings of the Royal Society A" 159, S. 432-458.

Bloch (1964) – Bloch, Felix (1964) Interview mit Felix Bloch durch Thomas S. Kuhn am 14. Mai 1964. Niels Bohr Library & Archives, American Institute of Physics, College Park, MD USA. https://www.aip.org/history-programs/niels-bohr-library/oral-histories/4509 – Zugriff am 26. Januar 2020.

Bloch (1976) – Bloch, Felix (1976) „Heisenberg and the early days of quantum mechanics". In: „Physics Today", Dezember 1976, S. 23-27.

Bloch (1981) – Interview mit Felix Bloch durch Lillian Hoddeson am 15. Dezember 1981. Niels Bohr Library & Archives, American Institute of Physics, College Park, MD USA. https://www.aip.org/history-programs/niels-bohr-library/oral-histories/5004 – Zugriff am 26. Januar 2020.

Blum (2005) – Blum, Barbara (2005) „Werner Heisenberg und die Musik – ein anderer Zugang zum Denken meines Vaters". In: Kleint et al (2005), S. 334-341.

A. Blum (2019) – Blum, Alexander (2019) „Heisenberg's 1958 Weltformel and the Roots of Post-Empirical Physics", Cham: Springer. – doi:10.1007/978-3-030-20645-1

Bohr (1928) – Bohr, Niels (1938) „Das Quantenpostulat und die neuere Entwicklung der Atomistik". In: „Die Naturwissenschaft", 16, S. 245-257.

Bohr (1950) – Bohr, Niels (1950) „Open Letter to the United Nations" – In: „Bulletin of the Atomic Scientists" Volume 6, Number 7, Juni 1950, S. 213-19. Rozental (1967, S. 340–352). Dam (1985, S. 80-97). Online: http://www.atomicarchive.com/Docs/Deterrence/BohrUN.shtml – Zugriff am 26. Januar 2020.

Bohr (1957) – Bohr, Niels (1957) Niels Bohr an Werner Heisenberg – Brief-Entwürfe.
https://www.nbarchive.dk/collections/bohr-heisenberg/documents/ – Zugriff am 26. Januar 2020.

Bohr (1964) – Bohr, Niels (1964) „Atomphysik und menschliche Erkenntnis I – Aufsätze und Vorträge aus den Jahren 1933 - 1955", 2. Aufl., Braunschweig: Vieweg.

Bokulich (2004) – Bokulich, Alisa (2004) „Open or closed? Dirac, Heisenberg, and the relation between classical and quantum mechanics". In: „Studies in History and Philosophy of Modern Physics", 35, S. 377-396.

Born (1949) – Born, Max (1949) „Two topics in theoretical physics". In: „Nature" 164, S. 165.

Born und Einstein (1969) – Born, Max und Albert Einstein (1969) „Briefwechsel 1916 - 1955", München: Nymphenburger.

Brown und Rechenberg (2005) – Brown, Laurie M. und Helmut Rechenberg (2005) „Paul Dirac und Werner Heisenberg – Freunde und Partner in der Wissenschaft", S. 86-108. In: Kleint et al (2005), S. 86-108.

Brown et al. (1989) – Brown et al. (1989) Brown, Laurie M., Max Dresden und Lillian Hoddeson (Hrsg.) (1989) „Pions to Quarks – Particle Physics in the 1950s", Cambridge: Cambridge University Press.

Brown et al. (1989a) – Brown et al. (1989a) Brown, Laurie M., Max Dresden und Lillian Hoddeson (1989a) „Pions to quarks: particle physics in the 1950s". In: Brown et al. (1989), S. 3-39.

Brown et al. (1997) – Brown et al. (1997) Brown, L., R. Brout, T.Y. Cao, P. Higgs, Y. Nambu (1997) „Panel Session: Spontaneous Breaking of Symmetry". In: Hoddeson et al. (1997), S. 478-522.

Brown et al. (1997a) – Brown et al. (1997a) Brown, L., L. Hoddeson, M. Dresden, M. Riordan (1997a) „The Rise of the Standard Model: 1964-1979". In: Hoddeson et. al (1997), S. 3-35.

Cao und Schweber (1993) – Cao, Tian Yu und Silvan S. Schweber (1993) „The conceptual foundation and the philosophical aspects of renormalization theory". In: „Synthese" 97: 33-108.

Carlson und Oppenheimer (1937) – Carlson, J. Franklin und J. Robert Oppenheimer (1937) „On Multiplicative Showers". In: „Physical Review". 51, S. 220-231.

Carson (1995) – Carson, Cathryn (1995) „Particle physics and cultural politics: Werner Heisenberg and the shaping of a role for the physicist in postwar West Germany", Doctor Thesis, Harvard University, Cambridge, Mass..

Carson (2001) – Carson, Cathryn (2001) „Reflexionen zu >Kopenhagen<". In: Frayn (2001), S. 149-162.

Carson (2003) – Carson, Cathryn (2003) „Objectivity and the Scientist: Heisenberg Rethinks". In: "Science in Context" 116 (1/2), 243-269, 2003, Cambridge University Press.

Carson (2010) – Carson, Cathryn (2010) „Heisenberg in the atomic age – science and the public sphere", New York: Cambridge University Press.

Cassidy (1981) – Cassidy, David C. (1981) „Cosmic ray showers, high energy physics, and quantum field theories: Programmatic interactions in the 1930s". In „Historical studies in the physical sciences", 12. S. 1-39.

Cassidy (1992) – Cassidy, David C. (1992) „Werner Heisenberg – Leben und Werk", Berlin, Heidelberg, Oxford: Spektrum.

Cassidy und Rechenberg (1985) – Cassidy, David C. und Helmut Rechenberg (1985) „Biographical Data Werner Heisenberg (1901-1976)". In WH-GW A1, S. 1-16.

Chandrasekhar (1985) – Chandrasekhar, Subrahmanyan (1985) „Hydrodynamic Stability and Turbulence (1922-1948)". In WH GW A1, S. 19-24.

Crease und Mann (1986) – Crease, Robert P. und Charles C. Mann (1986) „The Second Creation", New York: Maxillan.

Cini (1980) – Cini, Marcello (1980) „The History and Ideology of Dispersion Relations – The pattern of internal and external factors in a paradigmatic shift". In: „Fundamenta Scientiae", Vol. 1, Sao Paulo, Pergamon Press 1980, S. 157-172.

Condon (1958) – Condon, Edward U. (1958) „Review" von „Brighter Than a Thousand Suns". In: „Science", 128, 26. Dezember 1958, S. 1619-1620.

Cushing (1986) – Cushing, James T. (1986) „The Importance of Heisenberg's S-Matrix Program for the Theoretical High-Energy Physics of the 1950's". In: Centaurus, Vol. 29, Issue 2, Juni 1986, S. 110-149.

Dalitz und Peierls (1986) – Dalitz, R.H und Sir Rudolf Peierls (1986) „Paul Adrien Maurice Dirac. 8 August 1902 - 20 October 1984". „Biographical Memoirs of Fellows of the Royal Society", Vol. 32, Dezember 1986, S. 138-185.

Dam (1985) – Dam, Poul (1985) „Niels Bohr", Kopenhagen: Royal Danish Minister of Foreign Affairs.

Dirac (1927) – Dirac, Paul (1927) „On the Quantum Theory of the Emission and Absorption of radiation". In "Proceedings of the Royal Society (London) A", 114, S. 243-265.

Dirac (1928) – Dirac, Paul (1928) „The quantum theory of the electron". In: „Proceedings of the Royal Society (London) A" 117, S. 610-627.

Dirac (1942) – Dirac, Paul (1942) „The physical interpretation of quantum mechanics". In: „Proceedings of the Royal Society London", 180, S. 1-39.

Dirac (1951) – Dirac, Paul (1951) „A new classical theory of electrons". In: „Proceedings of the Royal Society London", A 209, S. 291-296

Dirac (1965) – Dirac, Paul (1965) „Quantumelectrodynamics without dead wood". In: „Physical Review", B139, 29. März 1965. S. 684-690.

Dirac (1972) – Dirac, Paul (1972) „Basic Beliefs and Fundamental Research". Unveröffentlichter Vortrag an der Universität von Miami.

Dirac (1978) – Dirac, Paul (1978) „Directions in Physics", New York: Wiley.

Dirac (1981) – Dirac, Paul (1981) „Does Renormalization Make Sense?". In: Ducke und Owens (eds.) „Pertubative Quantum Chromodynamics", New York, AIP Conference Proceedings no. 74. Conference held at Florida State University, March 25-8, 1981, S. 129-30.

Dresden (1987) – Dresden, Max (1987) „H.A. Kramers – Between Tradition and Revolution", New York u.a.: Springer.

dtv (1966) – dtv-Lexikon (1966) – Konversationslexikon in 20 Bänden, München 1966, 1978, 1980.

Dürr (1982) – Dürr, Hans-Peter (1982) „Heisenbergs einheitliche Feldtheorie der Elementarteilchen". In: „Nova acta Leopoldina" NF 55, Nr. 248, 1982, S. 93-136.

Dürr (1992) – Dürr, Hans-Peter (1992) „Werner Heisenberg – Mensch und Forscher". In: Dürr et al. (1992), S. 32-48.

Dürr (1993) – Dürr, Hans-Peter (1993) „Unified Field theory of Elementary Particles I (1950-1957)". In: WH-GW A3, S. 133-141.

Dürr et al. (1992) – Dürr et al. (1992) Dürr, Hans-Peter, Eugen Feinberg, Bartel Leendert van der Waerden, Carl Friedrich von Weizsäcker (1992) „Werner Heisenberg", München und Wien: Carl Hanser.

Einstein (1905) – Einstein, Albert (1905) „Zur Elektrodynamik bewegter Körper". In: „Annalen der Physik", Bd. XVII, S. 891-921.

Einstein (1913) – Einstein, Albert (1913) „Max Planck als Forscher". In: „Die Naturwissenschaften", 1, S. 1077-1079.

Einstein (1929) – Einstein, Albert (1929) „Auf die Riemann-Metrik und den Fern-Parallelismus gegründete einheitliche Feldtheorie". In „Mathematische Annalen", 102, S. 685-697. Eingegangen am 19. August 1929.

Einstein (2004) – Einstein, Albert (2004) „The Collected Papers of Albert Einstein", Bd. 9, hrsg. von Diana Kormos-Buchwald und Robert Schulmann. u.a., Princeton: Princeton University Press.

Enz (1993) – Enz, Charles (1993) „Wolfgang Pauli between Quantum Reality and the Royal Path of Dreams". In: „Symposia on the Foundation of Modern Physics 1992. The Copenhagen Interpretation and Wolfgang Pauli", hrsg. von K.V. Laurikainen und C. Montonen, Singapur 1993, S. 195-206.

Enz (2002) – Enz, Charles P. (2002) „No time to be Brief – a scientific biography of Wolfgang Pauli", Oxford: Oxford University Press.

Enz (2005) – Enz, Charles P. (2005) „Pauli hat gesagt – Eine Biographie des Nobelpreisträgers Wolfgang Pauli 1900-1958", Zürich: Verlag Neue Züricher Zeitung.

Eckert (2001) – Eckert, Michael (2001) „Wer für gemeine Ohren
Musik macht, macht gemeine Musik...". In: Frayn (2001), S.
166-174.

Eve (1939) – Eve, Arthur S. (1939) „Rutherford – Being the Life and
Letters of the Rt Hon. Lord Rutherford, O.M.", Cambridge: University Pres.

Feinberg (1992) – Feinberg, Eugen „Werner Heisenberg – Die Tragödie des Wissenschaftlers". In: Dürr et al (1992), S. 57-108.

Ferretti (1958) – Ferretti, Bruno (1958) (Hrsg.) „*Proceedings; 1958*
Annual International Conference on High Energy Physics at
Cern, Geneva, 30th June - 5th July, *1958", Genève 1958.*

Feynman (1955) – Feynman, Richard (1955) „The value of science"
– transcript of address at the autumn 1955 meeting of the National Academy of Sciences. In: „Engineering and Science", De-
cember 1955, S. 13-15.

Feynman (1956) – Feynman, Richard (1956) „The relation of science
and religion". Transcript of a talk given at Caltech YMCA Lunch
Forum on May 2, 1956. In: „Engineering and Science", June
1956, S. 20-23.

Feynman (1965) – Feynman, Richard (1965) „Present Status of strong, electromagnetic and weak interactions". In A. Zichichi (Hrsg.) „Symmetries in Elementary Particle Physics", New York, London: Academic Press, S. 400-418.

Feynman (1969) – Feynman, Richard (1969) „What is science", in: „The Physics Teacher", September 1969, Vol 9, pp 313-320, American Association of Physics Teachers.

Feynman (1985) – Feynman, Richard (1985) „Quantum Electrodynamics, the Strange Story of Light and Matter", Princeton: Princeton University Press.

Feynman (1991) – Feynman, Richard (1991) „Sie belieben wohl zu scherzen, Mr. Feynman!", 1987, Neuausgabe 1991, 6. Auflage 1993, München: Piper.

Feynman (1993) – Feynman, Richard (1993) „Vom Wesen physikalischer Gesetze", 2. Auflage, München: Piper.

Feynman (2001) – Feynman, Richard (2001) „Es ist so einfach – vom Vergnügen, Dinge zu entdecken", hrsg. von J. Robbins, München: Piper.

Feynman (2001a) – Feynman, Richard (2001a) „Vom Vergnügen, etwas herauszufinden" – Interview mit der BBC, 1981. In: Feynman (2001), S. 19-46.

Feynman (2003) – Feynman, Richard (2003) „Was soll das alles? Gedanken eines Physikers", 3. Auflage Juni 2003, 1. Auflage Mai 2001, München: Piper.

Fierz (1950) – Fierz, Markus (1950) „Über die Bedeutung der Funktion D_c in der Quantentheorie der Wellenfelder". In: „Helvetica Physica Acta", 23, S. 731-739.

Fölsing (1995) – Fölsing, Albrecht (1995) „Albert Einstein", Frankfurt/Main 1: Suhrkamp.

Forman (1971) – Forman, Paul (1971) „Weimarer Kultur, Kausalität und Quantentheorie 1918-1927 - Die Anpassung deutscher Physiker und Mathematiker an eine feindselige geistige Umgebung". In: von Meyenn (1994), S. 61-179. – Im englischen Original zuerst erschienen in „Historical Studies in the Physical Sciences", 3, 1971, S. 1-114.

Forman (1981) – Forman, Paul (1981) „Kausalität, Anschaulichkeit und Individualität – oder: wie die der Quantenmechanik zugeschriebenen Eigenschaften und Behauptungen durch kulturelle Werte vorgeschrieben wurden". In: von Meyenn 1994, S. 181-200. – Zuerst erschienen in „Kölner Zeitschrift für Soziologie und Sozialpsychologie", Sonderheft 22: „Wissenssoziologie", Wiesbaden 1981, S. 393-406.

Frayn (2001) – Frayn, Michael (2001) „Kopenhagen" mit Anhang „Zwölf wissenschaftshistorische Lesarten zu ‚Kopenhagen'", Göttingen: Wallstein.

Franck Papers B 3 F 8. University of Chicago Joseph Regenstein Library, Special Collections.

Franck und Sponer (1964) – Franck, James und Hertha Sponer (1964) Interview mit James Franck und Hertha Sponer-Franck durch Thomas S. Kuhn und Maria Goeppert-Mayer am 14. Juli 1964. Niels Bohr Library & Archives, American Institute of Physics, College Park, MD USA.
https://www.aip.org/history-programs/niels-bohr-library/oral-histories/4609-6 – Zugriff am 27. Januar 2020.

Frank (1993) – Frank, Sir Charles (1993) „Operation Epsilon – The Farm Hall Transcripts", Bristol u.a.: University of California Press.

Frisch (1981) – Frisch, Otto Robert (1981) „Woran ich mich erinnere", Stuttgart: Wissenschaftliche Verlagsgesellschaft.

Gell-Mann (1957) – Gell-Mann, Murray (1957) „Model of the Strong Couplings", in „Physical Review", 106, Nr. 6, 1957, S. 1296-1300.

Gell-Mann (1967) – Gell-Mann, Murray (1967) *The Elementary Particles of Nature". In:* Engineering and Science, 30 (4), 1967. S. 20-24.

Gell-Mann (1996) – Gell-Mann, Murray (1996) „Das Quark und der Jaguar", München, Zürich: Piper.

Gell-Mann (1997) – Gell-Mann, Murray (1997). Interview im Oktober 1997 „Heisenberg". http://www.webofstories.com/play/10612?o=S&srId=222756 – Zugriff am 27. Januar 2020.

Gell-Mann (1997a) – Gell-Mann, Murray (1997a). Interview im Oktober 1997 „Scientists I've known". http://www.webofstories.com/play/10612?o=S&srId=222756 – Zugriff am 27. Januar 2020.

Gell-Mann und Rosenbaum (1957) – Gell-Mann, Murray and E.P. Rosenbaum (1957) „Elementary Particles". In: „Scientific American", Vol. 197, Nr. 1, Juli 1957, S. 72-88.

Geyer et al. (1993) – Geyer et al. (1993) Geyer, Bodo, Helge Herwig und Helmut Rechenberg (1993) "Werner Heisenberg Physiker und Philosoph, Verhandlungen der Konferenz ‚Werner Heisenberg als Physiker und Philosoph in Leipzig', vom 9.-12. Dezember 1991 an der Universität Leipzig", Heidelberg, Berlin, Oxford: Spektrum Akademie.

Glashow (1980) – Glashow, Sheldon Lee (1980) „Towards a Unified Theory: Threads in a Tapestry", In: "Review of Modern Physics", 52, S. 539-43.

Gleick (1993) – Gleick, James (1993) „Genius – Richard Feynman and modern physics", London: Vintage Books.

Goldstone et al. (1962) – Goldstone et al. (1962) Goldstone, Jeffrey, Abdus Salam und Steven Weinberg (1962) „Broken Symmetries". In: „Physical Review" 127, eingegangen am 16. März 1962, S. 965-970.

Gora (1976) – Gora, Edwin K. (1976) „Science News, Vol. 109, Nr. 12 (20. März 1976), S. 179. Auch abgedruckt in: Kleint und Wiemers (1993), S. 91-93.

Goudsmit (1947) – Goudsmit, Samuel A. (1947) „Alsos", New York: Schuman.

Goudsmit (1947a) – Goudsmit, Samuel A. (1947a) „German Atom Research – Scientist disputes Statement on Development of Bomb". Leserbrief. „New York Times", 9. November 1947, S. E8.

Goudsmit (1949) – Goudsmit, Samuel A. (1949) „German War Research – Scientist's Claim of Progress With Atom Is Disputed". Leserbrief. „New York Times", 9. Januar 1949, S. E8.

Gürsey (1957) – Gürsey, Feza (1957) „Relation of charge independence and baryon conservation to Pauli's transformation". In: „Nuovo Cimento", 7, S. 784-809.

Haag (1989) – Haag, Rudolf (1989 „Early Papers on Quantum Field Theory (1929-1930) – An Annotation". In WH-GW A2, S. 3-7.

Haag (1993) – Haag, Rudolf (1993) „Heisenbergschnitt, S-Matrix, Urfeld". In: Geyer et al. (1993), S. 265-268.

Hafner und Presswoood (1965) – Hafner, E.M und Susan Presswood (1965) „Strong interference and Weak Interactions", Science, 149, S. 503-510.

Hagedorn (1993) – Hagedorn, Rolf (1993) „Meson Showers and Multiparticle Production (1949-1952)". In: WH-GW A3, S. 75-85.

Harnwell (1951) – Harnwell, Gaylord (1951) „The Quality of Education in Physics". In: „Physics Today", IV, Mai 1951, S. 4

Heilbron (1989) – Heilbron John Lewis (1989) „An historian's interest in particle physics". In: Brown et al. (1989), S. 47-54.

E. Heisenberg (1980) – Heisenberg, Elisabeth (1980) „Das politische Leben eines Unpolitischen – Erinnerungen an Werner Heisenberg", München: Piper.

Hendry (1980) – John Hendry (1980) „Weimarer Kultur und Quantenkausalität". In: von Meyenn (1994), S. 201-230. – In englischer Sprache zuerst erschienen in „History of Science", 18, 1980, S. 155-180.

Hermann (1987) – Hermann, Armin (1987) „Germany's part in the setting-up of CERN". In: „History of CERN", Vol. I. Chapter 11, Amsterdam 1987, S. 383-429.

Hermann (1993) – Hermann, Armin (1993) „Werner Heisenberg im Urteil seiner Kollegen". In: Geyer et al. (1993), S. 47-55.

Hermann (1994) – Hermann, Armin (1994) „Werner Heisenberg", 6. Auflage, Reinbek: Rowohlt.

Hermann (1996) – Hermann, Armin (1996) „Einstein", Taschenbuchausgabe September 1996, München: Piper.

Hoddeson et al. (1997) – Hoddeson et al. (1997) Hoddeson, L., L. Brown, M. Riordan, M. Dresden (1997) (Hrsg.) „The Rise of the Standard Model – Particle Physics in the 1960s and 1970s", Cambridge: Cambridge University Press.

`t Hooft (1980) – `t Hooft, Gerard (1980) „Gauge Theories of the Forces between Elementary Particles". In: „Scientific American", 242 (6), S. 90-119.

`t Hooft et al. (2005) – 't Hooft, G. et al. (2005) „A theory of everything?". In: „Nature" 433, S. 257-259.

Johnson (2000) – Johnson, George (2000) „Strange Beauty – Murray Gell-Mann and the Revolution in Twentieth-Century Physics", New York: Random House.

Jost (1995) – Jost, Res (1995) „Das Märchen vom Elfenbeinernen Turm – Reden und Aufsätze", hrsg. von K. Hepp, Berlin, Heidelberg u.a.: Springer.

Jung (1972) – Jung, Carl Gustav (1972) „Psychologie und Alchemie", hrsg. von D. Baumann, L. Jung-Merker, E. Rüf, Olten: Walter.

Jung (1985) – Jung, Carl Gustav (1985) „Traumsymbole des Individuationsprozesses", Olten: Walter.

Jungk (1956) – Jungk, Robert (1956) „Heller als tausend Sonnen – Das Schicksal der Atomforscher", Bern u.a.: Scherz.

Jungk (1958) – Jungk, Robert (1958) „To the Editor". Leserbrief. „New York Times", 9. Oktober 1958, S. BR52.

Jungk (1965) – Jungk, Robert (1965) „Heller als tausend Sonnen – Das Schicksal der Atomforscher", Reinbek: Rowohlt.

Kaiser (1971) – Kaiser, Joachim (1971) „Der berühmteste Bürger Münchens – Zum 70. Geburtstag von Werner Heisenberg". In: „Süddeutsche Zeitung" vom 4. und 5. Dezember 1971, S. 35.

Kaiser (2002) – Kaiser, David (2002) „Nuclear Democracy – Political Engagement, Pedagogical Reform, and Particle Physics in Postwar America". In: „Isis", 93, S. 229-268.

Kästner (1961) – Kästner, Erich (1961) „Notabene 45", Zürich: Atrium.

Kästner (2006) – Kästner, Erich „Das Blaue Buch – Kriegstagebuch und Roman-Notizen", Marbach: Dt. Schillergesellschaft.

Kevles (1987) – Kevles, Daniel J. (1987) „The Physicists – The History of a Scientific Community in Modern America", Cambridge, Massachusetts, London, 1971, 1987: Havard University Press.

Kleint et al. (2005) – Kleint et al. (2005) Kleint, Christian und Rechenberg, Helmut und Wiemers, Gerald (2005) (Hrsg.) „Werner Heisenberg 1901–1976. Festschrift zu seinem 100. Geburtstag", Abhandlungen der Sächsischen Akademie der Wissenschaften zu Leipzig, Mathematisch-naturwissenschaftliche Klasse, Band 62, Stuttgart, Leipzig: Hirzel.

Kleint und Wiemers (1993) – Kleint, Christian und Gerald Wiemers (1993) (Hrsg.) „Werner Heisenberg in Leipzig 1927 – 1942", Berlin: Akademie.

Kragh (1990) – Kragh, Helge (1990) „Dirac: A scientific biography", Cambridge, New York, Melbourne: Cambridge University Press.

Kragh (1999) – **Kragh, Helge (1999) „Quantum generations** – a history of physics in the twentieth century", Princeton: Princeton University Press.

Kragh (2011) – Kragh, Helge (2011) „Higher Speculations – Grand Theories and Failed Revolutions in Physics and Cosmology", Oxford: Oxford University Press.

Lang (1959) – Lang, Daniel (1959) „Higher From Hiroshima to the Moon", New York: Simon and Schuster.

Lawrence (1951) – Lawrence, Ernest (1951) in Congress-Anhörung. „Production Particle Accelerators", Transkript der Anhörung der „Joint Committee on Atomic Energy, United States Congress, 11. April 1951. Ernest Lawrence Papers, Bancroft Library, University of California, Berkeley, 33:14. – zitiert nach Seidel (1989), S. 505.

Lee und Yang (1956) – Lee, T.D. und C. N. Yang (1956) „Question of Parity Conservation in Weak Interactions". In: „Physical Review", 104, 1956, S. 254-258.

Lemmerich (1991) – Lemmerich, Jost (1991) „Michael Faraday 1791-1867 – Erforscher der Elektrizität", München: Beck.

Lemmerich (2007) – Lemmerich, Jost (2007) „Aufrecht im Sturm der Zeit – Der Physiker James Franck 1882-1964", Diepholz, Stuttgart, Berlin: GNT.

Locqueneux (1989) – Locqueneux, Robert (1989) „Kurze Geschichte der Physik", Göttingen: Vandenhoeck & Ruprecht.

Luck (2005) – Luck, Werner A. (2005) „Heisenberg als Lehrer in schwieriger Zeit". In: Kleint et al. (2005), S. 301-303.

Marshak (1989) – Marshak, Robert E. (1989) „Scientific impact of the first decade of the Rochester conferences (1950-1960)". In: Brown et al. (1989), S. 645-667.

von Meyenn (1984) – von Meyenn, Karl (1984) „Einleitende Bemerkungen zur Neuausgabe". In: Pauli (1984), S. VII-XXIV.

von Meyenn (1985) – von Meyenn, Karl (1985) „Pauli und seine Assistenten an der Eidgenössischen Technischen Hochschule in Zürich: 1930-39" In: WP-BW, 1930er, S. VII-XXXIV.

von Meyenn (1994) – v. Meyenn, Karl (1994) (Hrsg.) „Quantenmechanik und Weimarer Republik", Braunschweig und Wiesbaden: Vieweg.

von Meyenn (1994a) – von Meyenn, Karl (1994a) „Ist die Quantentheorie milieubedingt?". In: von Meyenn (1994), S. 3-58.

Von Meyenn (1996) – von Meyenn, Karl (1996) „Wolfgang Pauli und die Physik in den frühen 50er Jahren". In: WP-BW, 1950-52, S. VII-XXXVII.

von Meyenn (1997) – von Meyenn, Karl (1997) (Hrsg.) „Die großen Physiker", 2 Bde., München: Beck.

von Meyenn (1997a) – von Meyenn, Karl „Wolfgang Ernst Pauli (1900-1958)". In: K. v. Meyenn (1997) Bd. 2, S. 316-366.

Von Meyenn (1999) – von Meyenn, Karl (1999) „Paulis philosophische Auffassungen". In: WP-BW 1953-54, S. VII-XXXV.

Von Meyenn (2001) – von Meyenn, Karl (2001) „Die Vor- und Frühgeschichte des Neutrinos im Spiegel der Briefe". In: WP-BW 1955-56, S. VII-LXV.

von Meyenn (2005) – von Meyenn, Karl (2005) „Die Anfänge der modernen Physik im Spiegel des Paulischen Briefwechsels". In: WP-BW 1957, S. VII-XL.

von Meyenn (2005a) – von Meyenn, Karl (2005a) „Kommentar: Die Agenda einer letzten wissenschaftlichen Zusammenarbeit mit Heisenberg" vor Brief [2817]. In: WP-BW 1958, S. 777-781.

Miller (2011)
Miller, Arthur I. (2011) „137 – C.G. Jung, Wolfgang Pauli und die Suche nach der kosmischen Zahl", München: DVA.

Mößbauer (1993) – Mößbauer, Rudolf (1993) „Vorwort zur deutschen Ausgabe". In: Feynman (1993), S. 7-11.

Nambu und Jona-Lasinio (1961) – Nambu, Yoichiro und G. Jona-Lasinio (1961) „A Dynamical Model of Elementary Particles Based upon an Analogy with Superconductivity. In: „Physical Review", 122, 345-358.

Nambu (1989) – Nambu, Yoichiro (1989) „Gauge principle, vector-meson dominance, and spontaneous symmetry breaking". In: Brown u.a. (1989), S. 639-642.

Oehme (1989) – Oehme, Reinhard (1989) „Theory of the Scattering Matrix (1942-1946)". In WH-GW A2, S. 605-610.

Ørsted (1920) – Ørsted, Hans Christian (1920) „Thermoelectricity". In: Hans Christian Ørsted „Scientific Papers", 1920, 3 Bde. Bd. 2, S. 356.

O'Flaherty (1992) – O'Flaherty, James C. (1992) „Werner Heisenberg on the Nazi Revolution: Three Hitherto Unpublished Letters". In: „Journal of the History of Ideas", 1992, 53, S. 487-494.

Pais (1986) – Pais, Abraham (1986) „Inward Bound – Of Matter and Forces in the Physical World", Oxford New York: Clarendon Press.

Pais (1989) – Pais. Abraham (1989) „On the Dirac Theory of the Electron (1930-1936)". In: WH-GW A2, S. 95-105.

Pais (1991) – Pais, Abraham (1991) „Niels Bohr's Times, in Physics, Philosophy and Polity", Oxford: Clarendon Press.

Pais et al. (1998) – Pais, Abraham, Maurice Jacob, David I. Olive und Michael F. Atiyah (1998) „Paul Dirac – The man and his work", Cambridge: Cambridge University Press.

Pais (1998) – Pais, Abraham (1998) „Paul Dirac: Aspects of his life and work". In: A. Pais et al. (1998) S. 1-45.

Pais (2000) – Pais, Abraham (2000) „The Genius of Science: a portrait gallery of twentieth century physicists", Oxford: Oxford University Press.

Pais (2000a) – Pais, Abraham (2000a) „„Raffiniert ist der Herr-gott...': Albert Einstein, eine wissenschaftliche Biographie", Heidelberg, Berlin: Spektrum.

Papenfuß et al. (2002) – Papenfuß, Dietrich, Dieter Lüst und Wolf-gang P. Schleich (2002) (Hrsg.) „100 Years Werner Heisenberg – Works and Impact", Weinheim: Wiley-VCH.

H. Pauli (1981) – Pauli, Hertha (1981) „Der Riss der Zeit geht durch mein Herz", Berlin: Weltbild.

Peierls (1985) – Peierls, Rudolf (1985) „Birds of Passage. Recollection of a physicist", Princeton: Princeton University Press.

Peters (2004) – Peters, Klaus-Heinrich (2004) „Schönheit, Exakt-heit, Wahrheit – Der Zusammenhang von Mathematik und Physik am Beispiel der Geschichte der Distributionen", Berlin: Verlag für Geschichte der Naturwissenschaft und Technik.

Pickering (1984) – Pickering, Andrew (1984) „Constructing Quarks – A sociological History of Particle Physics", Chicago: The University of Chicago Press.

Powers (1993) – Powers, Thomas (1993) „Heisenbergs Krieg", Hamburg: Hoffmann und Campe.

Rechenberg (1989) – Rechenberg, Helmut (1989) „The early S-matrix theory and its propagation (1942-1952)". In: Brown u.a. (1989), S. 551-578.

Rechenberg (1993) – Rechenberg, Helmut (1993) „Heisenberg and Pauli: Their Program of a Unified Quantum Field Theory of Elementary Particles (1927-1958)". In: WH-GW A3, S. 1-19.

de Regt (1999) – de Regt, Henk W. (1999) „Pauli versus Heisenberg: A case study of the heuristic role of philosophy". In: „Foundation of Science" 4: 405-426.

Report on Conference (1947) – Report on Conference (1947) „Report of an International Conference on Fundamental Particles and Low Temperatures held at the Cavendish Laboratory, Cambridge on 22-27 July 1946", Volume I Fundamental Particles, London 1947.

Rettig (2018) – Rettig, An (2018) „Die Wissenschaftskommunikation aus wissenschaftshistorischer Sicht im Fall der Physik: Vom ‚homo ludens', ‚homo oeconomicus' und Kommunikationsformen der modernen Physik im 20. Jahrhundert". In: Christiane Thim-Mabrey und Markus Kattenbeck (Hrsg.) „Tagungsband zum IX. Regensburger Symposium", Regensburg: Universitätsbibliothek Regensburg, S. 3:1-3:22. – DOI 10.5283/epub.36090 – https://epub.uni-regensburg.de/36090/1/gesamtband_rsym_2017.pdf – Zugriff am 27. Januar 2020.

Rhodes (1988) – Rhodes, Richard (1988) „Die Atombombe", Nördlingen: Greno.

Romming (2013) – Romming, Niklas u.a. (2013) „Writing and Deleting Single Magnetic Skyrmions". In: „Science", 9. August 2013, Vol. 341, S. 636-639.

Rosental (1993) – Rosental, Iosif Leonidovich (1993) „Werner Heisenberg – Begründer der Theorie von Vielfacherzeugungsprozessen". In: Geyer et al. (1993), S. 307-312.

Rozental (1967) – Rozental, Stefan (1967) (Hrsg.) „Niels Bohr – His life and work as seen by his friends and colleagues", Amsterdam: North Holland Publication.

Rozental (1991) – Rozental, Stefan (1991) „Schicksalsjahre mit Niels Bohr – Erinnerungen an den Begründer der modernen Atomtheorie", Stuttgart: DVA.

Saller (1993) – Saller, Heinrich (1993) „Heisenbergs Einheitliche Feldtheorie". In: Geyer et al. (1993), S. 320-329.

Schrödinger (1926) – Schrödinger, Erwin (1926) „Quantisierung als Eigenwertproblem". Erste Mitteilung. In: „Annalen der Physik", Bd. 79, S. 361-376.

Schweber (1986) – Schweber, Silvan S. (1986) „Shelter Island, Pocono, and Oldstone. The Emergence of American Quantum Electrodynamics after World War II". In: „Osiris" 2, S. 265–302.

Schweber (1989) – Schweber, Silvan S. (1989) „Some reflections on the history of particle physics in the 1950s". In: Brown et al. (1989), S. 668-693.

Schweber (1994) – Schweber, Silvan S. (1994) „QED and the men who made it: Dyson, Freeman, Feynman, Schwinger, and Tomonaga", Princeton: Princeton University Press.

Schweber (1997) – Schweber, Silvan S. (1997) „A Historical Perspective on the Rise of the Standard Model". In: Hoddeson et al. (1997), S. 645-684.

Schweber und Cao -> siehe Cao

Seidel (1989) – Seidel, Robert (1989) „The postwar political economy of high-energy physics". In: Brown et al. (1989), S. 497-507.

Serwer (1977) – Serwer, Daniel (1977) „Unmechanischer Zwang: Pauli, Heisenberg, and the Rejection of the Mechanical Atom 1923–1925". In: "Historical Studies in the Physical Sciences" 8, S. 189–256.

Skyrme (1988) – Skyrme, Tony (1988) „The origins of Skyrmions". In: Dalitz und Stinchcombe (Hrsg.) „The Proceedings of the Peierls 80th Birthday Symposium - A Breadth of Physics – Oxford University, 27 June 1987", Singapore: World Scientific, S. 193-202.

Snow (1958) – Snow, Charles Percy (1958) „Review" von „Brighter Than a Thousand Suns". In „The New Republic", 139, 27. Oktober 1958, S. 18-19.

Snow (1981) – Snow, Charles Percy (1981) „The Physicists", Cornwall.

Sudarshan (1989) – Sudarshan, E.C.G. (1989) „Midcentury adventures in particle physics". In: Brown et al. (1989), S. 485-494.

Taylor (1987) – Taylor, J.G. (1987) (Hrsg.) „Tributes to Pauli Dirac“, Bristol: Hilger.

Thirring (2008) – Thirring, Walter (2008) „Lust am Forschen – Lebensweg und Begegnungen“, Wien: Seifert.

Tuve et al. (1936) – Tuve et al. (1936) Tuve, Merle, L. Hafstad, N. Heydenburg (1936) „The scattering of protons by protons“. In: „Physical Review“, Band 50, 1936, S. 806.

van der Waerden (1992) – van der Waerden, Bartel Leendert (1992) „Heisenbergs Entwicklung bis 1927“. In: Dürr et al. (1992), S. 11-18.

Walker (1989) – Walker, Mark (1989) „Cold War, Denazification, and the Myth of the German Atomic Bomb: The Recovery of the German Physics Community from the Legacies of Auschwitz, Greater Germany, and Hiroshima.“ In: M. De Maria, M. Grilli, F. Sebastiani (Hrsg.) „The restructuring of physical sciences in Europe and the United States 1945-1960“, Singapore: World Scientific, S. 218-227.

Walker (1990) – Walker, Mark (1990) „Die Uranmaschine: Mythos und Wirklichkeit der deutschen Atombombe“, Berlin: Siedler.

Walker (1990a) – Walker, Mark (1990a) „Legenden um die deutsche Atombombe“. In: „Vierteljahreshefte für Zeitgeschichte“, 38. Jahrg., 1. H., Jan. 1990, S. 45-74.

Walker (1990b) – Walker, Mark (1990b) „Selbstreflexionen deutscher Atomphysiker – die Farm Hall Protokolle und die Entstehung neuer Legenden um die ‚deutsche Atombombe'". In: „Vierteljahreshefte für Zeitgeschichte", 41. Jahrg., 4. H., Okt. 1990, S. 519-542.

Walker (2001) – Walker, Mark (2001) „Die Geschichte hinter dem Theaterstück". In: Frayn (2001), S. 232-246.

Walker (2005) – Walker, Mark (2005) „Eine Waffenschmiede? Kernwaffen und Reaktorforschung am Kaiser-Wilhelm-Institut für Physik". In: Rüdiger Hachtmann (Hrsg.), Ergebnisse 26, Vorabdrucke aus dem Forschungsprogramm „Geschichte der Kaiser-Wilhelm-Gesellschaft im Nationalsozialismus", Berlin.

Walker (2006) – Walker, Mark (2006) „Naturwissenschaftler und Nationalsozialismus". In: E.-M. Neher (Hrsg.) „Aus den Elfenbeintürmen der Wissenschaft 2", Göttingen: Wallstein, S. 91-135.

Weinberg (1960) – Weinberg, Steven (1960) „High-energy behavior in quantum field theory". In: „Physical Review", 118, eingegangen Mai 1959, 1960, S. 838-849.

Weinberg (1973) – Weinberg, Steven (1973) „Where we are now" 1973. In „Science", 180, S. 276-278.

Weinberg (1974) – Weinberg, Steven (1974) „Unified Theories of Elementary-Particle Interaction". In: „Scientific American", Vol. 231, Nr. 1, Juli 1974, S. 50-59.

Weinberg (1977) – Weinberg, Steven (1977) „The Search for Unity: Notes for a History of Quantum Field Theory". In: „Daedalus", 106:4, 1977, S. 17-35.

Weinberg (1977a) – Weinberg, Steven (1977a) „Die ersten drei Minuten", München: DTV.

Weinberg (1979) – Weinberg, Steven „Autobiography" – https://www.nobelprize.org/prizes/physics/1979/weinberg/biographical/ – Zugriff am 27. Januar 2020

Weinberg (1984) – Weinberg, Steven (1984) „Teile des Unteilbaren – Entdeckungen im Atom", Heidelberg: Spektrum.

Weinberg (1987) – Weinberg, Steven (1987) „Towards the final laws of physics". In: „Elementary particles and the laws of physics: The 1986 Dirac memorial lectures", New York 1987, S. 61-110.

Weinberg (1995) – Weinberg, Steven (1995) „Der Traum von der Einheit des Universums", Taschenbuchausgabe, München: Goldmann.

Weinberg (1996) – Weinberg, Steven (1996) „What is quantum field theory, and what did we think it is?" – Talk given at Conference on Historical Examination and Philosophical Reflections on the Foundations of Quantum Field Theory, Boston, MA, 1-3 Mar 1996. In: „Conceptual foundations of quantum field theory", Boston 1996, S. 241-251. – E-Print: hep-th/9702027 S. 1-16.

Weinberg (1997) – Weinberg, Steven (1997) „What is an elementary particle?". Published in: SLAC Beam Line 27N1:17-21,1999. S. 17-21.

Weinberg (1997a) – Weinberg, Steven (1997a) „Changing Attitudes and the Standard Model". In: Hoddeson et al. (1997), S.36-44.

Weisskopf (1958) – Weisskopf, Victor F. (1958) „Max Planck – one hundredth birthday celebatrion". In: „Physics Today", August 1958, S. 16-19.

Weisskopf (1989) – Weisskopf, Victor F. (1989) „The privilege of being a physicist", New York: Freeman.

Weisskopf (1991) – Weisskopf, Victor F. (1991) „Mein Leben", Bern, München, Wien: Scherz.

Wilson (1997) – Wilson, Andrew D. (1997) „Die romantischen Naturphilosophen". In: *von Meyenn (1997), Bd. 1., S. 319-335.*

Wu et al. (1957) – Wu, Chien Shiung und E. Ambler, R. W. Hayward, D. D. Hoppes, R. P. Hudson (1957) „Experimental Test of Parity Conservation in Beta Decay". In: „Physical Review", 105, S. 1413-1415.

Internetquellen

http://www.maxgym.musin.de/alt/unsereschule/chronik/wecklein/ – Zugriff am 27. Januar 2020.

http://council.web.cern.ch – Zugriff am 27. Januar 2020.

www.schamoni.de/filme/filmliste/fruehlingssinfonie – Zugriff am 27. Januar 2020.

Zeitungs- und Zeitschriftenartikel
(alphabetisch geordnet nach Zeitungs-/Zeitschriften-Titel)

„Professor Geisenberg geht der Natur auf den Grund – Eine Formel macht Geschichte". „Bild", 1. März 1958, S. 1.

„New Equation May be Key To Structure of Universe". „Daily Boston Globe", 26. Februar 1958, S. 7.

„New theory of force told to scientists – Basic Equation Would Explain Matter". „Chicago Daily Tribune", 26. April 1958, S. 11.

Irwin Goodwin „Provocative History of Atom Bomb". „Chicago Daily Tribune", 12. Oktober 1958, S. B2.

„Cosmic Theory Indicated". „The Christian Science Monitor", 26. Februar 1958, S. 4.

„Bonn Newspaper Prints Equation On Natural Laws". „The Christian Science Monitor", 5. März 1958, S. 4.

Robert C. Cowen „The Bomb and Its Makers". „The Christian Science Monitor", 9. Januar 1959, S. 13.

„Heisenberg nach München – Verlegung des Max-Planck-Instituts", „Frankfurter Allgemeine Zeitung", 12. Oktober 1955, S. 1.

„Heisenberg vor Einsteins Ziel", „Frankfurter Allgemeine Zeitung", 26. Februar 1958, S. 1.

„Heisenberg fand die Konstante der ‚kleinsten Länge' – Schon heute stehen einige Folgen der neuen Formel fest / Interesse in Moskau". „Frankfurter Allgemeine Zeitung", 1. März 1958, S. 1.

„In fünfjähriger Arbeit hat Nobelpreisträger....". „Frankfurter Allgemeine Zeitung", 6. März 1958, S. 3. Foto mit Bildunterschrift.

„Heisenbergs Formel und der dialektische Materialismus". „Frankfurter Allgemeine Zeitung", 30. April 1958, S. 8.

„Irrt Werner Heisenberg?" „Kristall", 17, 1958.

„New Theory May Reach Einstein Goal". „Los Angeles Times", 27. Februar 1958, S. 16.

„Mathematics and The Cosmos – All explained?". „The Manchester Guardian", 26. Februar 1958, S. 7.

„Explanation of the Atom – Heisenberg's step forward". „The Manchester Guardian", 6. März 1958, S. 1.

„Le professeur Heisenberg aurait découvert une formulation mathématique de la matière". „Le Monde", 28. Februar 1958.

„Les Physiciens Russes voient dans la Découverte d'Heisenberg une ‚solution nouvelle et inattendue' aux problèmes des particules élémentaires". „Le Monde", 1. März 1958.

„Duell der Giganten: Männer, die unser Weltbild verändern werden...", „Münchner Illustrierte", 10. Mai 1958.

„The German to Watch... Military Boss Strauss". „Newsweek" vom 10. März 1958, S. 1.

„The Universe: None of It a Secret?" „Newsweek" vom 10. März 1958, S. 73.

„Soviet said to ‚Buy' German Atom Men – Dr. Heisenberg, Hitler's ‚Ace' in Bomb Research, Says 3 Colleagues Are in Russia". „New York Times", 24. Februar 1947, S. 1 und 7.

„U.S. Vague on German Pile". „New York Times", 24. Februar 1947, S. 7.

„A German on the Bomb". „New York Times", 25. Februar 1947, S. 24.

„Science in Review - Why the Germans Failed to Develop an Atomic Bomb Is Now Revealed in Two Reports". „New York Times", 26. Oktober 1947, S. E9.

„Mr. Kampffert Replies". „New York Times", 9. November 1947, S. E8.

„Behind the Front With a Scientific Intelligence Mission". „New York Times", 16. November 1947, S. 7.

„Nazis Spurned Idea of an Atomic Bomb". „New York Times", 28. Dezember 1948, S. 10.

„German Reports Clue to Universe". „New York Times", 27. Februar 1958, S. 15.

Arthur J. Olsen „Physicist Envisions a Key to All Nature". „New York Times", 1. März 1958, S. 1 und 2.

Harry Gilroy „Scientists to get a clue to matter – Heisenberg Will Outline His Basic Equation at Berlin Celebration Today". „New York Times", 25. April 1958, S. 15.

„Two Theories Offered as Clues to All Matter". „New York Times", 26. April 1958, S. 1 und 2.

Harry Gilroy „A basic equation for matter given"– Heisenberg Theory is Based on 3 Measurement Units Modern Physics Uses". „New York Times", 26. April 1958, S. 2.

„Excerpts From Heisenberg's Speech". „New York Times", 26. April 1958, S. 2.

„They Are Trying to Get to the Heart of Matter – Werner Heisenberg". „New York Times", 26. April 1958, S. 2.

„Russians criticize theory on matter". „New York Times", 30. April 1958, S. 5.

William L. Laurence „An Indictment of the Men Who Made the Bomb". „New York Times", 12. Oktober 1958, S. BR3.

William L. Laurence „A Reply". „New York Times", 9. Oktober 1958, S. BR52.

„Trauerfeier für Wolfgang Pauli". „Neue Züricher Zeitung", 22. Dezember 1958, Blatt 5.

Niels Blædel „Om tusind tyske sole og andet blændwærk", „Politiken" vom 10. Januar 1958, S. 11.

„Heisenberg-Formel: Aus dem hohlem Bauch", „Der Spiegel" vom 12. März 1958, S. 54-56.

„Spiegel-Verlag/Hausmitteilung". „Der Spiegel" vom 13. November 1967, Nr. 47, S. 3.

„Trauerfeier für Prof. Wolfgang Pauli". „Tagesanzeiger", 22. Dezember 1958.

Hans Kudszus „Die Heisenbergsche ‚Weltformel' – Hinter den Chiffren einer mathematischen Gleichung: die Grundlagen eines universalen physikalischen Systems". „Tagesspiegel", 9. März 1958.

„Germans nearing a solution to Einstein's problem". „The Times", 26. Februar 1958, S. 8.

Harry Sternberg „Physicist's Equation Seen Key to Cosmos". „The Washington Post and Times Herald", 26. Februar 1958, S. 1 und A2,4.

„Heisenberg Bares Formula to Explain Laws of the Universe". „The Washington Post and Times Herald", 5. März 1958, B6

Radio-Sendung
Burgmer, Wolfgang „Physiker Werner Heisenberg". Gesendet in: „NDR-Info", 24. Februar 2013, ab 19.05 Uhr.

Printed in the United States
By Bookmasters